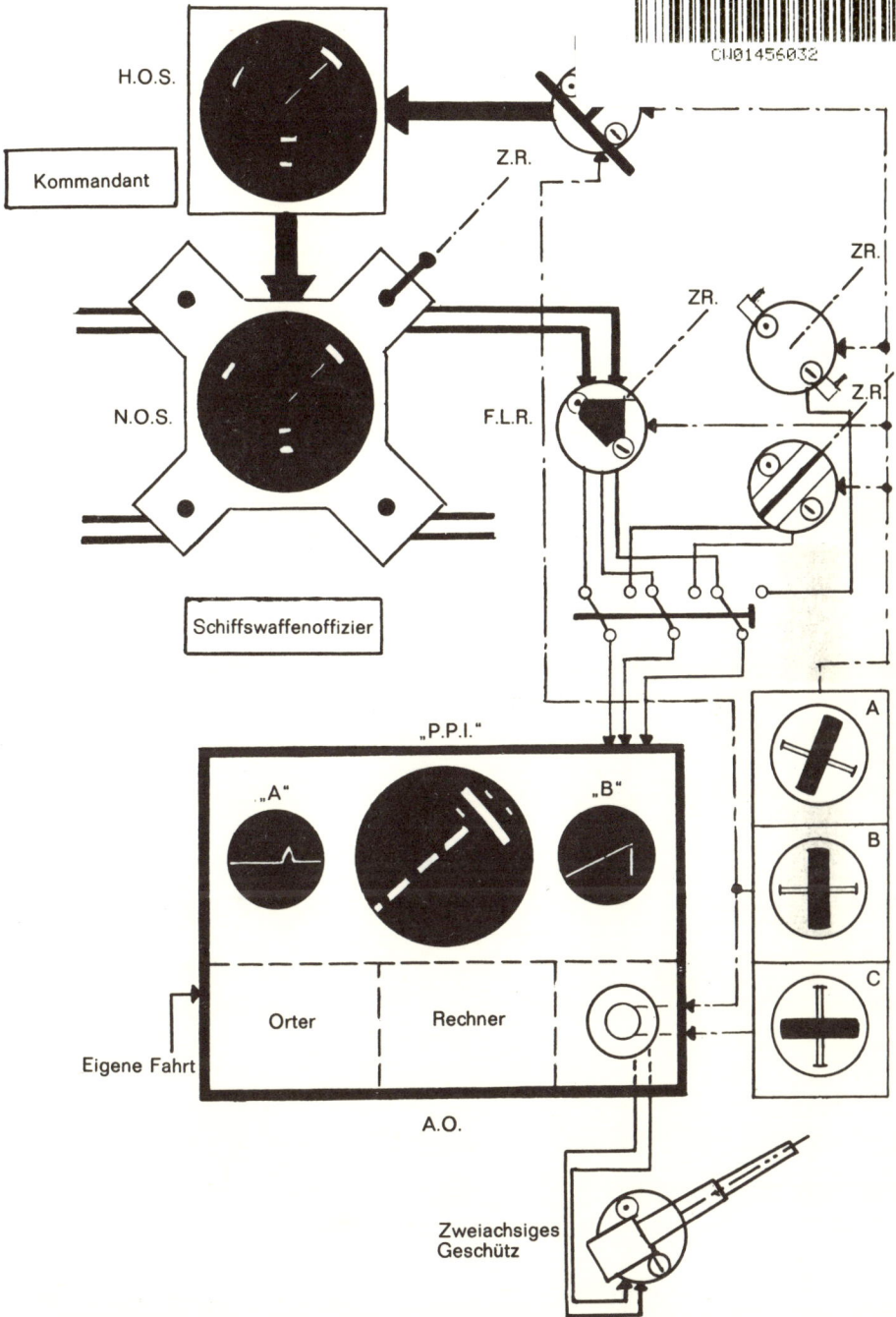

Z 2 Zielanweisung und Teil einer Artillerieanlage um 1958

H.O.S.	= Hauptortungsschirm		„A"	= A-Radarschirm
R.S.R.	= Rundsuchradar		„B"	= B-Radarschirm
Z.R.	= Zielrichtung		„P.P.I."	= „Plan Position Indicator"
N.O.S.	= Nebenortungsschirm		A.O.	= Artillerieoffizier
F.L.R.	= Feuerleitradar			

Paul Schmalenbach

Die Geschichte der deutschen Schiffsartillerie

Paul Schmalenbach

Die Geschichte

der deutschen

Schiffsartillerie

3., überarbeitete Auflage

Koehlers Verlagsgesellschaft mbH · Herford

Bildnachweis:

Die Abbildungen stammen aus den Archiven Schmalenbach
(39), WZ-Bilddienst (13) und dem Bundesarchiv, Koblenz (5).
Die beiden Bildteile stellte Frau Margit Fieguth, Senden, zusammen.
Das Titelbild stammt aus dem Archiv Schmalenbach und
zeigt die *Tirpitz* bei Abschuß einer Salve aus 38-cm-Turm.

Die Deutsche Bibliothek − CIP-Einheitsaufnahme
Schmalenbach, Paul:
Die Geschichte der deutschen Schiffsartillerie /
Paul Schmalenbach. − 3., überarbeitete Auflage
Herford: Koehler, 1993
  ISBN 3-7822-0577-4

ISBN 3 7822 0577 4; Warengruppe 21
© 1993 by Koehlers Verlagsgesellschaft mbH, Herford
Alle Rechte, insbesondere das der Übersetzung, vorbehalten
Umschlaggestaltung: Martina Billerbeck, Bielefeld, unter
Verwendung der im Bildnachweis verwendeten Abbildung
Produktion: Robert Johannes
Gesamtherstellung: Druckerei Runge GmbH, Cloppenburg
Printed in Germany

Inhaltsverzeichnis

Allen vor dem Feind gebliebenen

Artilleristen deutscher Schiffe

in Ehrerbietung,

und meiner Artilleriemannschaft

von der »PRINZ EUGEN«

in Verbundenheit.

Zum Geleit

Mit diesem Buch, in dem die Geschichte der deutschen Schiffsartillerie von ihren ersten Anfängen bis zur Gegenwart aufgezeigt wird, schließt sich eine seit langem bestehende Lücke in der Fachliteratur.

Dem Verfasser ist es mit dem vorliegenden Buch gelungen, dem interessierten Leser ein von verwirrenden technischen Einzelheiten freigehaltenes Werk in die Hand zu geben, dessen Lektüre sich lohnt.

Die Entwicklung der deutschen Schiffsartillerie verlief naturgemäß nicht immer gleichmäßig. Durch wissenschaftliche und technische Neuerungen ergaben sich teilweise spontane Fortschritte, die vor allem in den Jahren vor dem 1. Weltkrieg dieser Waffe große Beachtung und Bedeutung in der ganzen Welt einbrachten.

Auch im Zeitalter der Flugkörper und Raketen nimmt die Schiffsartillerie, der neueren technischen Entwicklung angepaßt, den ihr gebührenden Platz unter den Kriegsschiffbewaffnungen ein. Daran wird sich auch in absehbarer Zukunft nichts ändern. Die Schiffsartillerie bleibt also nach wie vor „aktuell", ein Grund mehr, die Herausgabe des vorliegenden Buches an dieser Stelle zu begrüßen und ihm einen weiten Leserkreis zu wünschen.

Jeschonnek
(Vizeadmiral, Inspekteur der Marine)

Vorwort zur 3. Auflage

Seit dem Erscheinen der ersten bzw. zweiten Auflage des Buches über die Geschichte der Deutschen Schiffsartillerie zählt es zu den umfassendsten Darstellungen auf diesen Gebieten. Mit der Einführung der Flugkörperwaffen auch in die deutsche Marine – beginnend mit dem Flugabwehrsystem TARTAR und dem Seezielsystem EXOCET in jenen Jahren – war zu vermuten, daß die dritte Auflage mit einem Kapitel über die Artillerie in der deutschen Marine (Bundesmarine) das Thema der Schiffsartillerie in Deutschland abschließend behandeln würde; aber Totgesagte leben bekanntlich länger! Militärische Auseinandersetzungen der jüngsten Vergangenheit haben gezeigt, daß es in bestimmten Bereichen keinen Ersatz für die Rohrwaffen gibt: Präzisionsgeschütze mit endphasengelenkter Munition für „chirurgische Schläge" sind im Rahmen begrenzter Maßnahmen bei der Krisenbewältigung ebenso unverzichtbar wie die Fähigkeit zum „Schuß vor den Bug" als Androhung weitergehender Maßnahmen bei solchen Operationen; auch zählt heute eine kleinkalibrige Rohrwaffe hoher Kadenz mit integrierter Feuerleitung zum Eigenschutz gegen Seezielflugkörper im Nächstbereich zur Standardausstattung aller modernen Kampfschiffe. Aus der klassischen Schiffsartillerie sind neben den Flugkörpersystemen also Rohrwaffen für Aufgaben entstanden, die nur durch sie erfüllt werden können. Dabei sind sie zwar kleiner und weniger augenfällig, stehen jedoch der klassischen Schiffsartillerie an Komplexität keineswegs nach – beziehungsweise übertreffen sie zum Teil erheblich.
Damit werden Rohrwaffen auch künftig eine wichtige Rolle in unserer Marine spielen, womit auch das Interesse an ihren Ursprüngen und Vorläufern erhalten bleiben dürfte. Die Nachfrage nach diesen Informationen, die nun zur dritten Auflage dieses Buches geführt hat, bestätigt dieses Interesse.
In diesem Sinne möge die dritte Auflage des „Artilleriebuches" das Wissen um die Geschichte der deutschen Schiffsartillerie bewahren und die heutigen Rohrwaffen in den historischen Kontext stellen.
Man mag über den politischen Nutzen, der aus Waffen gezogen wurde und wird, geteilter Meinung sein; den Respekt vor den Ingenieurleistungen darf man jedoch den Erbauern dieser Systeme nicht versagen.

Sande, im März 1993   **Paul Schmalenbach jr.**

Vorwort zur 2. Auflage

Schon seit mehr als 20 Jahren werde ich von Kameraden und jungen Freunden gefragt, ob es nicht eine zusammenhängende Schilderung unserer Schiffsartillerie gebe. Fast ebensolange bemühe ich mich, ein „Ja" auf diese Frage geben zu können, begonnen mit der Sammlung und Sichtung des anfangs sehr spärlich einkommenden Materials, das ich, wenn ich nicht alles aus der Erinnerung schöpfen wollte, zu einem Mindestmaß vorliegen haben wollte, wenn meine Arbeit einigermaßen vollständig und zuverlässig werden sollte. Zunächst wollte ich nur die Geschichte unserer Schiffsartillerie in der Reichs- und Kriegsmarinezeit schreiben. Doch entschloß ich mich, die Vorgeschichte und die Kaiserliche Marine hinzuzunehmen, denn nur eine Schilderung von Anfang an zeigt dem Leser die Fülle der Aufgaben, die geleisteten Arbeiten, Erfolge und Mißerfolge und vor allem, wie sehr die Reichs- und die Kriegsmarine auf dem aufgebaut haben, was die Kaiserliche Marine als Fundament gelegt hatte. Zugleich gestattete mir die Hinzunahme der Geschichte bis 1918 die Einführung in die Aufgaben, der sich die Reichsmarine 1919 und in den Folgejahren gegenübergestellt sah, und an deren Lösung ich seit 1931 von der Frontseite, von der Seite des Artillerieoffiziers her tätigen Anteil nehmen konnte.

Bei einem auch für die Öffentlichkeit bestimmten Buch durfte ich Fachkenntnisse nicht voraussetzen. Daher möge mir der Fachmann die gelegentlich etwas weitschweifigen Erklärungen nicht verübeln. — Die für die 1923 einsetzende Weiterentwicklung benutzten Unterlagen sind lückenhaft. Daher nehme ich gern Ergänzungen und Berichtigungen entgegen. — Über die wenigen dienstlichen Unterlagen hinaus habe ich die gesamte erreichbare deutsche und englisch-sprachige Literatur über den 2. Weltkrieg durchgearbeitet, um unsere Schiffsartillerie zu beurteilen.

Bei der Überfülle der zu behandelnden technischen und taktischen Probleme war es ausgeschlossen, jedes Gerät, jede Waffe, jedes Schiff und jedes Gefecht zu erwähnen. Ein solches Unterfangen hätte den Umfang des Buches um ein Vielfaches überschritten und den Sinn des Buches verfehlt.

Die Zeichnungen stellen ohne Rücksicht auf den Maßstab und gelegentlich auch auf die technische Durchführbarkeit unwesentlicher Einzelheiten das Wesentliche dar, wobei dieses durch Vereinfachung oder Vergrößerung leichter erkennbar und verständlich werden soll. Verwirrende und unbedeutende Einzelheiten sind fortgefallen, ebenso Dinge, die aufgrund vorhergehender Zeichnungen und des Textes als bekannt vorausgesetzt werden dürfen.

Von Herzen danke ich für Mitarbeit, Durcharbeit und Kritik den Herren Friedrich Jorberg, Hiddesen bei Detmold (Ritterorden, Hanse und Kurbrangenburg), Kapitäne zur See a. D. Hans-Joachim Collins †, Lensahn, und Wolf Löwisch, Kronshagen, und Oberregierungsrat a. D. Ing. Josef Müller, Opladen (Reichs- und Kriegsmarine), Kapitän zur See a. D. Albrecht Schnarke, Kiel (Reichs-, Kriegs- und Bundesmarine), dem Deutschen Museum, München, und der Marine der Vereinigten Staaten von Amerika für je ein Lichtbild und meiner Frau für die in mancher Hinsicht schwere Mitarbeit und die abschließende Korrektur des Manuskriptes.

Die 7 Anmerkungen auf Seite 192, auf die im Text hingewiesen wird, verdanke ich Herrn Ob.-Ing. Brömer †, der die erwähnten Einrichtungen selbst eingebaut hat. Er stieß auf die Daten bei Forschungen im Auftrage des Hauses Siemens. — Im übrigen sind gegenüber der 1. Auflage einige sachliche Fehler und Setzfehler berichtigt worden.

Paul Schmalenbach

2300 Altenholz, im Juli 1975
Tilsiter Weg 51

„Besitzt man die Herrschaft des Meeres, so vermag man einen Angriffskrieg auf alle Küsten seines Feindes zu führen, und indem man diese Angriffe vervielfältigt, zwingt man ihn, seine Truppen von einem Ende seines Reiches nach dem anderen laufen zu lassen.

Das scheint mir der wahre Gebrauch des Dreizacks zu sein, und das macht die Natur seiner Übermacht aus."

Gneisenau in einer Denkschrift zur Begründung einer preußischen Marine 1824.

Einleitung

Unter *Seegeltung* versteht man die Zusammenfassung aller rein wirtschaftlichen und wirtschaftspolitischen Belange eines an das Meer grenzenden Staates, soweit diese Belange über das Meer gerichtet sind. Es sind nicht nur Schiffahrt und Fischerei, sondern die gesamte Betätigung in Übersee, die Ausfuhr und die Einfuhr sowie die Grundlagen hierfür wie Schiffbau und Maschinenbau, die gesamte mit auf das Meer und über das Meer gerichteten Interessen verbundene Wirtschaft. Die Seegeltung ist zum Verkümmern und Absterben verurteilt, wenn sie nicht durch eine ausreichende und zweckentsprechende *Seemacht* geschützt wird. Die Seemacht muß ihre Aufgabe darin sehen, die Herrschaft auf dem Meere auszuüben, d. h. den Gegner an der Ausnutzung des Meeres als der Straße der Welt zu hindern und für die eigenen Zwecke diese Straße offen zu halten. Die Weite der See bringt es mit sich, daß nicht jederzeit und überall die *Seeherrschaft* ausgeübt werden kann. So kommt es darauf an, im entscheidenden Augenblick mit überlegenen Kräften dem Gegner entgegenzutreten, um ihm die See als Transportweg zu sperren. Das geschieht am wirkungsvollsten und nachhaltigsten durch Versenken der Schiffe oder durch Einschließen der Flotte in einem engen oder weiten Seegebiet, durch „enge" oder „weite" Blockade. Das Mittel zur Ausübung der Seeherrschaft ist die Flotte als Sammelbegriff für die schweren, mittleren und leichten Seestreitkräfte. Kern der Flotte war bis in die Mitte des 2. Weltkrieges hinein das Schlachtschiff, so genannt, weil es bestimmt war, mit geballter Kraft in einer Schlacht die Entscheidung des Krieges herbeizuführen. Da das Schlachtschiff über 3 Jahrhunderte in Linien aufgereiht fuhr, um die Artillerie als seine Hauptwaffe am besten zur Wirkung zu bringen, hieß es Linienschiff. Bis zum Ende des 19. Jahrhunderts war die Artillerie die einzige Waffe des Linienschiffes, der Aufklärer und Sicherungsfahrzeuge (Fregatten, Korvetten, späteren Großen und Kleinen bzw. Schweren und Leichten Kreuzer) und der Wach- und Küstenfahrzeuge (Briggs, Schoner). Erst nach Konstruktion brauchbarer Seeminen und zuverlässiger Torpedos verlor die Artillerie ihre alleinherrschende Rolle im Seekrieg. Sie blieb aber die Hauptwaffe der schweren Seestreitkräfte. Die nach dem 1. Weltkrieg sprunghaft zunehmende Bedeutung des Flugzeuges für die Kriegführung gab der Schiffsartillerie in der Flugabwehr eine zusätzliche Aufgabe. Der gewaltige Einfluß der Luftwaffe auf die Zusammensetzung der heutigen Flotten und auf die Schiffsbewaffnung sowie die Einführung der Rakete in die Schiffsbewaffnung läßt die Frage berechtigt erscheinen, ob die herkömmliche Artillerie noch eine Daseinsberechtigung an Bord hat. Um die Leistungsfähigkeit der Artillerie als Voraussetzung für eine Antwort zu kennen, ist ihre Entwicklung in 6 Jahrhunderten zu verfolgen. Da die deutschen Grundlagen der Artillerie im ganzen und auch die deutschen Anteile an der Entwicklung der Schiffsartillerie wenig bekannt sind, und weil die deutschen Marinen von 1869 bis 1945 hinsichtlich der Artillerie stets eine führende Stellung einnahmen, soll die Geschichte der deutschen Schiffsartillerie geschrieben werden.

Es ist ein langer Weg harter Arbeit und vieler Widerstände, mit Erfolgen und beispielhaften Taten, mit bahnbrechenden technischen und taktischen Fortschritten, mit wenigen Rückschlägen, im ganzen betrachtet eine beachtenswerte Leistung. Sie wurde dank des Vertrauens aller derer untereinander, die die Waffen forderten, konstruierten, herstellten und an Bord einbauten und sie im Gefecht einsetzten, erzielt. Das Wechselspiel zwischen taktischen Anschauungen und technischen Möglichkeiten verdient festgehalten zu werden. Die Erfahrungen aus 2 Weltkriegen sollen zeigen, ob dieses Wechselspiel gut war, ob die Forderungen berechtigt und ihre Erfüllung zweckdienlich waren.

Einführung in die Schiffsartillerie

Das Geschütz als Transportmittel

Das Geschütz hat den Zweck, in seinem Inneren ein Geschoß so zu beschleunigen, daß es durch die Luft fliegend den Gegner trifft, um dort seine kinetische Energie oder seine Sprengladung zur Wirkung zu bringen. Es ist eine Kolbenmaschine, bei der durch Verbrennen von Pulver in einem einseitig verschlossenen Zylinder, dem Rohr, hoher Gasdruck erzeugt wird. Dieser Druck setzt das möglichst gasdicht passende Geschoß in Bewegung. Das Geschoß verläßt mit einer meßbaren Geschwindigkeit die Rohrmündung und wird auf seinem weiteren Fluge durch die Erdbeschleunigung nach unten abgelenkt und außerdem in seiner Geschwindigkeit durch den Luftwiderstand herabgesetzt. Die Mündungsgeschwindigkeit (Kurzbezeichnung „V_0", ausgesprochen „Vau-null") ist die wesentlichste Größe zur Beurteilung eines Geschützes (Z 3). Das wichtigste Kennzeichen eines Geschützes ist jedoch das Kaliber, der Durchmesser seiner Ausbohrung oder „Seele". — Um die Einflüsse der Schwerkraft und des Luftwiderstandes wettzumachen, muß die Rohrmündung gegenüber dem anderen Rohrende, dem Bodenstück, um einen bestimmbaren Winkel, den Aufsatzwinkel, gehoben werden. Zum leichteren Verständnis der folgenden Darlegungen seien zunächst einige Begriffe erläutert.

Das Geschütz wird auf seiner Bettung der Seite nach „geschwenkt" und der Höhe nach gerichtet. Die Bettung wird beim Einbau der Geschützunterbauten so gut wie möglich nach dem Schiff ausgerichtet, damit das Geschütz in einer Ebene geschwenkt wird, die parallel zu den Decks im Mittelteil des Schiffes liegt und senkrecht auf dem Schiffslängsschnitt steht. Nicht immer lassen sich die Bettungen untereinander ausrichten („abstimmen"). In diesem Fall wird eine „mittlere Bettungsebene" angenommen, auf die alle Verbesserungen bezogen werden. In der Bettungsebene liegt die Rechtvoraus-Richtung, die mit der Schiffslängsachse zusammenfällt. Recht voraus wird sie mit 0° bezeichnet, Steuerbord querab mit 90°, achteraus mit 180° usw. (Z 4). Von der Bettungsebene aus rechnen die Erhöhungswinkel. Wegen der Schräglage durch Schlingern, Krängen und Stampfen erhalten die Geschütze auch die Möglichkeit der Senkung (bis zu 15°).

Bis zur Mitte des 19. Jahrhunderts wurden die Geschütze mit dem Gewicht der dem Kaliber entsprechenden Eisenkugel, bei Mörsern und Haubitzen einer Steinkugel bezeichnet. Dann wurde das Kaliber in cm bzw. heute in mm angegeben. Diese Angabe wurde und wird ergänzt entweder durch das Konstruktionsjahr (in Deutschland z. B. „C/97" = „Konstruktion 1897"), durch Angaben des Rohrgewichtes oder, was an sich die aufschlußreichste Bezeichnung ist, durch die „Kaliberlänge". Sie gibt an, wievielmal das Rohr vom Stützring des Kartuschbodens bis zur Mündung gemessen länger ist als das Kaliber (Z 3). Diese Zahl folgt meist der Angabe der Geschützart, mit einem L verbunden, wobei die Schreibweise in den Marinen verschieden ist. Eine „100-mm-Flak L/60" ist also eine Flugabwehrkanone mit 100 mm Kaliber und einem Rohr, das 60 x 100 mm = 6 m lang ist. Die Kaliberlänge läßt Schlüsse auf die Leistungsfähigkeit des Geschützes (Ausnutzung der Pulvertreibkraft, Lebensdauer des Rohres und auch auf die erreichte V_0 und die zu erwartende Höchstschußweite) zu. Geschützarten sind Kanonen (mit großer Kaliberlänge), Haubitzen (mit mitt-

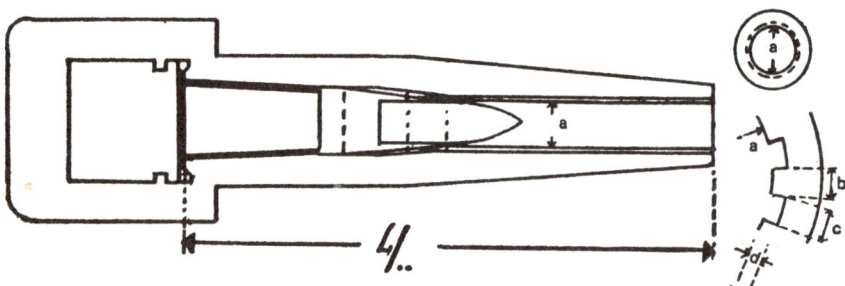

Z 3 *Kaliber, Rohrlänge und Rohrinneres*
L (Rohrlänge) ist das Mehrfache des Kalibers a; b = Feldbreite; c = Zugbreite; d = Zugtiefe.

lerer Kaliberlänge) und Mörser (mit kleiner Kaliberlänge). Wegen der zur Flugabwehr erforderlichen hohen V_0 sind Flak stets Kanonen.

Mehrere Größen dienen zur *Beurteilung der Geschütze*. Diese sind:
das Sprengladungsgewicht,
die Anfangsgeschwindigkeit und die Lebensdauer des Rohres,
die Feuergeschwindigkeit oder Kadenz,
die Mündungsenergie und die Auftreffwucht,
die Feuerleistung,
die Streuung und Treffwahrscheinlichkeit,
die Richtmittel und die möglichen Richtgeschwindigkeiten.

Das *Sprengladungsgewicht* hängt vom Fassungsvermögen der Granate ab. Es soll nach heutigen Gesichtspunkten so groß sein, daß ein ebenbürtiges Seeziel durch einen Treffer weitgehend außer Gefecht gesetzt wird oder ein Flugzeug zum Absturz gebracht wird.
Je größer die *Anfangs- oder Mündungsgeschwindigkeit* ist, um so gestreck-

ter ist die Flugbahn und um so kleiner der Fall- und Auftreffwinkel und um so größer der bestrichene Raum und die Auftreffgeschwindigkeit. Höhere Anfangsgeschwindigkeiten verursachen stärkere Ausbrennungen des Rohrinneren durch die Pulvergase und verkürzen die Lebensdauer eines Geschützes bzw. Rohres. Um möglichst viel Sprengstoff bei gleicher Zeit ans Ziel zu bringen, wird die *Feuergeschwindigkeit* gesteigert. Aber sie ist auch die Ursache schnelleren Ausbrennens der Rohre, was vor allem bei Seezielbeschuß, der meist länger als ein Luftzielbeschuß dauert, eintreten kann.

Die *Mündungsenergie* ist ein Produkt aus der zweiten Potenz der V_0 und der halben Geschoßmasse. Bei gleicher V_0 hat also doppeltes Geschoßgewicht doppelte Mündungsenergie und bei gleicher Auftreffgeschwindigkeit auch doppelte *Auftreffwucht* und größere Eindringtiefe mit stärkerer Wirkung am Ziel. Dagegen vervierfachen sich Energie und Wucht bei doppelter Geschwindigkeit.

Die *Feuerleistung* ist das Produkt aus Geschoßgewicht und Kadenz und stellt die Transportleistung des Geschützes dar. Wichtig ist hierbei zu wissen, wieviel Schuß das Geschütz auf einen längeren Zeitraum feuern kann (und nicht z. B. nur für die ersten 30 Sekunden nach Feuereröffnen). Dieses bedeutet, daß auch die Munitionszufuhr auf die Dauer ausreichen muß.

Unter *Streuung* versteht man die vor allem *in* der Schußrichtung („Längsstreuung") und die sich quer dazu („Seitenstreuung") bemerkbaren Unterschiede in der Lage der Einschläge am Ziel. Ursachen sind — neben Fehlern in der Waffenleitanlage und menschlich bedingten Fehlern — geringe Schwankungen in der Treibladung (Menge und Temperatur usw.), geringe Vibrationen des Rohres, Festigkeit der Lafette und Schwingungen des Schiffskörpers in sich, wenn es sich um ein Einzelrohr handelt. Beim Schießen mit mehreren Geschützen kommen die Unterschiede zwischen den Rohren, Unterschiede in der Bettung und die vorgenannten Gründe verstärkt zur Auswirkung, so daß die Streuung längs und quer wächst. Wird in einem Feuerstoß (bei automatischen Waffen mit höchster Kadenz 5 oder mehr Schuß) geschossen, wächst die Streuung durch die Schwingungen, die die Waffe durch das Schießen erhält, beträchtlich. Im allgemeinen ist die Streuung um so kleiner, je größer das Geschoßgewicht ist.

Die Forderung nach hohen *Richtgeschwindigkeiten* ist durch die Notwendigkeit, die eigenen und gegnerischen Bewegungen auszugleichen, begründet.

Daneben gibt es noch eine Reihe technischer Unterschiede wie Rohrkonstruktion, Stabilisierung des Geschosses durch Drall, Patronenlänge, getrennte Ladung, Geschoßform, Zünderarten und Rückstoßprobleme. Sie werden bei der Entwicklung der Artillerie geschildert, wenn sie zum ersten Male erscheinen.

Die *Besonderheiten der Schiffsartillerie* bestehen in der Überwindung von zwei Schwierigkeiten:

1. Das Schiff als Geschützplattform bewegt sich durch Seegang und Windwirkung und durch die Wirkung seines Antriebes und seines Ruders.

2. Das Ziel (Schiff und Flugzeug) bewegt sich auch, und zwar so gut wie immer.

Die bewegte Geschützplattform (Z 4 und 5)

Jedes dem Seegang und dem Wind ausgesetzte Schiff macht mehr oder minder starke und regelmäßige Bewegungen um eine vertikal in der Schiffsmitte vorstellbare Schiffsdrehungs- oder Gier-Achse A-A, um eine mit der Längsschiffsrichtung zusammenfallende Schlinger- oder Krängungsachse B-B und um eine auf beiden Achsen senkrecht stehende Stampf-Achse C-C. Schießt ein Schiff genau nach Steuerbord querab und krängt es in diesem Augenblick nach Steuerbord um z. B. 3 Grad, muß die Rohrmündung gegenüber dem Deck, der „Bettungsebene", um weitere 3 Grad erhöht

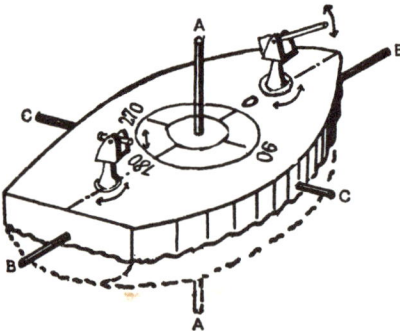

Z 4 Die Bewegungsebene des Geschützes und des Leitgerätes an Bord und die Schiffsachsen

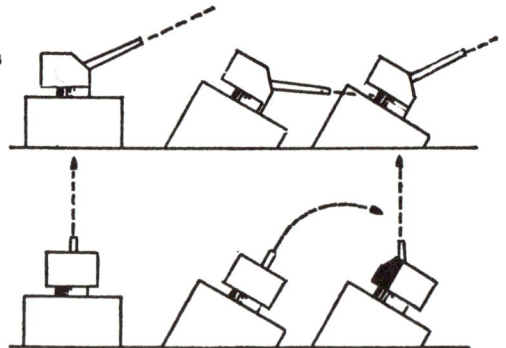

Z 5 Die bewegte Geschützplattform

werden, wenn die befohlene Schußweite erreicht werden soll. In diesem Fall kommt ein „*Kippwinkel*" von 3⁰ zum Aufsatzwinkel. Liegt das Schiff wie geschildert, schießt aber recht voraus (also in Kursrichtung), wird das Geschoß rechts von der Kurslinie fliegen und die befohlene bzw. die dem Aufsatzwinkel entsprechende Entfernung nicht ganz erreichen. In diesem Fall muß das Geschütz soweit nach links geschwenkt und um einen kleinen Winkel zusätzlich erhöht werden, bis das Rohr „im Raum", d. h. bezogen auf den Horizont und eine geographische Richtung, die beabsichtigte und erforderliche Lage wieder eingenommen hat. Die zusätzlichen Bewegungen

16

des Geschützes sind die „Neigungsverbesserungen der Seite und der Höhe nach", leider seit etwa 1890 fälschlich als „Krängungsverbesserungen" bezeichnet. Diese nicht ganz zutreffende, oft irreführende Bezeichnung hat sich aus 2 Gründen eingebürgert:

1. In dieser Zeit wurde der Einfluß der seitlich pendelnden Schräglage des Schiffes durch Seegang und Wind (mit Schlingern bezeichnet) und durch eine einseitige anhaltende Belastung z. B. durch Wassereinbruch infolge eines Treffers (Krängen) in der Auswirkung auf die Geschoßflugbahn überbewertet.

2. Der Einfluß des Stampfens wurde vernachlässigt.

Die Geschoßflugbahn unterliegt selbstverständlich allen Einflüssen gemeinsam und gleichzeitig. So gut wie nie wird sich das Schiff nur um die Drehungs-, Schlinger- oder Stampfachse bewegen, sondern sich immer in Richtungen neigen, die zwischen der Längsschiffsrichtung und der Querabrichtung liegen. Die Neigungsverbesserung berücksichtigt alle drei Bewegungseinflüsse gleichzeitig, indem durch zusätzliche Bewegungen der Seiten- und der Höhenrichtmaschinen das Rohr in die bestimmte Lage im Raum gebracht wird bzw. dort gehalten wird, wenn es durch die Schiffsbewegungen abzuwandern droht. — Die zusätzliche Bewegung der Höhe nach ist der Kippwinkel, wie schon erwähnt. Die Kippwinkelverbesserung ist zu groß, wenn das Geschütz so auf der Bettung geschwenkt wird, so daß das Rohr seine beabsichtigte, ursprüngliche geographische Richtung erhält. Daher muß die Kippwinkelverbesserung verkleinert werden oder das Geschütz eine zusätzliche Richtachse erhalten, die den Kippwinkel und seine Verbesserung über dem Horizont und nicht über der geneigten Bettung mißt bzw. anbringt. Diese dritte Achse ist die Kantwinkelachse. Sie liegt parallel zur Bettungsebene und senkrecht zur Höhenrichtachse (Z 33).

Die sich fortbewegende Geschützplattform

Eng verbunden mit dem Krängungsproblem ist der Einfluß der Schiffsgeschwindigkeit, der „Fahrt", auf das sich im Rohr bewegende Geschoß. Angenommen, das Schiff schießt mit einem 30,5-cm-Geschütz horizontal nach Steuerbord querab. Das Geschoß braucht für den rund 15 m langen Weg im Rohr $^{25}/_{1000}$ Sekunden. In dieser Zeit bewegt sich das Rohr mit dem Schiff um rund 40 mm nach links, bezogen auf die Schußrichtung, wenn das Schiff 30 Knoten läuft. Um zu treffen, muß also in diesem Fall eine *Seitenverbesserung für eigene Fahrt* nach rechts angebracht werden. Der Einfluß der Fahrt hängt vom Sinus des Schußseitenwinkels (Voraus = 0⁰ = null, Steuerbord querab = 90⁰ = 1), von der Größe der Fahrt[1] und von der Dauer

---

1 Siehe Anmerkung S. 192

der Geschoßbewegung im Rohr ab. — Eine ähnliche Rechnung kann aufgestellt werden für den Fall, daß das Schiff im Drehen schießt, wobei zu den zurückgelegten Strecken bzw. erhaltenen Geschwindigkeiten noch Beschleunigungen hinzukommen. Dasselbe trifft auch zu, wenn das Rohr der Höhe nach bewegt wird, während sich das Geschoß in ihm bewegt. Die Auswirkungen der Seite nach werden durch einen „Drehschieber" ausgeglichen, die Auswirkungen der Höhe nach durch eine besondere Einrichtung (s. Vorzündewerk). Der Drehschieber wird für einzelne Fahrtstufen, Ruderlagen und Entfernungen ausgerechnet und dem Schieber überlagert.

Die sich bewegenden Ziele

Liegt das eigene Schiff still und schießt gegen einen sich quer zur Schußrichtung bewegenden Gegner, so ist für die seitliche Auswanderung des Gegners in der Geschoßflugzeit eine Verbesserung anzubringen. Diese hängt von der zurückgelegten Strecke ab. Läuft der Gegner auf das schießende Schiff zu, ist der Seite nach keine Verbesserung anzubringen, dagegen aber der Entfernung nach. Bei allen Zwischenlagen wirkt sich die Gegnerfahrt im Blick auf die seitliche Auswanderung mit dem Cosinus des Lagewinkels, im Blick auf die Entfernungsänderung mit dem Sinus des Lagewinkels aus. Für taktische Überlegungen einschl. der Artillerie wurde zunächst nicht als Zeitmaß die Geschoßflugzeit, sondern ein *Seitenunterschied (SU)* und ein *Entfernungsunterschied (EU)* in der Minute angenommen, gemessen in Hektometern je Minute (hm/min). Bei der vorstehenden Annahme wirkten sich nur Fahrt und Lage des Gegners auf EU und SU aus. Bewegt sich das eigene Schiff auch, so werden — in Abhängigkeit von Schußrichtung und Fahrt — den Gegneranteilen an EU und SU eigene Anteile überlagert. Zusammen ergeben sie, addiert oder subtrahiert, den *Gesamt-EU bzw. -SU.* Beide sind unabhängig von der Geschoßflugzeit und von der Entfernung. Der Aufsatzwinkel wird um den Betrag, der dem Gegner-EU in der Geschoßflugzeit entspricht (Aufsatzverbesserung für Gegner-EU) geändert. Der SU dient als Grundlage der Seitenverbesserung für die Gegnerbewegung. Er muß von hm/min in Abhängigkeit von der Entfernung in Winkelmaß umgewandelt werden und wird dann als „Schieber" oder „Seitenvorhalt" (SV) bezeichnet.
Die Aufgabe, die Bewegungen des Gegners durch Verbesserungen der Seite und der Höhe nach zu berücksichtigen, wird erschwert, wenn sich der Gegner während der Geschoßflugzeit bewegt, wie es planmäßig im Seegefecht geschieht. (Ein Linienschiff der *Braunschweig*-Klasse benötigte 6 Minuten 20 Sekunden für einen vollen Drehkreis mit einem Radius von 242 m. Schnellere Schiffe benötigen weniger Zeit und je nach Schiffslänge

einen größeren oder kleineren Radius.) Diese Bewegungen sollen dem Gegner das Schießen erschweren, weil die Auswertung der Aufschlagbeobachtung verfälscht wird. Ähnlich wie an Land werden auch auf See die Aufschläge der Granaten beobachtet. Hier interessiert zunächst die *Beobachtungsfähigkeit* der Wassersäulen an sich, ob sie nämlich diesseits (kurz) oder jenseits (weit) des Gegners liegen. Das kann nur einwandfrei beobachtet werden, wenn die Aufschläge sich innerhalb der sichtbaren Ausdehnung des Gegners erheben oder diesen auf der Weitseite überragen. Liegen

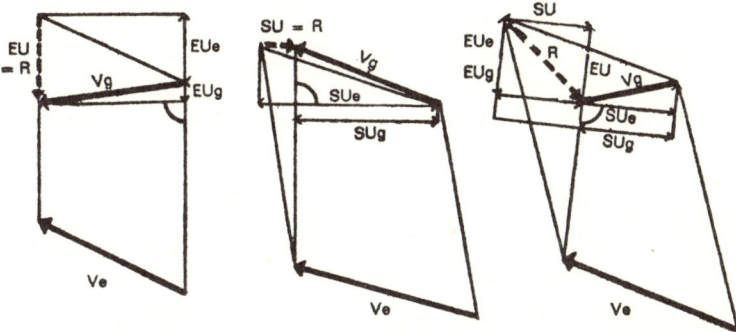

Z 6 *Das sich absolut und relativ zum schießenden Schiff bewegende Ziel*
R = Relativbewegung; E U = Entfernungsunterschied; SU = Seitenunterschied;
V = In der Zeiteinheit zurückgelegter Weg nach Richtung und Geschwindigkeit;
Suffix e = eigenes Schiff, g = Gegner.

die Aufschläge kurz, ist die eingestellte Entfernung zu klein und muß zum nächsten Schuß oder zur nächsten Salve (mehrere Schüsse gleichzeitig abgefeuert) vergrößert werden, allerdings unter der Voraussetzung, daß sich die tatsächliche Entfernung nicht ändert. Sinngemäß wird bei Weitlagen verfahren. Liegen einige Aufschläge weit, einige kurz, ist das Ziel „erfaßt", der befohlene Aufsatz richtig. Fährt nun das beschossene Schiff in die Richtung der Aufschläge, kann sich der Gegner kein klares Bild über die Lage seines Schießens machen. Starke Fahrtminderung während der Geschoßflugzeit läßt die Aufschläge nach voraus wandern und verleitet den Gegner zu einer Seitenverbesserung, die sich in einem Achterauswandern der späteren Aufschläge auswirken muß. Eine einmalige Änderung der Aufsatz-E ist eine „Standverbesserung". Drei geschlossen kommandierte Standverbesserungen um gleiche Beträge bilden eine „Gabel", möglichst schnell hintereinander abgefeuert eine „Gabelgruppe".
Bewegt sich das Ziel in einer anderen Ebene als das schießende Schiff oder wechselt es sogar diese Ebene, wie es beim Flugzeug der Fall ist, wird die Vorhaltbildung dreidimensional und die Verbesserungen für Kippen und Kanten werden noch sehr viel größer. Die zum Ausgleich der Schiffs- und

Zielbewegungen erforderlichen Geschwindigkeiten des Schwenkwerkes und der Höhenrichtmaschine steigen derart, daß sie mit normalen, zweiachsigen Richtmitteln nicht mehr erzielt werden können.

Taktische Grundbegriffe

Bis in den 2. Weltkrieg hinein wurden die deutschen schweren Schiffe (Schlacht- oder Linienschiffe, Panzerschiffe) divisionsweise (bis zu 4 Schiffen), treffenweise (2 Schiffe), geschwaderweise (bis zu 8 Schiffen) geführt, während die Aufklärungsstreitkräfte (Panzerkreuzer, Große und Kleine Kreuzer) in der Richtung des vermuteten Feindes strahlenförmig, fächerförmig oder in Linien zur Aufklärung vorstießen oder in der Nähe der Linienschiffe aufgestellt waren, um diese vor Zerstörern oder Unterseebootsangriffen zu schützen. Die Normalformation der Schlachtschiffe war die Kiellinie (ein Schiff hinter dem anderen mit befohlenem Abstand), die Dwarslinie (alle Schiffe nebeneinander) oder eine Staffel (die Schiffe schräg hintereinander). Bei Schwenkungen eines Verbandes blieb die Formation erhalten, während der Kurs sich änderte. Bei Wendungen vollführten alle Schiffe zur gleichen Zeit eine Kursänderung, wodurch sich auch die Formation änderte. Daneben gab es noch Formationsänderungen bei gleichbleibendem Kurs. Diese Formationen und ihre Übergänge dienten dazu, sich geschlossen unter Ausnutzung der den Schiffen eigentümlichen Geschützbestreichungswinkel dem Gegner zu nähern, um günstige Positionen zu erreichen (Z 7). Ebenso konnten Abstand und Richtung zum Gegner verringert bzw. verändert werden. Als günstige Positionen galten Stellungen zum Gegner, bei denen die eigene Artillerie voll zum Einsatz gebracht werden konnte, während der Gegner nur einen Teil der Geschütze auf seinen Gegner richten konnte. Günstige Gefechtsentfernungen lagen dann vor, wenn die eigenen Granaten den feindlichen Panzer durchschlagen konnten und zwar entweder den Seitenpanzer oder den Horizontalpanzer oder gar beide, während die Gegnergranaten am Panzer zerschellten. Da diese Bereiche sehr genau festgelegt werden konnten, kam es sehr stark auf eine gute Führung der Verbände im Gefecht an. Vor allem aber dienten die Formationen dazu, die Schiffe so aufzustellen, daß das Feuer von 2 und mehr Schiffen auf einen Gegner vereinigt und das Feuer überhaupt verteilt werden konnte, um keinen Gegner unbeschossen zu lassen. Die Kiellinie ließ jedem Schiff, vor allem wenn es die auch gebogene Kielwasserlinie war, Spielraum nach beiden Seiten. Die Dwarslinie diente als Vorbereitungsformation, weil die Schiffe sich nach beiden Seiten schnell zu einer Kiellinie formieren konnten.
Eine Sonderstellung hatten sich die Schlachtkreuzer erworben. Ursprüng-

lich nicht anders gedacht als die moderne Ausgabe des Panzerkreuzers, der mit überlegener Geschwindigkeit und Artillerie die feindliche Aufklärung und Sicherung durchbrechen sollte, wuchs die „Erste Aufklärungsgruppe" der Hochseeflotte mehr und mehr zu einem Eliteverband schneller Schlachtschiffe heran, zu einer Art Feuerwehr, die erzogen wurde, der Lage entsprechend zu handeln. Die gewisse Freizügigkeit der Schlachtkreuzer

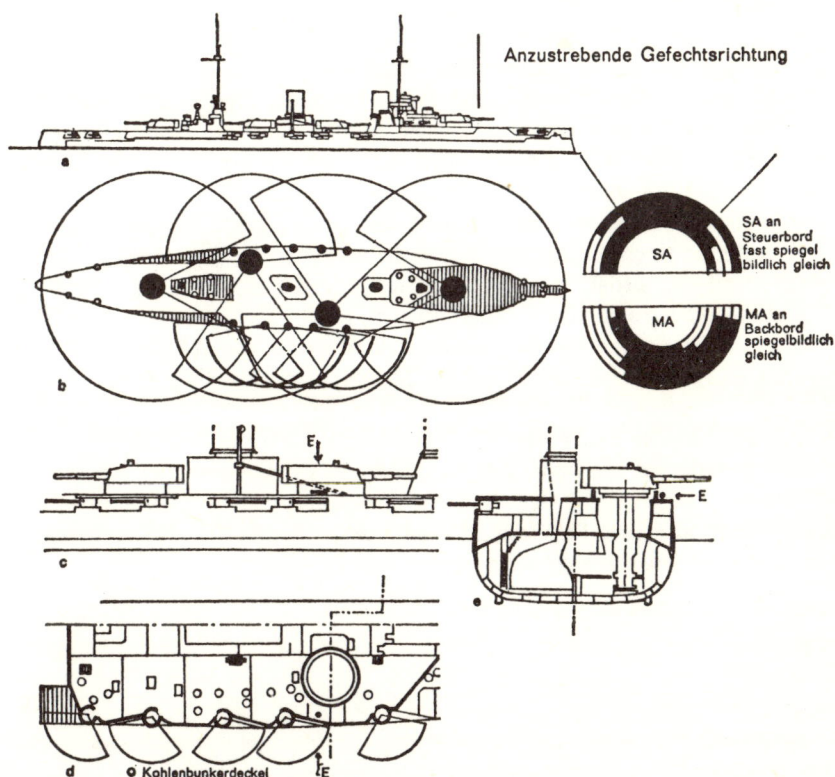

Z 7   Schlachtkreuzer „Von der Tann"

a) Seitenansicht; b) Draufsicht mit Bestreichungswinkeln der 28- und 15-cm-Geschütze mit Angabe der anzustrebenden Gefechtsrichtung; c) Mittelschiff mit 15-cm-Batterie von der Seite und d) von oben gesehen. E = Entfernungsmeßgerät als Seitenstand; e) Querschnitt 28-cm-Turm (an Steuerbord) und vorderstes 15-cm-Geschütz (an Backbord).

nahm die spätere Kampfgruppentaktik des 2. Weltkrieges in etwa vorweg und zeitigte die besten artilleristischen Leistungen. Bei den Schlachtkreuzern und den Schlachtschiffen der Kriegsmarine konnte sich die Zusammenarbeit zwischen Schiffsführung und Artillerieleitung offensichtlich am besten aus-

21

wirken, eine Zusammenarbeit, die bei allen Marinen notwendig war, wollten die Flottenführer und Schiffskommandanten das Gefecht bestehen. Alle Teileinrichtungen, angefangen bei den Rohren und Lafetten, bei den Richtmöglichkeiten und der Munitionsversorgung bis hin zu den Hilfsmitteln des Artillerieoffiziers und den automatisch arbeitenden Waffenleitgeräten sind und bleiben immer nur Teile der ganzen Artillerie. Ihre Entwicklung spielte sich gleichzeitig ab und bedingte sich meistens gegenseitig. Daher ist es richtig, die Entwicklung der Teile nebeneinander zu schildern, bis ein gewisser einheitlicher Leistungsstand in der ganzen Artillerie erreicht worden ist. Diese gegenseitige Bindung galt sowohl bei der Forderung nach neuen Waffen und Geräten wie bei ihrer Planung, Konstruktion, ihrem Bau und ihrem Einbau und nicht zuletzt bei ihrer Handhabung und ihrem Einsatz. Nach diesen Gesichtspunkten ist die nun folgende Entwicklungsgeschichte der deutschen Schiffsartillerie eingeteilt.

Einer Bestandsaufnahme (um 1868) in der preußischen Marine folgen die ersten selbständigen deutschen Entwicklungsschritte (bis 1890), die Erkenntnis von der schlachtentscheidenden Rolle der schweren Artillerie (bis 1897), die Verbreitung dieser Überzeugung in der Hochseeflotte (bis 1909), der Höhepunkt in der Bewährung vor dem Feind (bis 1918), die Lösung schwerer Aufgaben mit beschränkten Mitteln und die Erreichung des vor Jahrzehnten gesteckten Zieles (1923 bis 1945).

Die „Geschichte der deutschen Schiffsartillerie" wäre unvollständig, — und es hieße, gerade auf die deutschen Grundlagen für alle anderen Marinen zu verzichten —, wenn nicht der deutsche Ursprung der Artillerie überhaupt erwähnt und auf die Tatsache hingewiesen würde, daß Pulvergeschütze zuerst auf deutschen Schiffen eingesetzt worden sind.

Das langsam feuernde, glatte Schiffsgeschütz
(1362 bis etwa 1850)

Die erste einwandfreie Nachricht über die Verwendung von Pulvergeschützen besagt, daß deutsche Söldner im Jahre 1331 die Stadt Cividale in Friaul mit in Deutschland hergestellten Geschützen angegriffen haben. Das Kaliber dieser Geschütze ist vermutlich sehr klein gewesen und dürfte nur wenige Zentimeter betragen haben. Alle Anzeichen sprechen dafür, daß das Geschütz, wenn man dem Wort die heutige Bedeutung beimißt, in Süddeutschland, und zwar um 1330 in Freiburg im Breisgau erfunden worden ist. Das Schießpulver bestand zu etwa 75 Gewichtsteilen aus Salpeter, 10 Teilen Schwefel und 15 Teilen Kohle. Es wurde anfangs in Mörsern, wie heute noch in älteren Küchen und Apotheken verwandt, zerstoßen und gemischt, später in Mühlen hergestellt. 1344 bestand eine derartige Pulvermühle bereits in Spandau, 1348 in Liegnitz. 1360 flog ein Teil des Lübecker Rathauses in die Luft, weil man den Keller zur unsachgemäßen Pulverlagerung benutzt hatte. Die Geschützherstellung hat sich schnell über Augsburg und Nürnberg überall dorthin ausgebreitet, wo günstige Voraussetzungen für die Geschützherstellung vorlagen, d. h. vor allem in waldreiche Gegenden mit Eisen- bzw. Kupferbergbau, wo also Schmiedeeisen bzw. Bronze billig waren.

Englische Schriftsteller stellten wiederholt die bisher unbewiesene Behauptung auf, daß bereits 1338 auf einzelnen englischen Schiffen Feuerwaffen gewesen wären. Wenn man dieser Behauptung nachgeht, stellt man fest, daß in dieser Zeit König Eduard III. von England Krone und Kronschatz deutschen Kaufleuten verpfändet hatte, England also finanziell kaum in der Lage gewesen sein dürfte, sich die sehr teuren Geschütze zu verschaffen. Die älteste erhaltene Quelle über Feuerwaffen an Bord besagt, daß 1362 im Seegefecht im Sund zwischen dänischen und lübischen Schiffen der Sohn Christoffer des Dänenkönigs Waldemar Atterdag durch eine Kanonenkugel der Lübecker fiel. Das lübische Geschwader bestand aus drei Schiffen und hatte insgesamt 6 „Donnerbüchsen" an Bord.

Das Pulvergeschütz ist aus einer metallenen oder hölzernen, im Inneren und vermutlich auch am Äußeren mit Metall beschlagenen Kiste, einer „Büchse", entstanden. Diese wurde mit Pulver gefüllt. Ein Stein wurde lose darauf gelegt. Mit einem glühenden Eisen wurde die Treibladung gezündet. Um dem Stein eine gewünschte Richtung zu geben, wurde auf die Büchse ein kurzes Rohr (deutsch „Bumhart", italienisch „Canna") gesetzt, vermutlich auch befestigt. Das Ganze wurde dann feindwärts bis zur Horizontalen geneigt. Für derartige Büchsen bürgerte sich die Bezeichnung Bombarde oder Kanone ein. Da man sich über die Erdanziehung noch nicht klar war, glaubte man, der Stein flöge horizontal und fiele am Ende der Bahn senkrecht zur Erde. Daher benutzte man die Geschütze auf kleinen Entfernungen gegen vertikale Ziele wie Steinwände und auf großen Entfernungen (d. h. über 400 m bis höchstens 1 000 m) gegen horizontale Ziele wie Dächer und Deckungen. Erst Galilei hat um 1590 diesen Irrtum behoben.

Die neue Waffe enthielt viele Gefahren, sowohl durch die zwischen Büchse und Rohr zurückschlagenden Flammen als auch durch das an Oberdeck in Fässern gelagerte Pulver, das bei Nässe unbrauchbar wurde. Aus diesen Gründen schritt die Einführung an Bord nur langsam und zögernd fort.

Zur besseren Handhabung waren die Rohre „geschäftet", d. h. mit einem Holzschaft wie ein Gewehr versehen. Zum Schuß wurden die Schäfte auf die Reling gelegt. Der Rückstoß wurde dadurch aufgefangen, daß man den Schaft gegen einen festen Teil des Schiffes abstützte oder mit einer quer unter dem Schaft eingeschnittenen Nut über die Reling hängte, den Schaft also einhakte. Beim Schuß bockte das Geschütz, wobei es sich mit der Mündung hob (Z 8). Schwerere Geschütze wurden in „Bettungen" gelegt, höl-

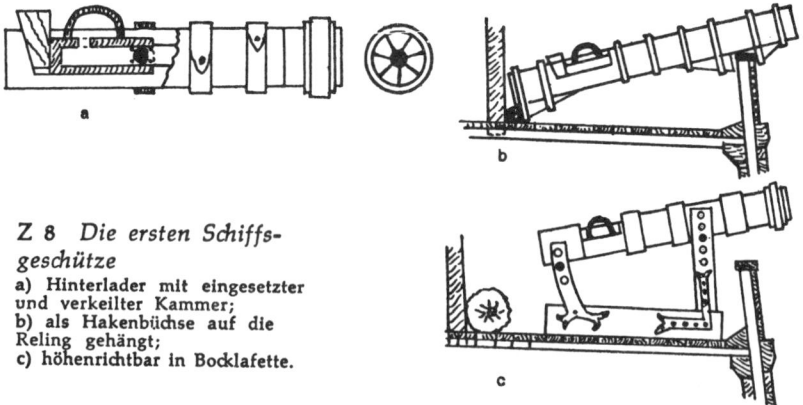

Z 8 Die ersten Schiffs-
geschütze
a) Hinterlader mit eingesetzter
und verkeilter Kammer;
b) als Hakenbüchse auf die
Reling gehängt;
c) höhenrichtbar in Bocklafette.

zernen Gestellen, die der Erdmulde oder der schlittenartigen Lafette des Landkrieges nachgebildet waren. Die natürliche Reibung des Rahmens auf dem Deck und ein Wergsack hinter dieser Bettung bremsten den Rücklauf ab.

Besonders große Fortschritte machte die Artillerie unter dem Herzog Karl dem Kühnen von Burgund, dessen Heer (1460 bis 1474) einige Neuerungen brachte. Die Balancetragezapfen (die beiden unterhalb des Schwerpunktes angebrachten „Schildzapfen") wurden erfunden. Das Wort läßt noch erkennen, daß diese Zapfen unmittelbar hinter dem Schild saßen, der die Geschützbedienung gegen feindliches Feuer schützen sollte. Hatte man früher das Geschütz beim Transport an Ringen angehoben, die vorn und hinten angebracht waren, so hob man es jetzt an den „Delphinen" an, Ösen in der Form dieser Tiere oberhalb der Schildzapfen. Mit den Schildzapfen konnte das Rohr der Höhe nach gerichtet werden, wenn man es in „Schildzapfenträgern", in genügend hohen Seitenwänden der Bettung, aufhängte. Durch Unterlegen von Keilen, die nach Bedarf eingetrieben wurden, hob man das Bodenstück, um die Schräglage der Bettung auszugleichen oder um dem Rohr eine der gewünschten Entfernung entsprechende Erhöhung zu geben (Z 9-10).

Die Rohre waren anfangs aus Eisen geschmiedet oder aus Bronze gegossen. Eisengeschütze wurden geschmiedet, indem man lange Eisenstäbe mit rechteckigem Querschnitt über einem kaliberstarken Dorn zusammenschweißte und mit Ringen gegen Zerspringen sicherte. Der Bronzeguß folgte in Nordeuropa etwa ab 1600, der Eisenguß etwa ab 1650. Bronze war zuverlässiger, Eisen billiger.

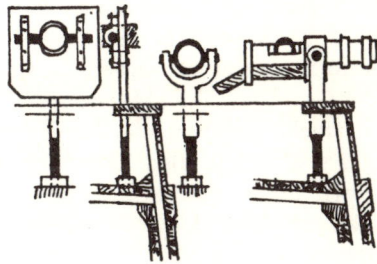

Z 9 *Geschütz mit Schildzapfen hinter Schild oder in Drehgabel*

Lange Jahre bemühte man sich, den ursprünglichen Aufbau des Geschützes aus Büchse und Rohr beizubehalten, um das Geschütz von hinten laden zu können. Man setzte dadurch die Geschützmannschaft nicht dem feindlichen Feuer aus, und an Bord empfahl sich dieses Ladeverfahren wegen des beschränkten Platzes. Bei den an Bord bevorzugten Hinterladern standen drei „Wechselkammern" zur Verfügung, eine im Geschütz, eine an der Ladestelle und eine unterwegs. Diese Kammern waren nach vorn offene Zylinder, in die man an der Ladestelle das Pulver einschüttete und mit einem Kolben zusammenpreßte. Am Geschütz wurde die steinerne, bleierne oder eiserne Kugel vor die Ladung gesetzt und gegen Herausrollen durch einen Taukranz gesichert. Dann führte man die Kammer ein, wobei entweder diese über das Rohr faßte oder mit dem Vorderteil in das Rohrinnere ragte. Oben besaß die Kammer eine Öffnung, das „Zündloch", die während des Füllens und Transportes mit einem Holzpfriem verschlossen war. Wenn die Kammer eingesetzt und durch Bügel gegen Herausspringen gesichert war, verkeilte man die Hinterseite gegen das Rohrende, um das Rohr möglichst gasdicht abzuschließen und die Kammer auch gegen den Gasdruck zu sichern. Dann öffnete man das Zündloch durch Herausnehmen des Pfriemes, füllte den so entstandenen Zündkanal mit einem „scharfen", d. h. schneller als das andere Pulver brennenden Zündsatz und füllte die das Zündloch umgebende „Pfanne" mit einem „langsamen" Pulver. Im gegebe-

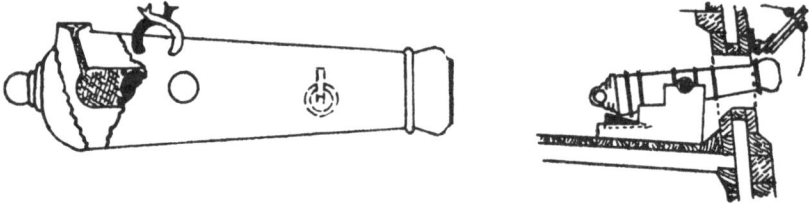

Z 10 *Vorderlader mit Schildzapfen und Delphinen*
in Bocklafette an Bord (Stückpforte mit Deckel).

nen Augenblick wurde diese Zündladung mit dem „Loseisen" gezündet, worauf die Geschützbedienung beiseite trat, um nicht vom zurückrennenden Geschütz verletzt zu werden. Das hakenförmige Eisen wurde in einem Ofen in der Geschütznähe glühend gehalten. Später ersetzte man das Eisen durch eine langsam glimmende Zündschnur aus Flachs oder Hanf, die mit Kalklauge, später mit Bleizucker getränkt war. Diese „Lunte" war um einen eisernen Stock, den „Luntenstock", von etwa 1,2 m Länge gewickelt. Die Reichweite dieser Geschütze betrug wenige hundert Meter, die zum Laden benötigte Zeit je nach Kaliber einige Minuten, bei den größten (21 cm) noch im 19. Jahrhundert 15 Minuten!
Die an Bord allgemein beliebteren, weil ungefährlicheren, Vorderlader hatten keine Büchse oder Kammer. Hier war das Zündloch hinten oben in das Rohr gebohrt. Das Laden geschah in mühsamer Arbeit von der Mündung her. Anfangs führte man das Pulver in einem halbzylindrischen, nach oben offenen Löffel ein, den man nach Berühren des Seelenbodens umdrehte, so daß das Pulver herausfiel. Das Pulver wurde dann durch einen wischerähnlichen Ladestock zusammengeschoben. Dann wurde das mit Tau umwickelte Geschoß eingesetzt. Das Tauwerk sollte die Unebenheiten der Kugel ausgleichen und das Rohr nach vorne hin gasdicht abschließen. Die Zündung erfolgte ähnlich wie beim Hinterlader. Beide Rohrarten mußten nach dem Schuß sehr sauber ausgewischt werden, denn andernfalls hätten glühende Rückstände, vor allem vom Tauwerk, die neue Treibladung vorzeitig gezündet, ein Unglück für Besatzung und Schiff, das viele hundert Male vorgekommen ist. Die Gefahr wurde etwas verringert, als das Pulver nicht mehr lose eingeschüttet, sondern in Kartuschbeuteln eingeschoben wurde.

26

Früh wurde auch versucht, die Feuergeschwindigkeit durch alle erdenklichen Maßnahmen zu steigern. Von Leonardo da Vinci und anderen stammen die verwirklichten Gedanken, Drehscheibenlafetten, Revolverkanonen und Kugelspritzen nach der Art der späteren Mitrailleusen und Verschlüsse mit Schrauben und Keilen zu bauen. Aus dieser Zeit stammen auch Langgeschosse aus Bronze und Brandgeschosse (kaliberstarke Eisengerippe mit Brennstoffen, die beim Schuß entzündet wurden, bzw. aufklappbare Hohlkugeln mit Brandfüllung, zu deren Zündung Zeit- und Aufschlagzünder erdacht wurden). Selbst Eisenstangenbündel und Pfeilbündel wurden mit vorgelegtem Holz- oder Bleiklotz verschossen (Z 11 a, b).

Die Geschütze selbst waren wahre Kunstwerke. Entsprechend dem Geschmack der Zeit wurden sie verziert, wozu sich die Traube, die Delphine und der Mundfries vor allem anboten. Meist erhielten sie das Wappen des Bestellers, Sinn- oder Bibelsprüche, häufig auch allegorischen Schmuck, einen Namen sowie den Namen des Gießers, Jahreszahl und Ort des Gusses und auch Flüche gegen den Feind. Sehr stolz waren die Gießmeister auf ihr Werk, waren sie doch in der Regel auch die „Büchsenmacher", „Stückmeister" oder „Artilleristen", die sich nicht nur mit ihren Erzeugnissen und ihrem Können, sondern auch mit ihrer Mannschaft bei weltlichen und geistlichen Herren verdingten, nicht zuletzt, um ihre Berufsgeheimnisse nicht preisgeben zu müssen, denn die „Büchsenmacherei" und „Feuerwerkerei" war eine geheimnisvolle Zunft mit strengen Regeln und Gesetzen. An diesem Beruf war im frühen Mittelalter der deutsche Anteil auf allen Schiffen der europäischen Staaten besonders groß. So haben auf fast allen berühmten Entdeckungsfahrten der Portugiesen, Spanier, Holländer und Franzosen Deutsche als Artilleristen und Steuerleute teilgenommen, was die zum Teil noch erhaltenen Besatzungslisten beweisen. Erwähnt sei hier die „Deutsche Bartholomäus-Brüderschaft in Lissabon", die die Artilleristen für Portugals Entdeckerflotte stellte. — Überhaupt ist der deutsche Anteil an der Artillerieentwicklung größer als allgemein bekannt. 1411 führte der Deutsche Ritterorden für seine Land- und Schiffsgeschütze auswechselbare Stahlfutter für die Zündlöcher ein, da die bisherigen schnell ausbrannten. Im nächsten Jahr folgten schmiedeeiserne Kugeln, die zur besseren Rundung einen Bleimantel trugen. Auch die ab 1495 gebräuchlichen gußeisernen Kugeln waren eine deutsche Erfindung.

Das Kaliber betrug im 15. Jahrhundert in der Regel höchstens 12 cm, in Ausnahmen bis zu 19 cm. Die Masse der Geschütze war aber kleiner als 10 cm. Bei der langsamen Feuergeschwindigkeit war die Artillerie vorerst nichts anderes als die Vorbereitungswaffe zum Enterkampf. Wie die häufig in den Urkunden und Akten zu findende Bezeichnung „Deckfeger" besagt, hielt man Geschütze bereit, um einen Gegner wieder vom eigenen Deck zu vertreiben. Hierzu wurden die Geschütze mit Bleikugeln, Steinsplittern und

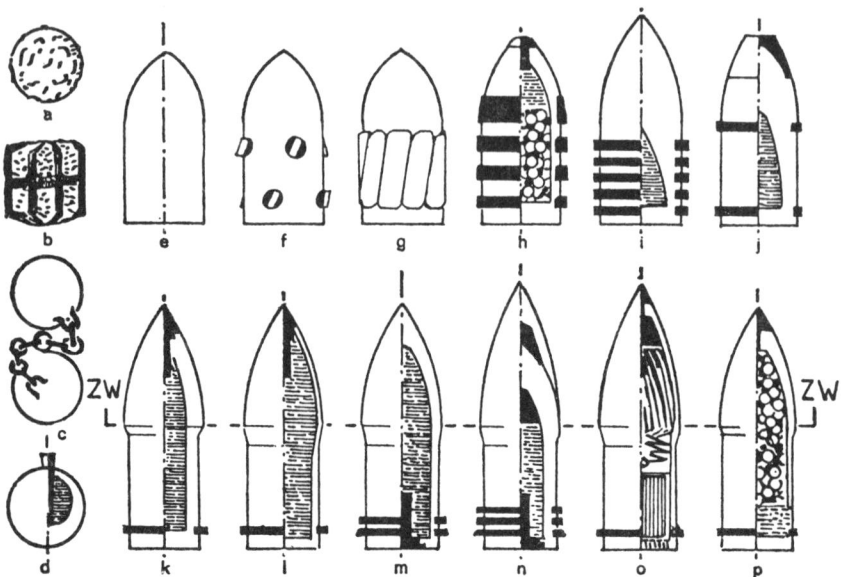

Z 11 Geschosse

a) Steinkugel; b) Brandgeschoß; c) Kettenkugel; d) Bombe mit Brennzünder (1824); e) Zylindrisches, zugespitztes Vollgeschoß (etwa 1840); f) Geschoß mit Führungswarzen (1845); g) Geschoß mit polygonalem Querschnitt (1845); h) Schrapnell mit bleiernen Führungsringen, Zeitzünder, kleiner Sprengladung und Schrapnellkugeln; i) Hohlgeschoß mit Sprengladung und vielen Führungsringen aus Kupfer (Zündung erfolgt durch Auftreffschock) (1851); j) wie vor, mit vergrößerter Sprengladung und aufgesetzter Kappe; k) Sprenggranate mit einem Führungsring und Zentrierwulst (ZW). Zündung durch Zünder, hier im Kopf; l) wie vor, ausgeführt mit dünnen Wänden und Bodenzünder gegen gepanzerte Ziele; n) wie vor, mit Füllstück im Ladungsraum, Kappe und aufgesetzter Spitze; o) Leuchtgranate mit Zeitzünder im Kopf, Ausstoßladung, Fallschirm, Leuchtsatz und ausstoßbarem Boden; p) Schrapnell 1914.

Nägeln geladen. Auch sonst gab man den Geschützen drastische und furchterregende Namen, besonders aus dem Tierreich, wobei „Schlange" (auch als „Serpentine") und „Falke" (auch als „Falkonet") die häufigsten waren. Andere Bezeichnungen waren „Basilisk" (vermutlich verkürzt zu „Bassen") und die aus dem romanischen Sprachgebiet stammenden Worte wie Karthaune, Petriere (Steinwerfer) und Kanone. Die Grundformen dieser Namen bezeichneten ein bestimmtes Kaliber, ausgedrückt im Gewicht der Steinkugel. Jeweils kleinere Kaliber drückte man durch die Vorsätze „3/4", „1/2" oder „1/4" aus. Die „Notschlange" entsprach dem „Deckfeger". (Siehe Anlage 1: „Kaliberschlüssel für glatte Geschütze").

Das 15. und 16. Jahrhundert brachte die grundlegende Wandlung in der Rolle der Artillerie an Bord. Häufig wurden die Geschütze wegen ihres Gewichtes und ihrer verhältnismäßig guten Beweglichkeit von den oberen Decks in den „Raum", den Laderaum gebracht, um als Ballast zu dienen,

28

wenn die Schiffe wegen mangelnder Ladung zu toppslastig waren. So lag der Gedanke nahe, sie wegen der dadurch verbesserten Stabilität möglichst tief im Schiff für fest aufzustellen. Das älteste Dokument mit einem Schiff, welches Geschützöffnungen, „Stückpforten", in der Bordwand besitzt, stammt aus dem Jahre 1430. Manchem Schiff sind die zu niedrig angebrachten oder nicht rechtzeitig oder ungenügend verschlossenen Stückpforten zum Verhängnis geworden. Die Aufstellung unter Deck verringerte aber den Laderaum, vor allem, wenn man bedenkt, daß die Mannschaft einen Mindestraum zum Laden benötigte. Aus dieser Notlage heraus entwickelte sich das eigentliche Kriegsschiff Nord- und Westeuropas. (Das Mittelmeer mit seinen Galeeren und der nur voraus schießenden Artillerie sei hier nicht weiter betrachtet.) Anfangs stellte man die Geschütze einzeln auf Plattformen, später in durchgehenden Decks auf. Von vornherein als schwer bewaffnete Kriegsschiffe gebaut, waren diese Schiffe jedem Handelsschiff unbedingt überlegen. „Der Adler aus Lübeck" (1565) und „Das Wappen von Hamburg" (1669) sind wohl die heute in Deutschland bekanntesten Schiffe dieser Zeit. Mit Recht wurden sie als „Fredekoggen", als Koggen, die dem Frieden dienen, ihn bewahren oder wiederherstellen sollten, bezeichnet. Wegen ihrer anfangs übertriebenen Höhe waren sie unhandlich; ihre burgartigen Aufbauten vorn und achtern (daher die Bezeichnungen „Vorder- bzw. Achterkastell", im Englischen noch heute als „forcastle" gebräuchlich) erschwerten die Handhabung. Doch wurden diese Fehler erkannt, die Kastelle mehr und mehr verringert, die Segeleigenschaften durch neuartige und zusätzliche Segel verbessert. Mit diesen reinen Kriegsschiffen legten die Staaten, die die Zeichen der Zeit erkannt hatten, die Grundstöcke für ihre Flotten. Die Verlagerung des wirtschaftlichen Schwerpunktes des Seeverkehrs von der Nord- und Ostsee an die Westküste Europas und von dort aus nach Osten und Westen besiegelte das Schicksal der Hanse und unterbrach auch die deutsche Mitarbeit an der Entwicklung der Schiffsartillerie für rund drei Jahrhunderte.

Man darf wohl mit Recht annehmen, daß die Flotte des Großen Kurfürsten, soweit die Schiffe in Brandenburg und Preußen und auf brandenburgische Bestellung in den Niederlanden gebaut, mit den damals üblichen Geschützen des Heeres ausgerüstet wurden, allerdings mit den überall eingeführten Wandlafetten der Marinen. Die zahlreichen Prisen und im Ausland gekauften Schiffe waren auch international einheitlich bewaffnet. Jedenfalls sind keine in der brandenburgischen und preußischen Marine erzielten Fortschritte in der Schiffsartillerie bekanntgeworden. Völlig zu Recht ist hier behauptet worden, die Schiffe wären international einheitlich bewaffnet gewesen. Diese Behauptung trifft auf das Geschützmaterial völlig zu. Es gab zwar gewisse Eigentümlichkeiten an Geschützen und Lafetten, aber nur von nebensächlicher Bedeutung. Daher gibt uns das Diorama der Batterie eines brandenburgischen Schiffes, das nach Originalunterlagen im Deutschen Museum in München aufgebaut ist, die beste Vorstellung der damaligen Schiffsartillerie (B 1). Wesentliche Unterschiede bestanden allerdings zwischen den einzelnen Flotten in der Zahl und der Anordnung der Geschütze, die durch die Tiefenverhältnisse in den heimischen und in den in Übersee anzusteuernden Häfen vor allem bestimmt waren. So hatten vor allem die Niederländer mit Flachwasser zu rechnen und konnten ihre Schiffe nicht so tief und daher auch nicht so hoch wie z. B. die Engländer bauen.

Nach diesem Blick auf den verschwindend geringen deutschen Anteil an der Artillerieentwicklung dieses Zeitabschnittes sei die allgemeine Entwicklung im 16. Jahrhundert geschildert, die die Grundlage für die großen Auseinandersetzungen zwischen Portugiesen, Spaniern, Niederländern, Franzosen und Engländern lieferte.

Die Geschütze wurden nur noch — meist aus Bronze — gegossen, was das Angießen der Schildzapfen in einem Arbeitsgang gestattete. Die Schäftung fiel fort. Die unbewegliche Bocklafette wurde z. T. durch die bewegliche Radlafette ersetzt. Die Schwierigkeiten mit dem sicheren Ab-

Z 12 *Das Geschütz der*
großen Seekriege
(Vorderlader in Radlafette).

Z 13 *Niederländischer*
Zweidecker um 1660/70
(Geschütze in z w e i gedeckten
Decks und auf dem offenen
Oberdeck).

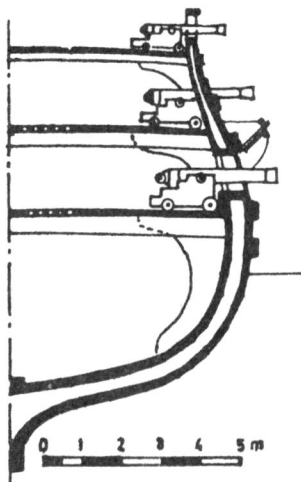

schluß beim Hinterlader ließen diesen verschwinden. Die Eisenkugel erhöhte bei gleichem Kaliber wie die Steinkugel die Auftreffwucht und war zudem leichter und passender herzustellen. Die Rohrlängen durchliefen die ganze Stufenleiter von 4 bis 55 Kaliber. Dadurch wurde das Bild der Schiffsgeschütze sehr verschieden, bis sich eine Vereinheitlichung und Beschränkung auf gewisse Standardkaliber durchsetzte. Jedes Schiff erhielt nur Geschütze von 1 bis zu 4 Kalibern an Bord, wobei die schwersten zu unterst aufgestellt wurden. Schwere Geschütze, meist nur 2, wurden auch tief unten im Heck beiderseits des Ruders aufgestellt, um das „Enfilieren" zu verhindern. Hierunter verstand man das Beschießen eines Gegners vom Heck her, wobei die Kugeln durch die im Heck angebrachten Fenster leicht eindrangen und dann durch das ganze Schiff sausten, wobei vor allem Mannschaftsverluste, später, d. h. nach Einführung der Bomben auch die schwersten Beschädigungen am Schiff und in der Batterie verursacht wurden. Das Kaliber stieg. Gegen Ende des Jahrhunderts wurden Geschütze mit weniger als 5 cm Kaliber nicht mehr als solche gerechnet und in den Artillerieangaben geführt. Kleine Geschütze wurden an der Reling in Gabeln schnell beweglich verteilt und in den Marsen aufgestellt. Sie dienten zum Beschuß der Mannschaft und als Enterabwehr.

In der Aufgabenverteilung der Besatzung änderte sich das bisherige Bild. Die Landesherren hatten ihre eigenen Zeughäuser, Geschützgießereien und Pulvermühlen. Der Büchsenmeister, jetzt „Arkolimeister" genannt, wurde technischer Berater und sorgte für eine einheitliche Beschaffung und Ausbildung. Die Büchsenschützen und ihre Knechte bedienten die Geschütze. Sie unterstanden dem Konstabler, den man heute Artillerieoffizier nennen würde. Er war zugleich der Oberfeuerwerker und unterstand dem Kapitän wie der Schiffer als Ältester der Seeleute und der Hauptmann der Landsknechte als Führer der Soldaten. Die Seeleute mußten beim Munitionsmannen und beim Umsetzen der Geschütze von der einen auf die andere Schiffsseite helfen, was im Gefecht häufig erforderlich war, denn jede Seite hatte mehr Stückpforten als Geschütze. — Das Kommando „Seitenwechsel" gab es noch bis in die Reichsmarine, wenn auch nun nicht mehr die Geschütze auf die andere Seite gebracht werden konnten. Wohl aber sauste die Geschützmannschaft mit Ansetzer und Bereitschaftsmunition auf die andere Seite, wo dann die übungsmäßig ausgefallene Bedienung ersetzt wurde.

Mit den Radlafetten konnte nicht gezielt werden. Die Geschütze standen querab gerichtet und wurden abgefeuert, wenn das Ziel in Sicht kam. Die bereits erwähnte Höhenrichtung diente nur dazu, den Treffpunkt in die Wasserlinie, auf die Bordwand, auf das Oberdeck oder in die Takelage zu verlegen und wurde befohlen. Die Schußweite betrug dabei 120 m. Das 16. Jahrhundert brachte eine bedeutsame Änderung: das Kriegsschiff wurde zum Linienschiff, dessen stärkste Seite die Breitseite und dessen schwächste Stellen Bug und Heck waren. Hieraus ergab sich die neue Taktik, nämlich eng aufgeschlossen zu fahren und dem Gegner die Breitseite zu zeigen. Trotz der geringen Feuergeschwindigkeit bei den großen Kalibern (2 Schuß in der Stunde!) trat der Enterkampf in den Hintergrund. Der Kampf von Mann gegen Mann wandelte sich zum Kampf Schiff gegen Schiff und brachte eine Änderung in der inneren Einstellung des Marinesoldaten, die seitdem unverändert geblieben ist, und die trotz mancher Härte in der persönlichen Auseinandersetzung erklärt, warum sich nach einem Kriege Freund und Feind im blauen Tuch stets so schnell wiedergefunden haben. Nun war die Schiffsartillerie nicht mehr Vorbereitungs- und Begleitwaffe, sondern die Hauptwaffe des Seekrieges. Gewiß, auch in den folgenden Jahrhunderten sind immer wieder Schiffe geentert worden. Doch das waren Ausnahmen unter Ausnutzung besonders günstiger Umstände, nicht von Anfang an beabsichtigte Kampfmaßnahmen.

Das 17. und das 18. Jahrhundert und die 1. Hälfte des 19. Jahrhunderts brachten eine Fülle von Seekriegen, die schon Weltkriege zu nennen waren. Schlachten zwischen den großen Mächten um die Verteilung der Welt fanden in Westindien wie in Ostindien und in den europäischen Gewässern statt. Selbst das Mittelmeer wurde wieder Kriegsschauplatz für große Flotten. In der Entwicklung der Schiffsartillerie war diese Zeit jedoch verhältnismäßig untätig. — Die Bocklafette wurde allgemein durch die Radlafette ersetzt. Maße und Gewichte der Geschütze wurden vereinheitlicht, das Pulver in bestimmten Mengen teils lose, teils in Kartuschbeuteln geladen und auch in seiner Zusammensetzung und damit seiner Energie auf Normen gebracht. Allgemein erhielten die Geschütze bei ungefähr gleicher absoluter Länge verschiedene Längen in Kalibern ausgedrückt. Um die Mitte des 17. Jahrhunderts hatte in der Regel das Linienschiff 50 Geschütze von 6 bis 19 cm in ein bis zwei gedeckten Batterien und auf dem Oberdeck. Häufig konnten die untersten, schwersten Geschütze nicht eingesetzt werden, nämlich wenn das Schiff nach Lee schoß, die Stückpforten geschlossen wurden und die Geschützmannschaften an die Pumpen gehen mußten, um das durch die undichten Pforten eindringende Wasser zu lenzen. Diese Arbeit mußte je nach den Umständen auch von den Artilleristen erledigt werden, denn nun wurde die gesamte Besatzung an den Geschützen ausgebildet. Offiziere und Offiziersanwärter übernahmen die Leitung in den Batteriedecks, die Geschützführer ergänzten sich mehr und mehr aus Seeleuten.

Nun endlich begann man auch zu zielen, indem man über den höchsten Punkt des Bodenstücks und der Mündungswulst den beabsichtigten Treffpunkt des Gegners anvisierte. Dadurch kam ein E-Vorhalt zustande. Voraussetzung für dieses primitive Verfahren war das stundenlange Nebeneinanderherfahren auf parallelen Kursen bei gleicher Geschwindigkeit. Die Kanonenschußweite betrug höchstens 300 m. Die in der Literatur oft genannten Kettenkugeln müssen hier auch genannt werden. Nach einem zeitgenössischen Urteil gelang es nie, die beiden Kanonen, die je eine der beiden mit einer Kette verbundenen Kugeln geladen hatten, gleichzeitig abzufeuern. Diese Kettenkugeln sollten die Takelage zerfetzen oder stören und den Gegner damit in seiner Geschwindigkeit und Manövrierfähigkeit herabsetzen. Wegen des Mißerfolges dieser Geschosse richtete man daher das Feuer auf das unter Spannung stehende „stehende Gut", die Stagen und Wanten, die die Masten stützten. Ihres Haltes beraubt brachen diese um, zerschlugen das Deck, hingen mit Leinen und Segeln außenbords, nahmen der Schiffsführung die Sicht und fingen schnell Feuer. Eine verheerende Wirkung! Bei den Kämpfen Bord an Bord fiel die Takelage auch auf das eigene Schiff und verband so die beiden Gegner zu einem unentwirrbaren Knäuel, während ein, zwei oder drei Decks tiefer die Geschützführer auf den Augenblick warteten, wo sie ihr Geschütz in die feindliche Stückpforte hinein abfeuern konnten. Aufgabe der Führung war es, die eigenen Schiffe in einer günstigen Stellung und wohlverteilt an den Gegner zu bringen, die Fühlung untereinander nicht abreißen zu lassen, feindliche Einzelgänger mit Übermacht anzugreifen, Lücken in der Linie zu durchbrechen und beim Durchbruch vor allem das Schiff zu enfilieren, dessen Heck man sah.

Das 18. Jahrhundert beschränkte sich auf eine allgemeine Verfeinerung der bisherigen Fortschritte. Der Spielraum der Kugel im Rohr war auf 1/20 des Kalibers begrenzt. Die Rohrlängen und das Pulver wurden weiter genormt. Der Hauptwert wurde auf die Steigerung der Feuergeschwindigkeit durch exerziermäßige Handhabung der Geschütze gelegt. (Je Schuß bis zu 60 Kommandos, da jeder Handschlag befohlen wurde.) Die Lafetten wurden durch dicke Brooktaue, die beiderseits der Pforte an der Bordwand befestigt waren und durch ein Auge an der Traube oder durch die Lafette geführt waren, in ihrem Rücklauf begrenzt. Mit Vorholtaljen wurden sie nach dem Laden wieder ausgerannt. Seitentaljen dienten einer geringen, langsamen Seitenrichtbewegung. Man bemühte sich auch, Mannschaften einzusparen, denn ein 30Pfünder (= 15-cm-Geschütz) benötigte 15 Mann, stärkere Kaliber noch mehr, kleinere Geschütze weniger. Die Besatzungen reichten nicht aus, die auf beide Seiten verteilten Geschütze gleichzeitig zu bedienen. Schon wenn bei Seitenwechsel Geschütze auf die andere Seite gebracht werden mußten, wurde die Lage bedrohlich. Wurde ein Schiff aber von beiden Seiten gleichzeitig angegriffen, war das Schicksal des eingeschlossenen Schiffes so gut wie entschieden, denn nun sank die Feuergeschwindigkeit auf die Hälfte. Die Kettenkugel wurde in zwei Halbkugeln zum Verschuß aus einem Rohr umgebaut. Vorübergehend wurden auch glühende Kugeln verschossen, die beim Laden im Augenblick des Auftreffens auf die Treibladung diese entzündeten. Dieses Verfahren kam selbstredend nur für Oberdecksgeschütze in Frage, wurde aber wegen der durch die Glühöfen erhöhten Feuergefahr nicht auf die Dauer eingeführt.

Ein ganz neues Geschütz brachte die englische Geschützfabrik am Carronfluß heraus, das 1799 in die englische und weitere 20 Jahre später auch in die französische Marine eingeführt wurde: die „Carronade" mit einem 3 bis 8 Kaliber langen, sehr dünnwandigen Rohr, dessen Ladungsraum enger als der Hauptteil war. Die Pulverladung war ungewöhnlich klein und wurde mit einem Luntenschloß abgefeuert. Die Caronnade hatte nur einen kurzen Rücklauf auf einem Schlitten, der sich auf einer schwenkbaren Bahn bewegte. Die Carronade war lediglich durch ein Auge, das die Höhenrichtung erlaubte, mit dem Schlitten verbunden. Die Feuergeschwindigkeit war dreimal so groß wie bei einer gleichkalibrigen Kanone. An sich beruhte die Konstruktion auf einem Trugschluß. Der Konstrukteur hatte angenommen, daß die Brechwirkung beim Schuß gegen Holz um so stärker wäre, je langsamer die Kugel auftreffen würde! Sein Geschütz sollte die Bordwände aus möglichst geringer Entfernung zerschmettern. Eingesetzt wurde das neue Geschütz aber gegen die Mannschaft, die an Oberdeck zum Entern bereit stand. Bald zeigte sich, daß die geringe Reichweite der Carronade leicht ausmanövriert werden konnte. Daher erhielten leichte Schiffe wenigstens einige Kanonen, Linienschiffe einige schwere Carronaden.

Die Schiffe der letzten Segelschiffsschlachten waren genormt. Die Kanonenzahl ergab ohne weiteres die Aufteilung in Kaliber und die Aufstellung in

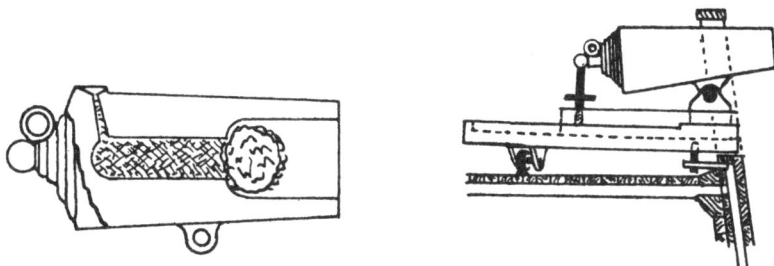

Z 14 Carronade
(Rohr und Lafette mit Höhenrichtung durch Spindel auf Vorderpivot)

den Decks. Das gebräuchlichste Schiff war der Zweidecker mit 74 Kanonen, das größte der Dreidecker mit 120 Kanonen. Als größte, im Gefecht brauchbare Entfernung galten 600 m. Nur selten gelang es, ein Schiff durch Treffer in den Rumpf zum Sinken zu bringen. Dennoch versuchte man immer wieder, durch Treffer in die Wasserlinie den Gegner zum Vollaufen und Sinken zu bringen. Die Kugeln rissen aber meist nur kaliberstarke, runde Löcher, wenn sie überhaupt durchdrangen. Die runden Löcher wurden dann von innen mit vorbereiteten Holzkegelstumpfen verschlossen oder mit Hängematten oder sonstwie verstopft oder einfach mit Bohlen und Brettern vernagelt. Drohte die Übergabe, versenkte man das eigene Schiff durch „Grundschüsse", d. h. durch Schüsse mit umgedrehten Geschützen in den eigenen Schiffsboden.

Die letzte reine Segelschiffsschlacht fand 1827 bei Navarino im griechischen Befreiungskampf gegen die Türken statt, also 15 Jahre nach dem

34

Bau des ersten dampfgetriebenen *Kriegsschiffes mit Seitenrädern* durch Fulton. Es ist verständlich, daß sich die Seemächte nur ungern, praktisch zunächst gar nicht mit dem neuen Antriebsmittel anfreunden wollten, denn die Seitenräder nahmen viel Platz fort, an dem man bisher Geschütze aufgestellt hatte. Zudem waren die Raddampfer schärfer, d. h. bei gleicher Länge schmaler gebaut. Außerdem verlangten Kessel, Maschine, Kohlen und Wasser einen erheblichen Anteil von Gewicht und Raum. Dennoch wurden mehr und mehr kleinere und dann größere Schiffe mit Radantrieb gebaut, auch, um sie für die reinen Segelschiffe als Schlepper in den Häfen und im Gefecht einzusetzen. Der kriegerische Einsatz dieser Schiffe verlangte also Waffen, mindestens zur Selbstverteidigung, für die als Aufstellungs-

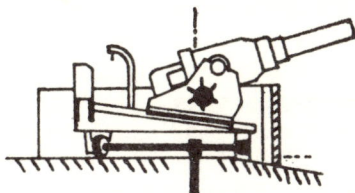

Z 15 *Rahmenlafette mit geneig-*
ter Bahn hinter Brustwehr
(= „en barbette")
(30,5-cm-Geschütz der Panzerkanonen-
boote der WESPE-Klasse).

platz nur noch das Oberdeck verfügbar war. Das schmale Deck zwang dann zu einer neuen Aufstellungsart der Geschütze, zur Mittelpivotlafette (M.P.L.). Mit „Pivot" bezeichnete man den Drehzapfen, der unter dem Schwerpunkt des Geschützes im Deck angebracht war. Die Räder der Lafette liefen nun nicht mehr vor und zurück, sondern auf konzentrischen Schienen um das Pivot. Um den Rückstoß aufzufangen, konnte man nicht mehr das Geschütz mit dem Brooktau abstoppen, sondern mußte einen neuen Weg gehen. Man baute die bisherige Lafette aus Eisen, verband die Wände als die Schildzapfenträger unten durch einen Schlitten, den man auf einem eisernen Rahmen sich vor- und zurückbewegen ließ (*Rahmenlafette*). Zwischen den beiden Schlittenbahnen des Rahmens waren bis zu 12 eiserne Schienen auf der ganzen Länge angebracht, in deren Zwischenräume vom Schlitten her eiserne Fingerlinge (Lamellen) ragten. Dieses Lamellenpaket wurde durch Schrauben zusammengepreßt, wodurch beim Rücklauf eine erhebliche Reibung entstand, die das Geschütz zum Stehen brachte. Die Lamellen wurden dann gelöst und der Schlitten nebst Schildzapfenlager und Rohr durch Taljen, Zahnstangen mit Handantrieb oder durch eine endlose Kette mit einzuhängenden Haken wieder in Feuerstellung gebracht. Später erleichterte man sich den Vorlauf dadurch, daß man die Schlittenbahn hinten angehoben baute. So hat der Dampf als neues Antriebsmittel einen bescheidenen Einfluß auf die Artillerieentwicklung ausgeübt. Noch zwei andere technische Fortschritte des *19. Jahrhunderts* blieben lange

Zeit ohne größere Auswirkung auf den Kriegsschiffbau und die Schiffsbewaffnung: die Schiffsschraube und der Eisenschiffbau. Erst 1840 begann
man zögernd, auch Seeschiffe aus Eisen zu bauen. Im gleichen Jahr fand
die Schiffsschraube als Antriebsmittel Eingang. Da die Schraube es möglich machte, im Grundgedanken das bisherige Linienschiff beizubehalten,
weil sie keinen Platz auf den Seiten beanspruchte, setzte sie sich als Kriegs-
schiffantrieb viel schneller als der Radantrieb durch. Man verlor zwar im
Inneren Platz und mußte auf einige Geschütze zum Gewichtsausgleich verzichten, doch wurden die Decks nicht durch die Radkästen, die querschiffs
liegende Radachse nebst Pleuelstangen usw. unterbrochen, die Batterien
blieben geschlossen in der Hand der Leitung. 1852 bauten die Franzosen
eine Dampfmaschine von nominell 140 PS in den Dreidecker „Montebello"
ein, der es auf 6 bis 7 Knoten brachte. Das erste von Anfang an als Schrau-
benschiff geplante Linienschiff war gleichfalls französisch („Napoléon" mit
2 Decks. 13,5 Knoten). Engländer, Dänen und Österreicher folgten dem
französischen Beispiel. Bald gab es rad- und schraubengetriebene Fregatten, Korvetten und Kanonenboote, jedoch bei den Linienschiffen nur Schraubenantrieb und nur mit herkömmlichen Lafetten bewaffnet, wenn auch
schrittweise die hölzernen Lafetten durch eiserne ersetzt wurden. Hierbei
ergab sich eine neue Schwierigkeit: die engen Pforten sollten zum Schutz

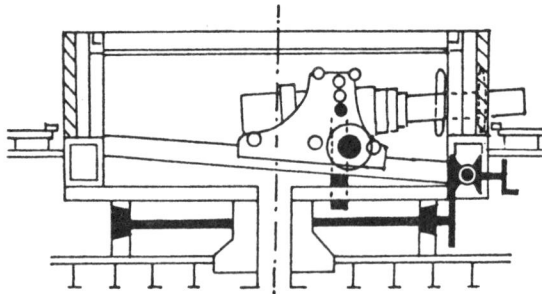

Z 16   Rahmenlafette C/69
auf Drehscheibe (zwei 21-cm-L/19 mit veränderlicher Schild-
zapfenhöhe auf Monitor „Arminius").

der Geschütze und der Mannschaften nicht vergrößert werden. Dennoch
sollten die Geschütze geschwenkt werden können. Man behalf sich, indem
man das Pivot vom Schwerpunkt des Geschützes fortnahm und unmittelbar an der Bordwand unterhalb der Stückpforte anbrachte. Die Lafette
konnte dann zwar nur beschränkt auf Kreisbogen seitlich hin und her
bewegt werden, aber die Konzentration der Batterie auf einen Punkt beim
Gegner war weiterhin möglich. Im übrigen waren diese „Vorderpivot-Lafet-
ten" eingerichtet wie die bisher nur an Oberdeck eingebauten Mittelpivot-
Lafetten (Z 21).

Das langsam feuernde, gezogene Schiffsgeschütz für Sprenggranaten in gepanzerter Aufstellung (1824-1868)

Weder Rad- noch Schraubenantrieb, weder Eisenbau noch Pivot-Lafette brachten die Revolution in der Schiffsbewaffnung und damit im Kriegsschiffbau, sondern das mit einer Sprengladung versehene Geschoß und der Schiffspanzer!

Die Geburtsstunde der Sprenggranate

Der Gedanke, ein Hohlgeschoß mit einer Sprengladung zu füllen, war schon lange gehegt worden. Der französische General Paixhans verwirklichte ihn 1824 bei Brest im Beschuß gegen ein Schiffsziel: Hohlgeschosse mit Sprengladung, die durch eine Brandröhre *erst nach dem Eindringen ins Schiffsinnere* gezündet wurden und eine verheerende Wirkung hatten. Die technischen Daten der ersten Versuchsschüsse sind auch heute noch interessant: Rohr mit 22-cm-Kaliber und Kaliberlänge 9, Seele im Ladungsraum auf 15 cm verengt. Bombe 27 kg, darin 2,5 kg Pulver mit Spreng- und Brandwirkung. Schußweite 1 200 m, später 2 000 m. Gleiche Versuche wurden dann auch mit einem 27-cm-Geschütz durchgeführt. Die Zünderzeit richtete sich nach der Flugzeit. Je nach Entfernung wurde die hölzerne Brandröhre kürzer oder länger abgeschnitten. Die Ergebnisse ließen die ganze Welt aufhorchen. Alle Marinen von Bedeutung führten nach und nach die Bombe ein. Häufig wurden die vorhandenen Rohre zwecks Kalibersteigerung ausgebohrt (ab 1830). Neue 21-cm-Geschütze wurden in den großen Marinen ab 1838 konstruiert, mit denen man auch Bomben verschießen konnte. Diese langen und ungewöhnlich schweren Geschütze zwangen dann erst recht zum Bau eiserner Lafetten mit den bereits beschriebenen Einrichtungen.

Preußen hatte bereits 1826 die Bombe aufgegriffen, vollendete allerdings erst 1841 die ersten Bombenkanonen (23 und 28 cm) für die Küstenverteidigung. England folgte mit großem Vorbehalt 1829. — Die Bewährungsprobe bestand die Bombe am 5. April 1849 bei der Verteidigung von Eckernförde gegen die Beschießung durch das dänische Linienschiff „*Christian VIII*" und die Fregatte „*Gefion*", die — beide noch ohne Dampfantrieb — durch starken Ostwind in der Reichweite der Batterien gehalten wurden, nachdem es ihnen nicht gelungen war, die Strandbatterien im ersten Ansturm zu zerstören. Beide Schiffe mußten die Flagge streichen. Das brennende Linienschiff flog mit den Löschmannschaften beider Parteien in die Luft, „Gefion" wurde — nach vorübergehender Verwendung in der Reichsflotte als „Eckernförde" — am 11. Mai 1852 von Preußen übernommen und ab 1864 bis 1870 als erstes Artillerieschulschiff der preußischen und norddeutschen Bundesmarine verwandt. — Die nächste Feuerprobe bestand das neue Geschoß am 30. November 1853 im Schwarzen Meer. Ein russisches Geschwader vernichtete die im Hafen von Sinope liegende türkische Flottenabteilung, nachdem eine Landbatterie nach nur 5 Minuten Beschuß schwieg. Eine Fregatte flog in die Luft. Daß die Russen mit der Wahl des neuen Geschosses richtig lagen, bewiesen sie im nächsten Jahr bei der Verteidigung von Sewastopol gegen Engländer und Franzosen. Drei innerhalb von 5 Minuten auf dem englischen Segellinienschiff „Queen" einschlagende Bomben lösten eine Panik unter der Besatzung aus, die auf den in Feuerlee liegenden Schleppdampfer flüchtete. „Queen" geriet in Brand und mußte aus der Linie geschleppt werden. Ähnliche Ereignisse wiederholten sich zwar nicht auf anderen Schiffen, doch waren sich die Flottenführer am Abend klar, daß Linienschiffe der bisherigen Bauweise nicht imstande sein würden, dem Beschuß durch Bomben längere Zeit zu widerstehen.

Die Geburtsstunde des Panzers

Beide Marinen verwirklichten die bereits 1824 gleichfalls von Paixhans ausgesprochene Idee, Schiffe mit Eisenplatten zu schützen, unverzüglich. Frankreich baute fünf im Bau befindliche Linienschiffe um: die Takelage und die oberen Decks wurden nicht eingebaut, dafür eine Dampfmaschine mit 200 „nominellen PS" (die nach dem damaligen Stande der Technik etwa 500 „effektiven", d. h. heutigen PS entsprachen). Bei rund 2 500 Tonnen Wasserverdrängung hatten sie eine Länge von 52 m, eine Breite von 13 m und einen Tiefgang von nur 2,36 m. England baute sieben „schwimmende Panzerbatterien". Trotz der geringen Geschwindigkeit von 5 Knoten kamen drei Franzosen noch rechtzeitig zum Angriff auf Kinburn, einer Festung an der Mündung des Bug, am 17. Oktober 1855. Ihre schweren Bomben wirkten in den Festungswerken verheerend. Der Hagel von Kugeln und Bomben, mit denen sie selbst überschüttet wurden, blieb ohne Wirkung auf die Schiffe. Zwar erhielten sie 60 bis 70 Treffer, doch die Spuren waren nur Vertiefungen im Panzer bis zu höchstens 5 cm Tiefe. Geringe Verluste der Besatzungen traten nur durch Schüsse ein, die durch die Stückpforten eindrangen. Der Panzer hatte seine Feuerprobe bestanden. Unverzüglich ging Frankreich daran, seinen Erfahrungsschatz auszunutzen, um den einmal gewonnenen Vorsprung gegenüber seinem Bundesgenossen und Rivalen zu halten. Das im Entwurf bereits fertige erste Panzerschiff „Gloire" lief 1859 von Stapel (Holzschiff, 5 620 Tonnen, Panzer 12 cm vom Oberdeck bis 2 m unter Wasser, Panzergewicht 900 Tonnen, 77 m lang, Breite 13 m, in der Wasserlinie leicht vorspringender Vorsteven zum Rammen, zweiunddreißig 16-cm-Kanonen in einer Batterie, etwa 2 300 PS, 13 Knoten. Z 17).

Die Engländer hinkten rund 2 Jahre mit ihrem ganz in Eisen (!) gebauten „Warrior" (Z 17) hinter den Franzosen her (9 210 Tonnen, Panzer von 114 mm nur auf 2 Drittel der Schiffslänge, so daß die Schiffsenden ungepanzert blieben. An den Enden des Panzers Querschotten, wodurch erst-

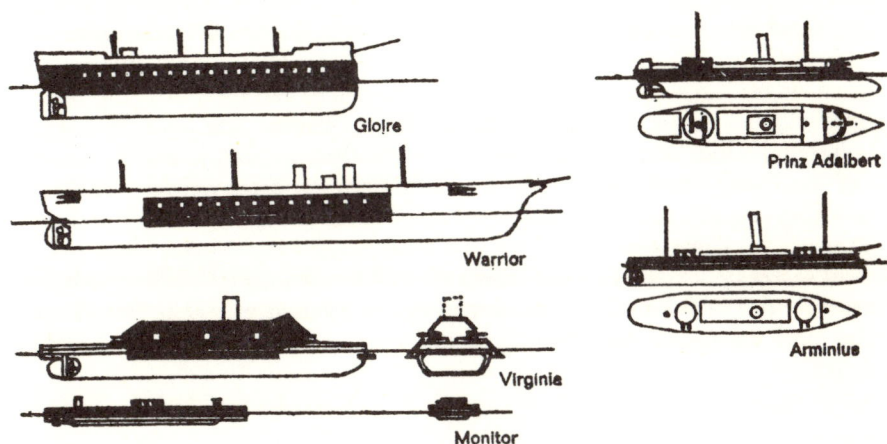

Z 17   Erste Panzerschiffe

mals „Panzerkasematten" an Bord entstanden. Gleichfalls vom Oberdeck bis 2 m unter Wasser gepanzert. Achtundzwanzig 18-cm-Kanonen in der Batterie, je zwei 20-cm-Kanonen vorn und achtern auf dem Oberdeck aufgestellt, 14 Knoten).

Beide Schiffe wurden Vorbilder für alle Linienschiffe des Batterie- und Kasematttyps und somit auch für die „Panzerschiffe", die sich am 20. 7. 1866 bei Lissa gegenüberstanden. Konteradmiral von Tegetthoff führte 7 hölzerne Panzerfregatten (alle in Österreich gebaut) und das letzte hölzerne Linienschiff gegen 9 italienische, in Frankreich gebaute eiserne Kasematt-schiffe und ein Turmschiff unter Admiral Persano in die Schlacht, die zu einem klaren Siege der Österreicher wurde. Tegetthoff suchte das Artillerienahgefecht, um seine zahlenmäßige und schiffbauliche Unterlegenheit wettzumachen. Aus diesem Kampf auf nächste Entfernungen ergaben sich viele Rammpositionen, die teils zu Zusammenstößen, teils zu bewußten Rammungen führten. Bei der späteren Auswertung der Schlacht sind diese Rammstöße verkannt und überbewertet worden, was zur Beibehaltung der Ramme führte, in Deutschland bis in den 1. Weltkrieg hinein. In dieser Schlacht trafen mehrfach das Linienschiff „Kaiser" und das Turmschiff „Affondatore" aufeinander, das letzte hölzerne Linienschiff und das erste Turmschiff, die an einer Seeschlacht teilnahmen. So kennzeichnete diese Schlacht das Ende der einen und den Anfang einer anderen Epoche im Kriegsschiffbau, denn das Turmschiff war der Beginn des modernen Schlachtschiffes.

Wie bereits erwähnt, hatten die schmalen Radschiffe den Weg zur Mittelpivot-Lafette geebnet. Der Gedanke, die sich in einem vollen Kreise drehenden Geschütze mit einem kreisförmigen Panzer zu schützen, lag nahe. Ein nach oben offener Brustwehrpanzer („Barbette"), wie er noch in den Marinen eingeführt werden sollte, hatte den Nachteil, daß Geschütz und Mannschaft vor allem gegen Steilfeuer ungeschützt blieben. Zog man den Panzer höher und schloß ihn oben, mußte er durchbrochen werden und zwar so weit, daß das Geschütz der Seite und der Höhe nach gerichtet werden konnte, es sei denn, der nur minimal durchbrochene Panzer machte die Geschützbewegungen mit. Diese Lösung wurde von zwei Ingenieuren verwirklicht, wobei nicht festzustellen ist, wer von ihnen den Gedanken zuerst zeichnerisch ausdrückte: der Schwede Ericsson, der in seiner Heimat auf kein Verständnis traf und deswegen nach Nordamerika ging, oder der englische Captain Coles.

Der Ericsson-Turm

Ericsson durchbrach das Oberdeck eines Schiffes und setzte in die Mitte dieser kreisrunden Öffnung senkrecht auf das untere Deck eine drehbare Achse, die von der Seite her mit Menschenkraft, später mit Dampfkraft oder Hydraulik bewegt wurde. An den Kopf dieser Achse hängte er den Panzer in der Form eines nach unten offenen Hohlzylinders, der mit der Öffnung im Oberdeck abschloß. Weiter hing am Kopf, mit schweren, etwa 45 Grad geneigten Stangen befestigt, die Geschützplattform mit Lafette einschl. allem Zubehör und zwei Geschützen. Die Rohre ragten aus langovalen Scharten durch den Panzer. Die Scharten schlossen sich durch beim Rücklauf herabfallende Panzerklappen. Für die Schiffsführung hatte Ericsson einen im Durchmesser kleineren Kommandoturm auf dem Geschützturm vorgesehen, der mit einer Kuppel nach oben geschlossen werden sollte. Schlitze im Panzer gestatteten Blicke in alle Richtungen.

Coles' Turm drehte sich dagegen mit Rollen auf einer in Höhe des Ober-
decks eingebauten Bahn. Durch das Nichtvorhandensein der tragenden
Achse konnte auch nur ein Geschütz zentral aufgestellt werden. Die Lafette
war ähnlich wie bei Ericsson, ebenfalls die Munitionszufuhr im Turminneren
durch handbetätigte Winden (Z 16).

Das erste nach Coles' System bewaffnete Schiff war das dänische, in England
gebaute Panzerschiff *„Rolf Krake"* (1862 bestellt, Mai 1863 von Stapel,
Länge 56 m, Breite 12 m, Tiefgang 3,14 m. Verdrängung 1 344 t, 7 Knoten,
Panzer 115 mm, 2 Drehtürme mit je einem 20,3-cm-Armstrong-Geschütz),
das im deutsch-dänischen Kriege mehrfach eine Rolle spielte. Doch Erics-
sons Gedanke wurde früher verwirklicht. Das in 100 Tagen gebaute
Turmschiff *„Monitor"* (Z 17) der Nordstaaten traf am 9. März 1862 zum
denkwürdigen ersten Gefecht zwischen Panzerschiffen mit dem Panzerschiff *„Virginia"* der Südstaaten zusammen.

„Monitor" gab seinen Namen allen späteren, ähnlich gebauten niedrigen
Turmschiffen als Gattungsbezeichnung bis hin zu den berühmten Donau-
monitoren der k. u. k. Marine des 1. Weltkrieges (*„Monitor"* 52 m lang,
12,50 m breit; 3,19 m Tiefgang, Deck 30 cm über Wasser, Turmdurchmes-
ser 6,09 m, Turmhöhe 2,74 m, zwei 33,5-cm-Dahlgren-Kanonen. Auf dem
Vordeck ein kleiner gepanzerter Kommandostand, achtern ein Schornstein
und 2 Lüfterrohre, 7 Knoten).

„Virginia" (Z 17) entstand aus der in Norfolk versenkten, weitgehend
verbrannten Schraubenfregatte *„Merrimack"* (Rumpf kurz über Wasserlinie abgebrochen, neues Deck mit Panzeraufbau. Panzer aus durch
Bolzen verbundenen Eisenbahnschienen, die in zwei Lagen sich kreuzend
auf einer Unterlage von 50 cm Fichte und 10 cm Eiche angebracht. Wände
45 Grad geneigt seitlich über die Bordwand 30 cm tief ins Wasser. Vorn
und achtern war der Panzer abgerundet. Bug- und Heckarmierung je eine
18-cm-, auf jeder Breitseite drei 23-cm- und eine 16-cm-Dahlgren-Kanone.
Ein schwerer Rammsteven verlängerte das Schiff auf 80 m).

Das dreistündige, erbitterte Gefecht auf Hampton Roads ging unentschie-
den aus, obgleich sich die Gegner auf kürzeste Entfernung beschossen.
„Monitor" erzielte mit 41 Schuß 20 Treffer, *„Virginia"* mit einer unbekann-
ten Schußzahl 22 Treffer. Nach einem letzten Rammstoß verließ *„Virginia"*
mit Wassereinbruch das Gefechtsfeld. Der Würgegriff der Nordstaaten um
die Küste der Südstaaten wurde nicht gelockert, womit der Süden den
strategischen Erfolg, den *„Virginia"* bringen sollte, nicht buchen konnte.

Im Zuge des amerikanischen Bürgerkrieges wurden in Europa auf Speku-
lationsbasis mehrere Monitore gebaut, die an die meistbietende Kriegs-

partei verkauft werden sollten. Hierunter befand sich auch ein für die Südstaaten bestimmtes, wegen seines Rammstevens auch als „Widderschiff" bezeichnetes Panzerfahrzeug „Cheops" in Frankreich im Bau. Bei Ende des Bürgerkrieges wurde es von *Preußen* — im Januar 1865 — gekauft und am 29. Oktober 1865 in „*Prinz Adalbert*" umbenannt, nachdem es ab 10. Juli zunächst noch unter seinem alten Namen gedient hatte. Preußen erhielt damit sein 1. Panzerschiff, dem am 20. August das im Vorjahr in England, ebenfalls als Spekulationsbau begonnene Panzerfahrzeug „*Arminius*" folgte (Z 17). (Schwesterschiff des bereits erwähnten „*Rolf Krake*", zwei 21-cm-L/19-Geschütze). — „*Prinz Adalbert*" war artilleristisch ein Rückschritt, denn die Geschütze standen innerhalb runder, oben offener Brustwehren. Vorn stand ein 21 cm, hinten standen zwei 17 cm L/25 in genau entgegengesetzten Richtungen, damit ein Geschütz in Feuerlee — der dem Feind abgewandten Seite — geladen werden konnte. Bei der 1869 bereits durchgeführten Grundüberholung des liederlich zusammengebauten Schiffes wurden die Armstrong-Vorderlader gegen Kruppsche *Hinter*lader (vorn 21 cm, hinten zwei 15 cm mit gleicher Schußrichtung) ersetzt.

Mit dieser Erwähnung des Namens *Krupp* taucht der Name der für die deutsche Schiffsartillerie bedeutungsvollsten Firma zum ersten Male auf. Die Verbindung bestand gerade erst ein Jahr. Um ihre Bedeutung ganz würdigen zu können, ist ein Zurückgehen in die Zeit der „*Gloire*" erforderlich.

Das Langgeschoß, der Drall und der Hinterlader

Frankreich war bestrebt, den durch den Bau des ersten Panzerschiffes gegenüber England erzielten Vorsprung zu halten. In der richtigen Annahme, daß England den Panzer unverzüglich bei seinen Neubauten auch verwenden würde, konnte der Vorsprung nur gehalten werden, wenn die Leistung des Geschosses, die Wirkung am Ziel gesteigert würde. Das Geschoßgewicht konnte bei gleichem Kaliber nur durch ein nicht mehr kugelförmiges, sondern *langes Geschoß* erhöht werden, wodurch bei gleicher Auftreffgeschwindigkeit auch eine höhere Auftreffwucht erzielt wurde. Die Wucht sollte durch die Geschoßspitze auf einen Punkt konzentriert werden. Daher mußte erreicht werden, daß das Geschoß mit der Spitze auftraf. Frankreich griff daher das auf, was bei Handwaffen schon seit dem Ende des 15. Jahrhunderts mehr und mehr üblich geworden und jetzt allgemein war: *gezogene Läufe*. Bisher waren die Geschützrohre im Innern „glatt". 1845 waren in Schweden (Baron Wahrendorff) und in Italien (Sardinischer Art. Offz. Cavalli) Versuche gemacht worden, in die Seelenwand von Geschützen gleichmäßig verlaufende Schraubengänge mit geringer Steigung, „Züge"

42

genannt, einzuschneiden. Cavalli versah sein Geschoß mit Warzen (Z 11 f), die genau in die Züge paßten, wozu das Geschoß von vorn geladen wurde. Wahrendorff umgab sein Geschoß mit einem Bleimantel, lud es von hinten in den etwas weiteren Ladungsraum und schoß es gewissermaßen in die Züge hinein. Die Züge begannen im Übergangskonus vom Ladungsraum zum „gezogenen", d. h. mit Zügen versehenen Teil, auch als „langes Feld" bezeichnet (Z 18). Durch beide Verfahren wurden die Geschosse gezwun-

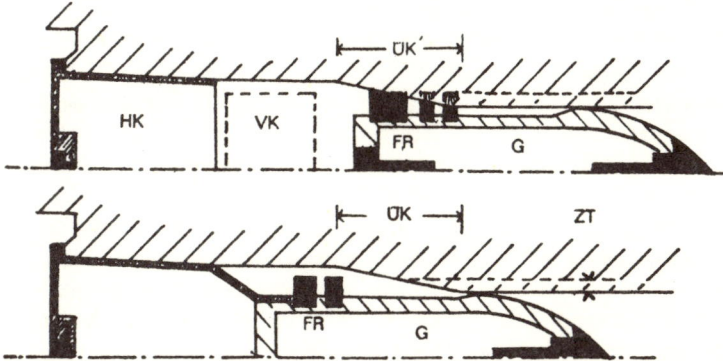

Z 18   *Das Innere — die „Seele" — eines gezogenen Geschützrohres*
a) geladen mit Geschoß (G), Vorkartusche (VK) und Hauptkartusche (HK); b) geladen mit einer Patrone. FR = Führungsringe; ÜK = Übergangskonus (Verengung mit Beginn der Züge); ZT = Zugtiefe.

gen, sich beim Vorwärtsbewegen um die Längsachse zu drehen, eine gewollte Bewegung, denn diese blieb während des ganzen Fluges nahezu unverändert und „stabilisierte" nach den Kreiselgesetzen das Geschoß, d. h. die Geschoßspitze stellte sich mit nur kleinen Nickbewegungen immer in die Flugbahn ein: Das Geschoß traf mit seiner Spitze das Ziel. Das ganze Stabilisierverfahren wurde als *Drall* bezeichnet.

Frankreich und England führten das Cavalli'sche System, wegen des verbliebenen Spielraumes auch „Spielraum-Führung" genannt, ein (England kehrte wegen unüberwindlicher Schwierigkeiten später für rund 15 Jahre zum glatten Geschütz zurück!). *Preußen* entschied sich für das Wahrendorff-Verfahren, weil mit dem besseren Abschluß im Rohr bei gleicher Pulvermenge auch eine höhere Anfangsgeschwindigkeit erzielt wurde. Voraussetzung hierfür war allerdings der *Hinterlader.* Preußen übernahm daher zunächst den Verschluß ebenfalls von Wahrendorff: eine von hinten eingedrehte Schraube wurde durch einen quer durch Rohrwände und Schraube gesteckten Bolzen gesichert („Kolbenverschluß"). Die Dichtung erfolgte durch eine aus Hanf gepreßte Platte. (Ab 1851 Versuche, 1858 in preußische Festungs-, 1859 in Feldartillerie eingeführt und 1861 zuerst von Krupp für 9-cm-Gußstahlgeschütz gebaut.)

An dieser Entscheidung war die „Kommission für die Befestigung der Deutschen Ost- und Nordsee-Küsten" unter Vorsitz des Chefs des Generalstabes, Generalleutnant v. Moltke, entscheidend beteiligt. Bei Versuchen sollten die gegen Schiffe erforderlichen Kaliber gezogener Geschütze festgelegt werden (1860). Das Kriegsministerium schlug 12 cm und 15 cm, das Marineministerium 15 cm und mehr vor. Die Versuche bewiesen, daß das 15-cm-Kaliber die begründete Mindestforderung war. Doch glaubte man, für in Frage kommende Gegner zur See mit 15 cm auskommen zu können. Aufgrund der Erfahrungen, die Preußen mit seinem unterlegenen Schiffspark 1864 gegen Dänemark, Österreich bei Lissa und die Amerikaner im Bürgerkrieg hatten machen müssen, bestellte die preußische Marine zwei Panzerschiffe, beides Batterieschiffe und beide im Ausland: 1865 in Frankreich den späteren „Friedrich Carl", 1866 „Kronprinz" in England. Beide Schiffe liefen 1867 vom Stapel und standen im nächsten Jahr zur Ablieferung heran. Sie waren für sechsundzwanzig bzw. zweiunddreißig 72Pfünder (= 21 cm) „gebohrt", d. h. hatten 26 bzw. 32 Stückpforten. Nun mußte die Frage nach den Geschützen beantwortet werden. Krupp und das Arsenal Woolwich der englischen Marine standen in Wettbewerb, der durch ein Vergleichsschießen im Frühjahr 1868 entschieden werden sollte. Krupp trat mit einem 21-cm- und einem 24-cm-Geschütz gegen einen 22,5-cm-Woolwich-Vorderlader an. Krupp verlor, und das 6 Wochen vor dem letzten Entscheidungstermin! Ein dramatischer Kampf mit der Zeit setzte ein. Die Kommission erkannte Krupps Schwächen: eine zu geringe Anfangsgeschwindigkeit, die ungünstig abgeplattete Geschoßspitze und die Schwächung des Geschosses durch die tiefen Rillen, die erforderlich waren, das eingewalzte Blei zu halten. Krupp selbst hatte soeben in Rußland das langsamer brennende „prismatische" Pulver kennengelernt (das Pulver war nicht mehr mehlförmig, sondern in Prismenform gepreßt. Dadurch brannte es langsamer. Der erzeugte Gasdruck stieg nicht schlagartig, sondern entwickelte sich in einer Zeit, die man durch Änderung der Prismenmaße mit der Zeit abstimmen konnte, die das Geschoß für seinen Weg im Rohr benötigte). Dieses Pulver wurde bei der Versuchswiederholung benutzt. Die Halterillen wurden sehr verflacht und ein weicheres Blei zur Führung und Dichtung benutzt. Durch die geringere Menge Blei wurde auch die vom Geschoß mitgeschleppte tote Last verkleinert, die zudem durch ihre Formänderung beim Auftreffen einen Teil der lebendigen Energie verzehrte. Der Erfolg war dann im wahrsten Sinne des Wortes durchschlagend, allerdings nicht zu denken ohne die Krupp'schen Ringrohre und den Rundkeilverschluß. Aufgrund des Versuchsergebnisses entschied sich das Marineministerium zur Einführung Krupp-scher gezogener Ringrohrgeschütze mit Rundkeilverschluß zur Verwendung von prismatischem Pulver für die Schiffsartillerie von 8-, 12-, 15-, 17-, 21-, 24- und 26-cm-Kaliber.

Die selbständige deutsche Entwicklung bis zum Schnell-Lade-Geschütz und zur Schießvorschrift (1868-1897)

Alle weiteren Ausführungen behandeln nur noch die deutsche Schiffsartillerie, sofern nichts anderes vermerkt ist.

Mit den Stichworten „Ringrohr", „Rundkeilverschluß" und „Prismatisches Pulver" ist die Ausgangslage der kommenden Entwicklung gezeigt, denn die Einführung des künstlichen Rohraufbaues, eines sicheren Verschlusses und besserer Treibstoffe sowie weiterer Verbesserungen setzten die deutsche Marine in die Lage, die innerhalb weniger Wochen erreichte Spitzenstellung zu behalten. Bei dieser Behauptung ist nicht das Kaliber ausschlaggebend, sondern die zuverlässige Wirkung am Ziel.

Die hölzernen, nun aussterbenden Linienschiffe hatten 2 oder 3 geschlossene Decks mit Geschützen besetzt. Dazu kamen noch Oberdecksgeschütze. Fregatten hatten nur ein Deck als Batterie eingerichtet, Korvetten nur Oberdecksgeschütze. Entsprechend den alten Begriffen nannte man daher nun Schiffe mit Geschützen in einem Deck „Panzerfregatte", kleinere Panzerschiffe mit nur einem Teil eines Decks gepanzert „Panzerkorvette". Zu den ersteren zählten die bereits genannten Batterieschiffe sowie das in England für ägyptische Rechnung im Bau befindliche und 1867 gekaufte Schiff, das später „König Wilhelm" hieß und bis 1918, zuletzt als Schulschiff, Dienst tat. Es war das am stärksten bewaffnete Schiff seiner Zeit (achtzehn 24-cm-L/20 in der Batterie, fünf 21-cm-L/22 an Oberdeck).

Aus den den strategischen und taktischen Ansichten der Reichsregierung und der Admiralität folgenden Bauplänen der *Kaiserlichen Marine* fielen im Laufe der folgenden 60 Jahre nur 2 Schiffe heraus: die als „Auslandspanzerschiff" gedachte Panzerkorvette „Hansa" (1868/70 geplant) und die als schiffbaulicher Versuch anzusehende „Oldenburg" (1879/81). Alle anderen Schiffe haben die ihnen bei der Planung zugedachten Aufgaben lösen können. Hierzu gehören aus dieser Zeit die 3 Turmschiffe der *Preußen-Klasse* (2 Türme mit je zwei 26-cm-L/22), die 2 Panzerfregatten der *Kaiser-Klasse* (acht 26-cm-L/20) und die 4 Panzerschiffe der *Sachsen-Klasse* (sechs 26-cm-L/20, davon 2 in einem Doppelturm vorn, 4 in den Ecken einer offenen Zitadelle). Alle drei Klassen waren deutliche Vertreter der in dieser Zeit in aller Welt gebauten Typen als tastende Schritte auf dem Weg zur endgültigen Form des Schlachtschiffes (Z 19). Der Wechsel vom Batterie- zum Turm- und dann zum kombinierten Aufstellungssystem war gelungen. Die

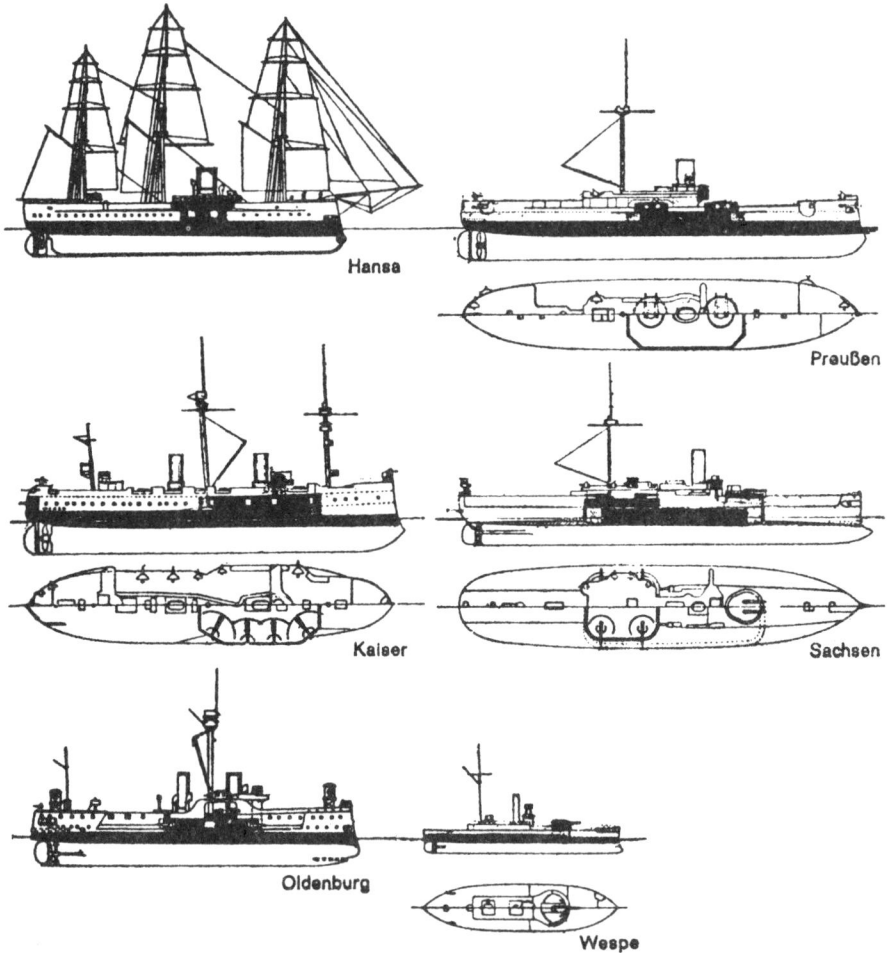

Z 19 *Frühe deutsche Panzerschiffe*

offene Aufstellung ist jedoch heute noch unverständlich, vermutlich aber
eine Gewichtsfrage gewesen. Gut war das Geschützmaterial.

Sollten die Schiffe nicht größer werden, konnte man die Artilleriewirkung
nur durch Kalibersteigerung, durch den Drall, durch höhere Anfangs-
und Auftreffgeschwindigkeit und durch größere Feuergeschwindigkeit steigern. Wegen des zunehmenden Gewichtes verbot sich die Kalibersteigerung.
Die entscheidende Rolle des prismatischen Pulvers beim Wettbewerb mit

Armstrong war bereits erwähnt worden. Auf dem nun einmal eingeschlagenen Wege ging Krupp, ging die deutsche Marine daher weiter. Das langsamer brennende Pulver gestattete eine Verlängerung des Rohres, was sich als höhere Mündungsgeschwindigkeit bei gleicher Pulvermenge auswirkte.

Künstliche Rohre

Die unter dem Einfluß kontinentalen Denkens ebenso wie aus der Überbewertung der Torpedowaffe entstandenen Küstenpanzerschiffe (6 *Siegfried-*, 2 *Odin-Klasse*, drei 24 L/35) und die ersten als rein deutsch anzusehenden Linienschiffe der Klasse *Kurfürst Friedrich Wilhelm* (mit sechs 28-cm-Geschützen in drei Doppeltürmen in reiner Mittschiffsaufstellung. Z 25) zeigten die Fortschritte auf dem als richtig erkannten, geschütztechnischen Wege. Wegen der zu erwartenden höheren Druckbeanspruchung hatten alle Geschützlieferanten schon um 1860 begonnen, vor allem den am stärksten beanspruchten, hinteren Teil des Rohres entweder dicker zu gießen oder zu schmieden. Als beide Verfahren nicht mehr ausreichten, gingen sie zu verschiedenen Verfahren über, den irgendwie den Rohren aufzulegenden Verstärkungen eine nach innen gerichtete Vorspannung zu geben. Hiermit sollte erreicht werden, daß im Augenblick des Schusses die sich ausdehnenden Pulvergase zunächst diesen Druck zu überwinden hatten, bevor das Rohrmetall auf Zug beansprucht wurde. Man nutzte hierbei die Tatsache aus, daß Eisen und Stahl sich beim Erkalten merklich zusammenziehen. Daher brachte man zusätzlich äußere Schichten oder Lagen auf das bisherige Kern- oder Seelenrohr, und zwar in England durch Wickelungen mit erhitztem Draht mit rechteckigem Querschnitt, in allen anderen Ländern durch erhitzte Ringe und weitere, die Ringe überdeckende Mäntel. Durch diese Technik hat Krupp vor allem seine beherrschende Rolle in der Herstellung *„künstlicher Rohre"* (Z 20 a-f) gespielt. So waren die Kruppschen Rohre bei gleichem Kaliber und gleicher Kaliberlänge wesentlich dünner und leichter. Dieses geringere Gewicht wirkte sich wiederum bei der Lafettenkonstruktion aus.

Neue Lafetten

Die schärferen Schiffslinien bei den Raddampfern hatten zum Mittelpivotgeschütz geführt. Die Batterie- und Kasemattgeschütze erhielten das Pivot möglichst dicht an der Stückpforte, um diese möglichst klein halten zu können. Man wollte mit diesen Geschützen aber nicht nur querab und wenig vorlicher oder achterlicher schießen können, sondern auch möglichst

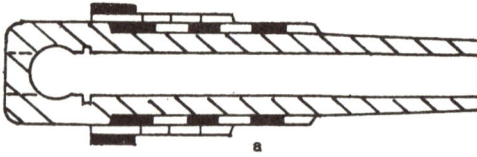

a

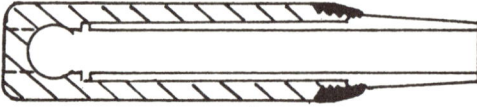

b

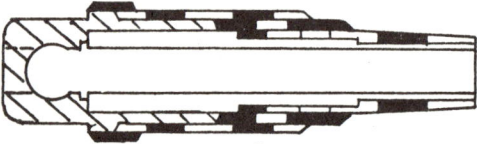

c

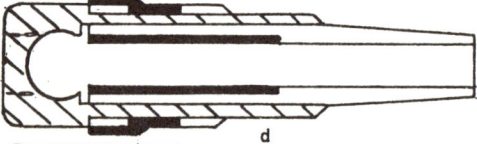

d

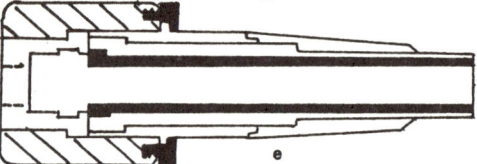

e

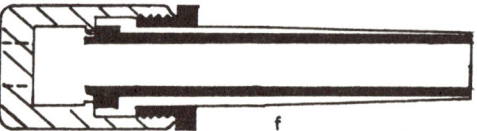

f

Z 20 *Geschützrohre*
a) Ringrohr (1866);
b) Mantelrohr (etwa 1870);
c) Mantelringrohr (1882);
d) mit auswechselbarem kurzem Futterrohr (etwa 1910);
e) mit langem Futterrohr und abschraubbarem Bodenstück (1925);
f) mit auswechselbarem, nicht selbsttragenden Seelenrohr und abschraubbarem Bodenstück (1934).

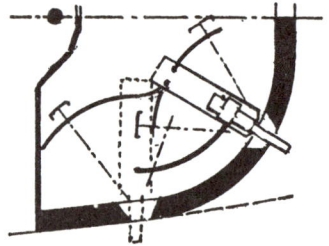

Z 21 *Pfortenwechsel*
(21 cm L/22 auf „König Wilhelm",
Steuerbord vorn).

weit nach voraus und achteraus. Daher wurden die Vorderpivotlafetten mit zusätzlichen Rollen und Schienen ausgerüstet, um mit ihnen einen „Pfortenwechsel" durchführen zu können (Z 21). Dieses schwierige Manöver war exerziermäßig noch durchzuführen, aber im Gefecht nach Ausfall von Mannschaften kaum noch möglich. Zudem wurden die Geschütze immer länger und schwerer. Der Schritt zur reinen Turmaufstellung der schweren Artillerie, wie er bei den Küstenpanzerschiffen und *„Kurfürst Friedrich Wilhelm"* getan worden war, konnte der einzig vernünftige sein. Dazu wurden die Geschütze mit Panzerkuppeln und Barbetten geschützt.

Die Aufstellung in engen Türmen, die weniger Panzer als große, weite beanspruchten, war durch verschiedene Verbesserungen möglich geworden.

Die als „Schleifschienenkompresse" bezeichnete Rücklaufbremse wurde nach französischem Vorbild durch eine *hydraulische* Rücklaufbremse ersetzt. Beim Schuß zog das rücklaufende Rohr eine Kolbenstange aus einem an der Lafette befestigten Zylinder, in dessen Innenwand sich allmählich in Zugrichtung verflachende Nuten geschnitten waren. Der Zylinder war mit Bremsflüssigkeit (hoher Anteil Glyzerin) gefüllt. Durch den Zug wurde die Bremsflüssigkeit durch die „Züge" genannten Rillen gepreßt. Die hierzu erforderliche Arbeit verzehrte die Rückstoßenergie. Zum Vorlauf verschaffte man der Flüssigkeit einen Weg mit weiterem Querschnitt. Der Vorlauf selbst geschah durch die Kraft mehrerer Ringfedersäulen, die beim Rücklauf gespannt waren.

Eine andere Verbesserung war die Einführung der *„Wiege"* nach englischem Vorbild (Z 22). Das Rohr wurde nicht mehr mit seinen Schildzapfen in

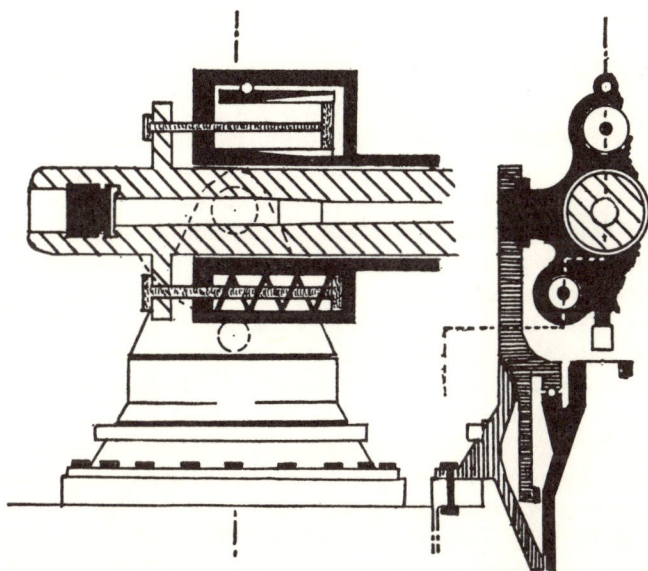

Z 22 *Wiegenlafette mit Rücklaufbremse und Federvorholer*

die seitlichen Wände der Lafette gehängt, sondern mit einem langen, zylindrischen Teil in einen Hohlzylinder geschoben und in diesem durch die eben beschriebene Brems- und Vorholeinrichtung festgehalten. Die Wiege erhielt nun ihrerseits die Schildzapfen und hing in den Wiegenträgern. Da die Wiegenlängsachse genau mit der Seelenachse zusammenfiel und deren Bewegungen mitmachte, konnte man nun erstmalig Visiere anbringen, die nicht den Rück- und Vorlauf des Rohres mitmachten. Der Geschützführer konnte also nicht nur bis zum Schuß, sondern ständig das Ziel anvisieren.

Die Visiere

Da das Visier die Bewegungen des Rohres wegen der gemeinsamen Lagerung an bzw. in den Schildzapfen mitmachen mußte, wurde es „abhängiges Visier" genannt. Da die Visierlinie diese Bewegung zwangsläufig gleichfalls teilte, nannte man diese eine „abhängige Visierlinie" (Z 23 a, b, c; schwarz ausgezogene Bewegungen; a ist ein nur höhenrichtbares, b ein nur schwenkbares Geschütz, c vereinigt beide Bewegungen).

Anfangs stellte der Geschützführer Seiten- und Höhenvorhalt selbst ein. Dazu mußte er vorübergehend das Visier verlassen. Dadurch bestand die Gefahr, daß er nach dem Einstellen das Ziel nicht mehr fand oder ein falsches Ziel anvisierte. Abhilfe wurde durch die Zuteilung eines und später eines weiteren Soldaten zur Geschützbedienung als „Aufsatz-" bzw. „Schiebereinsteller" geschaffen. Wenn diese Soldaten die Vorhalte ruckartig eindrehten, bestand erneut die Gefahr, daß der Geschützführer das Ziel verlor. Um dieser Gefahr zu begegnen, wurden die „unabhängigen Visiere" konstruiert. Hierbei wurde die Drehbewegung z. B. des Aufsatzes nicht nur an die Aufsatztrommel, sondern auch an die Höhenrichtmaschine übertragen, und zwar durch ein Differentialgetriebe, das zwischen Höhenrichtmaschine und Höhenrichthandrad eingebaut wurde. Um gegenseitige Beeinflussung der beiden Handräder zu verhindern, wurden in beide Antriebe selbsthemmende Schnecken zwischengeschaltet. Sinngemäß wurde bei Schieber und Seitenantrieb verfahren (Z 23 a, b, c; schwarz-weiß unterbrochen).

Wenn das Visier die Höhenrichtbewegung der Wiege nicht mitmachte, die Visierlinie jedoch durch Eindrehen des Schiebers verdreht wurde, sprach man von einem unabhängigem Visier mit abhängiger Visierlinie. Andere Kombinationen waren auch denkbar, aber nicht angewandt worden. Ein Zeigervisier, 1901 eingeführt, gestattete das Fahren des schweren Rohres in die Ladestellung, ohne daß der Geschützführer das Ziel verlor (Z 23 d). Diese Visiere, mit den zugehörigen Einrichtungen für die Vorhalteinstellung und den Richtantrieben auch als „Zielwerk" bezeichnet, gestatteten dem Geschützführer laufend am Ziel zu bleiben. Zweckmäßige Abmessungen der Richthandräder mit sympathischen Bewegungsrichtungen und notfalls Zahnrad- oder Schneckengetrieben erleichterten das Zielhalten. Mehr und mehr wurde die Menschenkraft durch zunächst hydraulische, später auch elektrische Antriebe ersetzt, so daß das Zielen nur noch in der Steuerung der Kraftantriebe bestand. Das eigentliche Visier bestand noch aus Kimme und Korn, die beim Nachtgefecht beleuchtet wurden.

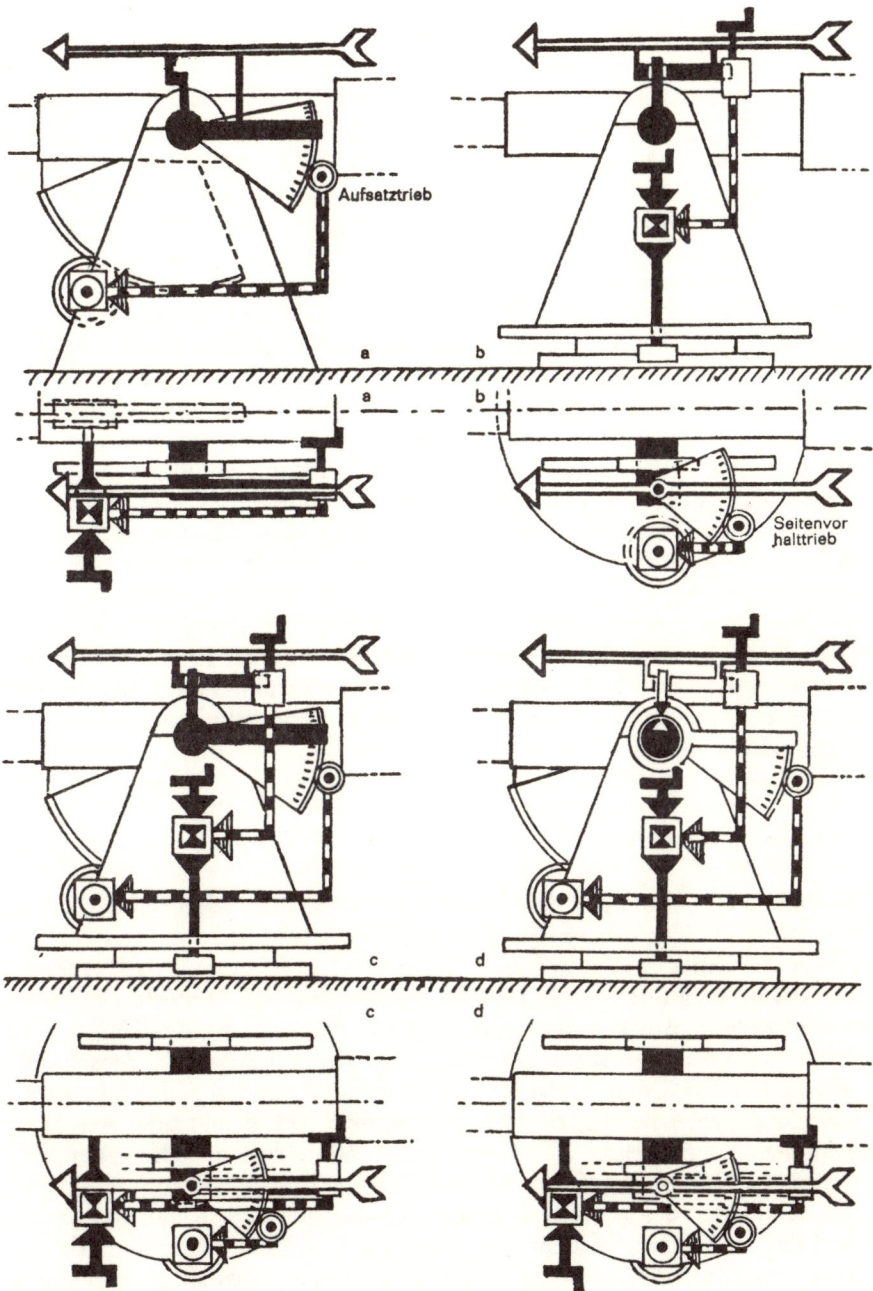

Aufsatztrieb

Seitenvor
halttrieb

Z 23 Visiere

Das chemische Pulver

Es mußten aber noch weitere Voraussetzungen für die Aufstellung in geschlossenen, gepanzerten Türmen geschaffen werden. So wäre es Unsinn gewesen, wenn nach jedem Schuß ein Teil der Geschützmannschaft den Turm hätte verlassen müssen, um das Rohr auszuwischen. Das Rohrwischen nach jedem Schuß fiel erst mit der Einführung des chemischen Pulvers, das keine Rückstände hatte, fort. — In Preußen hatte man 1854 Versuche mit Schießwolle begonnen. Gesucht wurde ein Treibmittel, das nicht so schnell abbrannte, so daß der mittlere Gasdruck während der Verbrennung zwar groß war, aber das Rohr nicht übermäßig beanspruchte. Die Schießwolle erfüllte diese Forderungen, jedoch mit dem üblen Nebenergebnis, daß die Rohre sehr stark verschmutzten, so daß die Verschlüsse nach jedem Schuß gereinigt werden mußten. Zudem entwickelte sie derartige Rauchmengen, daß in kurzer Zeit außer bei günstiger Windrichtung rundum nichts zu erkennen war. Frankreich vor allem hatte es aber nicht aufgegeben, auf diesem Wege weiterzugehen und erfand 1886 das erste chemische Pulver, zunächst auch als „rauchlos", später richtiger „rauchschwach" genannt. Deutschland holte diesen Vorsprung schnell ein und führte 1889 das *Pulver „C/89"*, ein Gemisch aus Schießwolle und Nitroglyzerin ein. Dieses Pulver, rauchschwach, mit gleichmäßiger Verbrennung, relativ großer Leistung und einer weniger ruckartigen Beanspruchung der Lafette erfüllte einen Teil der Forderungen, die die Schiffsartilleristen an ein zu entwickelndes schnell feuerndes Geschütz stellten.

Liderung und Verschlüsse

Die andere Forderung galt dem zuverlässigen schnellen Schließen des Rohres zum Schuß und der sicheren Abfeuerung. Der Artillerist bezeichnet den gasdichten Abschluß des Rohres als „Liderung". Die Forderung nach einer zuverlässigen Liderung wurde mit der Einführung des Hinterladers immer wieder gestellt. Am bekanntesten in dieser Zeit war die Pilzliderung. Ein pilzförmiger Stempel aus biegsamen preßfähigen Kautschuk, dessen Stiel nach hinten durch den Verschluß ging, wurde durch den Gasdruck auseinander und gegen die Rohrinnenwand gepreßt. Durch den Stiel wurde die Zündung in Form einer Zündnadel, einer Zündschraube oder einer Friktionszündschraube eingeführt.
Die Zündnadel diente dazu, in den Kartuschbeutel und in die Treibladung ein Loch zu bohren, in dem der Zündstrahl der Zündschraube sich ausdehnen konnte. Die Zündschraube wurde zu jedem Schuß an die entsprechende Stelle des Verschlusses gesetzt, meist eingeschraubt, und mit dem

52

Schlagbolzen durch einen energischen Schlag entzündet. Ähnlich setzte man die Friktionszündschraube ein, nur mit dem Unterschied, daß hier durch Ziehen Reibung und damit Wärme erzeugt wurde, die den Zündstrahl auslöste. Die Zündnadel fiel später fort; aber die Zündschraube in der einen oder anderen Form blieb bis zur Einführung der Metallkartusche bestehen.

Die Patrone

Ab 1860 wurden in Nordamerika Versuche gemacht, die bisher aus Papier hergestellten, mit abgewogenem Pulver gefüllten Kartuschen der Handfeuerwaffen durch Metallbehälter zu ersetzen. Bei den Papierkartuschen hatte man seit einigen Jahrzehnten das Langgeschoß mit Hilfe einer ringförmigen Kerbe und eines Fadens fest mit der Kartusche verbunden. Die Versuche waren außerordentlich schnell erfolgreich, so daß die Nordstaaten im Bürgerkrieg über 100 000 Gewehre und Pistolen mit Metallkartuschen und fest damit verbundenen Geschossen besaßen. Man nannte diese später „Patronen" oder noch später *Einheitsmunition*, um anzudeuten, daß sie beim Zuführen und Laden praktisch nur aus einem Stück bestanden, obgleich Geschoß, Treibladung, Zündung und die alles verbindende Hülse aus vielen Teilen zusammengesetzt erst die Patrone ergaben. Die Liderung erfolgte durch das Ausdehnen der Hülsenwand, wobei sie sich gegen das Rohrinnere legte (Z 18). Damit sich nach dem Druckabfall die Hülse wieder löste, nahm man ein besonders elastisches Messing. Wegen der hohen Beanspruchung mußte die Hülse nahtlos aus einem Stück hergestellt, „gezogen" werden. Bis 1895 konnten derartige Kartuschhülsen bis 15-cm-Kaliber in Deutschland gefertigt werden.

Die Kartuschhülse aus Messing bot sich regelrecht dazu an, mit ihrem überstehenden Boden erfaßt zu werden, wenn der Schuß gefallen war, und die leere Hülse entladen, „ausgezogen" werden mußte. Je nach Kaliber wurde sie dabei weit zurückgezogen oder schon nach kurzem Rückweg nach einer Seite, nach oben oder unten herausgeschleudert, um einer neuen Patrone oder Hülse Platz zu machen. Derartige „Auszieher" wurden in alle Verschlüsse eingebaut, gleichgültig, ob sie Längs- oder Querverschlüsse waren. Dadurch wurden zwar die mechanischen Einrichtungen des Geschützes etwas vermehrt, die Handhabung aber vereinfacht. Dem gleichen Bestreben dienten die anderen, Stück für Stück in den letzten Jahrzehnten entwickelten und eingebauten Einrichtungen, um folgende Aufgaben zu lösen: die Zündeinrichtung in die rechte Lage zu führen, nicht vorzeitig, sondern im gewünschten Augenblick die Zündung der Treibladung auszulösen und den Zündmechanismus wieder so herstellen, daß der ganze Vorgang sich wiederholen konnte. Ferner mußte sichergestellt sein, daß der Verschluß nicht vorzeitig (d. h. während des Rücklaufes) geöffnet werden konnte. Bei einem Versager der Zündeinrichtung bestand die Gefahr, daß — je nach den Eigenschaften der Zündung verschieden lang — der Schuß noch nach Minuten fallen würde. Um diese Wartezeit durch ein zweites Abfeuern zu verkürzen, erhielten die Verschlüsse eine Wiederspanneinrichtung.

Die Torpedobootsabwehr

Die Summe aller vorstehenden Verbesserungen ermöglichte dann die Lösung einer lang gestellten Aufgabe: die Torpedobootsabwehr mit schnell feuernden, schnell beweglichen Geschützen mit ausreichendem Kaliber auf ausreichende Entfernung.

Mit der Erfindung des Torpedos durch den österreichischen Fregattenkapitän Luppis (1866) und besonders nach der geglückten Verbesserung und gelungenen Vorführung eines Torpedos durch den englischen Ingenieur Whitehead in Fiume (1872) glaubten viele das Ende des Schlachtschiffes vorhersagen zu können, denn der Torpedo griff das Schiff an seiner verwundbarsten Stelle, nämlich unter Wasser an. Die Voraussage hätte gestimmt, wenn es nicht gelingen würde, eine Artillerie zu schaffen, die dem kleinen, schnell beweglichen Torpedoträger, dem Torpedoboot den Angriff verwehren würde. Bei der geringen Laufstrecke der ersten Torpedos, die im Laufe der folgenden Jahrzehnte nur langsam zunahm, mußte das Boot bis auf wenige hundert Meter an sein Ziel heran. Mit der Inbaugabe der ersten deutschen Torpedoboote (1881) wurden auch die ersten Abwehrgeschütze gekauft, die Hotchkiss-Revolverkanonen. Sie wurden bis zu 12 Stück auf die Schiffe gegeben, z. T. nachträglich eingebaut.

Man gab sie auch den Torpedobooten selbst, um sich gegen gleichwertige Gegner schützen zu können. Dieser Gedanke wurde von England mit einem größeren Kaliber auf einem größeren Fahrzeug, dem „Torpedobootszerstörer" noch tatkräftiger und wirkungsvoller verwirklicht. Die sonstigen, an Bord der Panzerschiffe vorhandenen Geschütze mittleren und kleinen Kalibers erhielten nun neben dem Beschuß der nicht gepanzerten Teile des Gegners auch die Torpedobootsabwehr als Aufgabe. Mit dem ständigen Wachsen des Torpedobootes, der Laufstrecke seiner Hauptwaffe und auch seiner Artillerie stiegen die Anforderungen an die Torpedobootsabwehrartillerie von Jahrzehnt zu Jahrzehnt.

Die Mittelartillerie

Die Forderung nach einer schnell feuernden Artillerie mit kleinerem als dem Hauptkaliber wurde aber auch gestellt, da trotz wachsender Schiffsgröße die zu panzernden Flächen nicht vergrößert werden konnten, weil der Panzer immer stärker wurde. Aus diesen Forderungen ergab sich die Dreiteilung der Artillerie an Bord: leichte Artillerie (L. A.), bei der Geschoß und Treibladung zu einer Patrone vereinigt werden können, also bis höchstens 12-cm-Kaliber, mittlere Artillerie (M. A.) bis zu dem Kaliber, bei dem Geschoß und Kartusche noch mit der Hand geladen werden können, d. h. bis 17 cm, und schwere Artillerie (S. A.) darüber. Aus dieser Dreiteilung der Bewaffnung und der Aufgabe, rundum gegen gleichwertige und unterlegene, aber schnellere und wendigere Gegner kämpfen zu müssen, entstanden die Forderungen zur Bewaffnung der ab 1893 wieder Panzerschiffe genannten Hauptträger der Seeschlacht sowie der Großen Kreuzer (später auch Panzerkreuzer bzw. Schlachtkreuzer genannt), der Kleinen, mit einem Panzerdeck „Geschützten" Kreuzer, der Ungeschützten Kreuzer, Kanonenboote und der Torpedoboote. Grundlage dieser Überlegungen und Forderungen war die planmäßige Erforschung aller Möglichkeiten, die Treffaussichten von einer bewegten Plattform gegen ein sich bewegendes Ziel zu steigern, ein Arbeitsgebiet, auf dem die Kaiserliche Marine bahnbrechend gewirkt hat.

Feuerleitung und Schießverfahren

Das Geschützmaterial hatte die Kaiserliche Marine in eine führende Rolle versetzt. Doch war sich die Marine noch längst nicht des Wertes bewußt, den sie mit den Waffen in der Hand hielt, denn die Waffen wurden nach Methoden eingesetzt, die sich nur wenig von den mittelalterlichen unterschieden. Nach wie vor sah man im Artilleriegefecht auf kurze Entfernungen die erstrebenswerte Gefechtslage. Ramme und Torpedo sollten den Ausschlag geben. Daß sich diese Ansichten innerhalb eines Jahrzehnts grundlegend änderten, ist eine rein deutsche Entwicklung, die später von allen anderen Marinen aufgegriffen wurde, und die zwei deutschen Seeoffizieren allein zu verdanken ist, den Admiralen Thomsen und Jacobsen. Thomsen war um 1885 als Kapitän zur See Dezernent für Artillerie in der Kaiserlichen Admiralität und hat als späterer Inspekteur der Marine-Artillerie die Gedanken verwirklichen können, die er selbst und sein Mitarbeiter und Nachfolger Jacobsen entwickelt hatten.
Admiral Jacobsen hat in seinem Buch „Die Entwicklung der Schießkunst in der Kaiserlichen Deutschen Marine" festgehalten, wie er als Seekadett

an einem Märzabend 1876 in Wilhelmshaven eintraf, mit seinem Seesack auf dem Rücken durch knietiefen Schlick zum Artillerieschulschiff „Renown" marschierte, und was er dort erlebte.

Dieses in England gekaufte hölzerne Linienschiff (Zweidecker, für 91 Kanonen gebohrt) hatte „Gefion" als Schulschiff abgelöst. Die Ausbildung bestand in einem wochenlangen Exerzieren an allen Geschützen. Vorhanden war mindestens ein Stück jeden in der Marine vertretenen Geschütztyps. Zum Schluß wurden alle Geschütze einer Seite zu einer „Konzentration querab" gerichtet, d. h. alle Geschütze wurden auf einen Punkt in 400 m Entfernung genau seitlich vom Schiff und in der Höhe des Wassers gerichtet, so daß ein dort befindlicher Gegner von allen Granaten an einer möglichst kleinen Stelle getroffen worden wäre. Bei „Konzentration voraus" wurden die Geschütze auf einen Punkt gerichtet, der von allen angerichtet werden konnte und möglichst weit vorlich lag. Dasselbe gab es auch für „achteraus". Zur Bestimmung der Entfernung begab sich ein Steuermann in den Vormars, wo er weniger als in den anderen Marsen durch Rauch belästigt wurde. Mit dem Sextanten maß er eine ihm bekannte vertikale Strecke am Ziel. Durch Vergleich seiner Messung mit Werten einer Tabelle wurde die Entfernung ermittelt und mit Kreide auf eine Tafel geschrieben. Diese wurde so gehalten, daß sie von der „Brücke" (die ja damals tatsächlich noch eine Brücke zwischen der Backbord- und Steuerbordreling war und vor dem Kreuzmast, also achteraus lag) abgelesen werden konnte. Die Kommandos wurden vom Artillerieoffizier in die Batterie gebrüllt, von den Batterieoffizieren und den Geschützführern wiederholt. Die Geschütze erhielten die Seitenrichtung. Schieber und Aufsatz wurden eingestellt. Auf das Kommando „Fertig" meldeten die Geschützführer durch Armkreisen ihre Geschütze klar. Die Lose der etwa 2 m langen Abzugschnur wurden durchgeholt, die Bedienung trat beiseite. Der Artillerieoffizier wartete an der auf der Reling angebrachten Artilleriepeilscheibe, bis das Ziel in die Konzentrationsrichtung kam und befahl „Feuern!". Die Geschützzündung wurde mit der Leine abgezogen. Übungsmäßig geschossen wurde allerdings von kleineren Fahrzeugen aus, den sogenannten Tendern, gegen auf dem Watt verankerte Scheiben auf 5, 10 oder später auch 15 hm. Mit der Indienststellung des Artillerieschulschiffes „Mars" 1881 änderte sich am Ausbildungsgang und an den Schießübungen praktisch wenig. Allerdings stiegen die Entfernungen auf 25 hm, wobei gegen vorbeigeschleppte Pontons mit aufgesetzten Scheiben geschossen wurde. Es wurden weniger die Offiziere in der Leitung der Batterie als die Geschützführer in der Durchführung eines Einzelfeuers geschult. Hierfür gab man den Unteroffizieren bestimmte Regeln, die sie für den Drall, für die Abweichung durch die eigene Fahrt und für den sich bewegenden Gegner zu beachten hatten. Alle drei vorgenannten Verbesserungen wurden im „Seitenvorhalt" oder in der „Seitenverbesserung" vereinigt und mußten auf „Mars" teils im Kopf, teils nach Tabellen zusammengestellt werden. Die hierzu gebräuchliche „Korrektionstabelle" war in 1/16 Grad eingeteilt, enthielt eigene und Gegnerfahrtstufen von 0 bis 15 Knoten und galt für eine Schußentfernung von 500 m.

Im übrigen waren auch auf „Mars" die Konzentrationsmarken im Deck eingelassen. Die Höhe wurde nach Richtstäben, die für jedes Geschütz einzeln abgemessen waren, oder nach einer Gradeinteilung an den Schildzapfen gemessen. Die Geschützführer feuerten, indem sie hinter dem Geschütz stehend über die auf dem Bodenstück angebrachte Kimme und das auf der Mündung sitzende Korn visierten.

1885 wurde der erste praktische Versuch, die Treffaussichten der Schiffsartillerie zu verbessern, durchgeführt. Angeregt durch Thomsen und hierin vom Großen Generalstab unterstützt, fand das Panzerschiff „Bayern" auf der Kurischen Nehrung ein Ziel in Form einer üblichen Batterie vor. Nach Schießen vor Anker auf 16 und später 50 hm passierte „Bayern" die Batterie auf 30 und 70 hm Abstand. Von 113 Schuß waren 33 Treffer. Hauptergebnis war die Erkenntnis, daß das gute Treffergebnis nur „dem rationellen Einschießen", d. h. einer Berichtigung der ballistischen Werte nach Auswertung einwandfreier Beobachtung, zu verdanken war. Die Tage vom 11. bis 14. Oktober 1885 sind der Anfang der zunächst langsam, dann aber immer schneller einsetzenden Entwicklung des Materials und der sich steigernden Ausbildung des Personals.

Ein scheinbar unwichtiges Nebenergebnis war, daß die vier 26-cm-Geschütze der „Bayern" in den Zitadellecken auf Entfernungen über 50 hm nicht gebraucht werden konnten, weil sie an das darüber befindliche Deck stießen. Die Schußtafeln reichten sowieso nur für diese Entfernung. Daher wurde verlangt, die Geschütze so aufzustellen, daß ihre ganze Reichweite ausgenutzt werden könnte, und daß die erforderlichen ballistischen Unterlagen geschaffen werden würden. Hiermit brach sich zum ersten Male der Gedanke zum späteren „Ferngefecht" Bahn. Zudem sollten feste Schießregeln unter Ausnutzung der Beobachtung für das Schießen von Bord aus geschaffen werden.

Noch im gleichen Jahr wohnte Jacobsen, inzwischen zur Inspektion der Marine-Artillerie versetzt, einem Seezielschießen des Pommerschen Fußartillerieregimentes Nr. 2 bei. Da die Marine bis 1887 nur die Befestigungen von Kiel und Wilhelmshaven zu besetzen hatte, wurden alle anderen Befestigungen vom Heer besetzt, so auch das Fort Kugelbake in Cuxhaven. Köstlich ist die Schilderung von Jacobsens Zusammentreffen mit dem Lotsenkommandeur Krulle, der den Heeressoldaten den ganzen seemännischen Teil einschließlich Sperrung des Fahrwassers abgenommen hatte. Das Schießen verlief planmäßig und begann zu Jacobsens Überraschung mit Salven, gleichzeitigen Schüssen von 2 oder 3 Geschützen, als Grundlage der Beobachtung. Gerichtet wurden die Geschütze der Höhe nach nach Gradscheibe und Gradbogen. Die Seite wurde direkt genommen. Abgefeuert wurde möglichst mit allen Geschützen gleichzeitig. Die Ziele waren teils verankert, teils geschleppt. Zur Entfernungsbestimmung diente ein Langbasisgerät auf dem Deich.

Dieses erweckte in Jacobsen Wünsche nach ähnlichen Verfahren und Geräten für den Bordgebrauch. 1890 konnte er sie als Kompaniechef in der III. Matrosen-Artillerie-Abteilung in Geestemünde und Kommandeur des Forts Langlütjen I mit neun 21-cm-Ringkanonen z. T. verwirklichen. Bei der Besichtigung gelang es ihm, mit Salven von 4 Geschützen erst „kurz", dann „weit" liegend das erste Ziel zu erfassen und mit einer Vollsalve aus 9 Rohren wegzuwischen. Ein Zielwechsel auf die 2. Scheibe ohne neues Einschießen hatte mit 9 Schuß das gleiche Ergebnis. Damit war auch beim Inspekteur Thomsen der letzte Widerstand gegen neuartige Verfahren gebrochen. Bei einem längeren Aufenthalt mit praktischem Schießen — einschließlich Ballonabwehr mit seitlicher Längenlagebeobachtung! — in der Fußartillerie-Schießschule in Jüterbog wurde die Genauigkeit studiert, mit dem das Heer alle Einzelheiten der Schießübungen notierte und auswertete. Die Übertragung dieser Beobachtung mündete für die Marine in den anfangs übertriebenen, nach wenigen Jahren schon auf ein gesundes Maß zusammengestrichenen Schießlisten — zur Freude aller Artilleristen, die je derartige Listen haben schreiben müssen.

Der Inspekteur der Marine-Artillerie (dem zu der Zeit auch die Küstenartillerie und unterseeische Verteidigungsmittel wie Minen und Sperren anderer Art unterstanden) arbeitete weitgehend die Denkschrift selbst aus, mit der er noch 1890 begann, der Schiffsartillerie neue Wege zu größeren Aufgaben zu zeigen. Der entscheidende Satz lautete:
„Es ist mir gar nicht zweifelhaft, daß wir im Schießen auf große Entfernungen, d. h. auf solche, auf die man nach dem Schuß noch beobachten kann bzw. auf die größten Schußentfernungen unserer älteren Kanonen und Lafetten, die höchstmöglichen Treffresultate erreichen werden, wenn es uns gelingt, ein brauchbares Schießverfahren festzustellen und unsere Offiziere in demselben auszubilden!"

Admiral Thomsen forderte praktische Schießversuche, weil er sich über den grundlegenden Unterschied gegenüber dem Schießen an Land klar war: Schießendes Schiff und Ziel bewegen sich ständig, so daß die Entfernungen sich in der Regel schnell ändern und ständig neu durch Schießen überprüft werden müßten, wenn es nicht gelänge, ein Maß für die Änderung zu finden: den EU.

1891 wurde mit dem Panzerkanonenboot „Brummer", dem man zwei 8,8-cm-Schnelladekanonen auf die Back gesetzt hatte, ein erstes Schießen mit einem festen Schußintervall (später „große Salvenzwischenzeit" genannt) von 50 Sekunden durchgeführt, immerhin schon auf eine Anfangs-Entfernung von 84 hm. Bei einer Fahrt von 8 Knoten legte „Brummer" in 50 Sekunden genau 2 hm zurück. Das Ziel wurde recht voraus genommen, Fahrt aufgenommen und das Feuer eröffnet. Schon die ersten 5 Salven bestätigten die Richtigkeit des Gedankens, da die aufgrund der Beobachtungen kommandierten Entfernungen, bei denen auch der EU berücksichtigt war, das Schießen an die Scheibe brachten und dort hielten. Man hatte den Intervall so groß gewählt, weil er der Feuergeschwindigkeit der schweren Geschütze entsprach. Ergebnis waren erste Schießregeln für den Fall einer EU-Änderung und für den Übergang vom Einschießen zum Wirkungsschießen. Unter „Einschießen" verstand man die Salven, mit denen das Ziel sowohl für die Seitenlage wie für die Längenlage beobachtungsfähig durch die Aufschläge im Wasser oder im Ziel erfaßt wurde.

Auf „Brummer" ist damals das Einschießen mit Gabeln erstmals durchgeführt und verfeinert worden. Admiral Thomsen forderte gleichzeitig aber auch noch ein anderes, von ihm zunächst als „Feldschießen" bezeichnetes Verfahren, das erst später für mittlere und kleinere Geschütze ausprobiert wurde und als „Strichschießen" eingeführt wurde.

Bei einem Strichschießen wird solange mit gleichbleibender Entfernung (d. h. mit gleichbleibendem Aufsatzwinkel) geschossen, bis das Ziel „durchwandert", d. h. bis die Aufschläge von der Kurz- auf die Weit-Seite des Zieles fallen — bzw. umgekehrt — oder das Ziel mit Kurz- und Weitaufschlägen oder durch Treffer erfaßt ist. Der Übergang vom „Strich" zur neuen Entfernung — unter Berücksichtigung des EU und der zwischen Beobachtung und nächstem Aufschlag verstreichende Zeit — ist die große Schwierigkeit, es sei denn, man legt auf die günstige Seite (bei EU Abnahme auf die Kurz-Seite) einen neuen „Strich", der so angelegt sein soll, daß der Gegner möglichst eben noch erfaßt wird.

Weitere Versuche waren nach gründlicher Auswertung der Schießlisten für 1893 geplant. Leider stand hierfür nur die Korvette „Carola" mit sechs 15-cm-L/22 zur Verfügung. Lieber hätte man die Versuche mit einem schwereren Geschütz des „Mars" fortgesetzt. Die höhere Feuergeschwindigkeit des Geschützes brachte aber dann auf die Dauer gesehen doch den Vorteil, daß mit wechselndem EU und wechselnden Intervallen geschossen werden konnte. Dadurch wurden die Versuchsergebnisse umfassender. Ziele waren die Rümpfe der alten ausrangierten Holzkanonenboote, die mit 5 Knoten geschleppt wurden. Durchschnittlich wurden 33 % Treffer auf 20 bis 50 hm erzielt. Die Schießliste konnte bereits vereinfacht werden. Die Ergebnisse wurden in der Vorschrift

„Schießverfahren und Schießregeln vom Schiff in Fahrt gegen feste oder sich bewegende Ziele auf mittlere Entfernungen" niedergelegt. Die erste Schießvorschrift einer Marine war damit erarbeitet. Sie enthielt Anweisungen für Gabel- und Strichschießen sowie für eine Kombination, das „Gabel-Strich-Verfahren" und für das Schießen mit Schrapnells.

Schrapnells waren mit Bleikugeln gefüllte Hohlgeschosse, die durch einen Brennzünder kurz vor Erreichen des Zieles zur Explosion gebracht wurden. Wichtig war also das nicht zu frühe und nicht zu späte Zünden, um sicher zu sein, daß der Hauptteil der Kugeln das Ziel kegelförmig zerstreut erreichte. In den Marinen wurden Schrapnells seit etwa Anfang des 19. Jahrhunderts gebraucht, etwa um 1870 abgeschafft und in die Kaiserliche Marine um 1880 zur Torpedobootsabwehr wieder eingeführt und bei Kriegsanfang 1914 zur Flugzeugabwehr eingesetzt.

Die neue Vorschrift stieß auf erbitterten Widerstand, da man sich weiterhin mit der Ramme auf den Gegner stürzen wollte und höchstens noch den Torpedo als Waffe gelten ließ. Die mißverstandenen Erfahrungen von Lissa spukten immer noch in den Köpfen der Seeoffiziere. Auf der Suche nach einer besseren Aufstellung im Gefecht waren Kommandanten und Chefs mehr und mehr dazu gekommen, ein „laufendes Gefecht" (d. h. ein Gefecht mit annähernd parallelen Kursen) auf 40 bis 60 hm Entfernung zu bevorzugen, weil man sich so dem Durchschlag schwerer Geschosse, dem Hagel der mittleren und kleineren Granaten und dem Torpedobeschuß zunächst entziehen konnte. Diese Waffen sollten zunächst durch schwere Treffer zerstört werden. Mit Zu- oder Abdrehen hatten beide Seiten die Entscheidung für ein Nahgefecht in der Hand. Der Haupteinwand gegen das neue Verfahren war der hohe Munitionsaufwand, um den Gegner zu treffen, denn die Trefferaussichten sanken mit wachsender Entfernung. Denn was, so fragte man damals, sollen 2 oder 3 Treffer erreichen? Gewiß, man verzichtete beim neuen Verfahren auf so hohe Treffererwartungen von 30 % und mehr, aber die in der Skagerrakschlacht von deutscher Seite erzielten 3,3% bewiesen die Richtigkeit des damals eingeschlagenen Weges, allerdings unter der Voraussetzung der 1893 noch nicht erreichten, aber angestrebten Wirkung unserer Granaten am und im Ziel.

Das neue Schießverfahren gab dem Artillerieoffizier (A.O.) den entscheidenden Einfluß auf Ausbildung und Führung im Gefecht und stellte seine Aufgabe auf eine anspruchsvollere Höhe. Er behielt die Batterie in der Hand bis zum Kampf auf nächste Entfernungen. Seine Beobachtung — unterstützt von weiteren Offizieren — und seine Gedankenarbeit, seine Entschlußkraft und seine Erfahrung sowie sein taktisches Verständnis für die anzustrebende Gefechtslage bestimmten in Zukunft den Gang der Entwicklung der Artillerie und den Ausgang der Seeschlacht.

Noch im gleichen Jahr 1893 wurde für die „Manöver-Flotte" (die nur im Sommer in Dienst gestellt wurde und für einige Monate beisammen blieb) ein Schießprogramm aufgestellt, bei dem verschiedene Anfangsformationen für Gefechtsbeginn und die Zusammenarbeit innerhalb der Flotte untersucht und geübt werden sollten. Die Schießunterlagen wie Entfernung, EU und Seitenvorhalt wurden von dem Schiff, welches das Feuer eröffnete, durch Flaggensignale den Nachbarn mitgeteilt. Zu den Artillerieoffizieren der Flotte gehörte in diesem Jahr Kapitänleutnant Graf Spee auf *„Bayern"*, der in vorbildlicher Weise — 20 Jahre später — sein Kreuzergeschwader im Artilleriekampf unter bester Ausnutzung aller artilleristischen Möglichkeiten und in klarer Erkenntnis der Lage zum Sieg geführt hat. Er wie auch die anderen Artillerieoffiziere trugen wesentlich dazu bei, die Aufgaben des Sommers 1893 zu lösen, indem sie das neue Verfahren erprobten, als richtig bestätigten und die zuzugebenden Schwierigkeiten in der Erlernung bzw. Beherrschung durch Schießspiele, Beobachtungsübungen und Fahrübungen zu überwinden halfen.

Ein 1894 wieder bei Rositten durchgeführtes Landzielschießen zeigte eine wesentliche Steigerung der Leistungen. Im gleichen Jahr wurde gefordert, wenigstens einen Teil der Schießübungen mit Gefechtsmunition zu schießen (man hatte schon sehr früh begonnen, die Übungen mit verringerter Treibladung zu schießen, um die Rohre nicht vorzeitig zu belasten, d. h. durch die Pulvergase ausbrennen zu lassen, wodurch der Verbrennungsraum größer, der gasdichte Abschluß zur Mündung hin schlechter und die Mündungsgeschwindigkeit geringer wurde). Begründet wurde diese Forderung mit der größeren Beanspruchung von Mensch und Material, an die man sich gewöhnen müßte.

Mit der größer werdenden Gefechtsentfernung wuchs die Notwendigkeit einer besseren *Entfernungsmessung* (E-Messung), um das Schießen mit dem richtigen Aufsatz zu beginnen. Bisher hatte man nur mit Hilfe des Sextanten die Entfernung bestimmt. Die große Unbekannte in diesem Verfahren blieb die Strecke am Ziel. Der Sextant war daher keine Lösung; seine Möglichkeiten wurden jedoch zur EU-Bestimmung ausgenutzt und zwar ab 1897 im sogenannten *„Standgerät"* (St.G.). Hierbei wurde die Änderung der winkelmäßigen Ausdehnung in der Zeit gemessen. Auf vorbereiteten Tabellen wurde der EU abgelesen. — Das St.G. war vom zehnfachen bis zum hundertfachen der Ausdehnung der gemessenen Strecke brauchbar.

Etwa um 1894 wurden die ersten Fernrohrvisiere in die Flotte eingeführt, ebenfalls durch das Wachsen der Gefechtsentfernung verursacht. Wie schon erwähnt, bestanden bis dahin die Visiere wie beim Gewehr aus Kimme und Korn. Entsprechend der Entfernung wurde die normale Kimme durch eine andere mit einem höheren oder niedrigeren Fuß, dem „Aufsatz", ersetzt. Gemäß der für die Entfernung erforderlichen Drallverbesserung waren die Aufsätze mit verschobenen Kimmen versehen. Dann baute man einen

Aufsatz fest ein, bei dem man durch Schrauben die Höhe für die Entfernung und die Seite für die Drallverbesserung durch Verschieben (daher „Schieber") verändern konnte. Die Veränderungen waren in hm geeicht.

Mit der Herausgabe der „Geschützschießvorschrift für die Marine" 1897 fand der Entwicklungsabschnitt, der vielleicht der unruhigste, aber auch der folgenschwerste für die Artillerie gewesen ist, seinen Abschluß.

Erste Versuche mit elektrischer Übertragung der gemessenen Entfernung 1911, mit Artillerietelegraphen (Übermittlung fest geformter Befehle) 1912, mit dem Richtungsweiser 1913. Verwendet wurden Wechselstrom-Drehmelder.

Der Ausbau der Schiffsartillerie bis zum Großkampfschiff (1897-1909)

Das neue Schießverfahren war durch die Benutzung des Standgerätes von der Einhaltung eines festen Salventaktes befreit worden. Wie die Zusammenfassung der Schießergebnisse des seit 1900 ständig in Dienst gehaltenen I. Geschwaders zeigte, waren die Trefferprozente und die Schußentfernungen von 1897 bis 1901 ständig gestiegen. In der englischen Marine erzielte Höchstzahlen von in der Minute ohne Zielen abgegebenen Schüssen ließen die Kaiserliche Marine nicht ruhen, gleiche Zahlen zu erreichen. Diesem Wunsch sollte sowieso durch eine *„Verkürzung der Ladezeiten"* entsprochen werden. Darum wurden die neuen Geschützkonstruktionen ganz bewußt Schnell-*Lade*-Kanonen (S.K.) genannt. Gezählt wurden bei Versuchen die „ungerichtet abgegebenen Schüsse", die nicht weniger als bei gleichkalibrigen englischen Geschützen waren.

Um die Flotte von Versuchsaufgaben, die nicht zu ihren eigentlichen Aufgaben gehörten und u. U. von ihr gar nicht zu lösen waren, zu befreien, wurde ein neueres Schiff, meist ein Großer oder Panzerkreuzer, als Artillerieversuchsschiff in Dienst gestellt. Sein Kommandant wurde gleichzeitig Präses des Artillerie-Versuchskommandos (A.V.K.), erstmalig 1902 *„Freya"* mit Jacobsen als Kommandant, ab 1904 *„Prinz Adalbert"*. Die *Weiterentwicklung des Nahschießverfahrens"* war die erste Versuchsaufgabe, zu deren Lösung ein Winkelmeßinstrument, das *„Handgerät"* (Hd.G.), konstruiert wurde. Es sollte eine zuverlässige Entfernung liefern und konnte das auch für kurze Entfernungen. Daneben wurde die *Torpedobootsabwehr* untersucht. Nach einigen Irrwegen setzte sich das Strichschießen durch. Bedingung für die Lösung der Aufgabe war, daß alle durch Scheiben dargestellten angreifenden Torpedoboote in Mindestzeit eine Mindestzahl von Treffern erhielten. Zugleich wurde untersucht, wieweit die Artillerie, die nicht eigentlich zur Torpedobootsabwehr an Bord gegeben worden war, zur Abwehr der schnellen, wendigen und kleinen Angreifer herangezogen werden konnte. Zu untersuchen war die eindeutige Leitung aller beteiligten Geschütze, die gegenseitige Beeinträchtigung durch Druck, Blendwirkung und Knall und die Schwenkgeschwindigkeit. Höhepunkt der Versuche war ein Abschlußschießen von *„Prinz Adalbert"* gleichzeitig nach beiden Seiten am 5. August 1905 vor dem Kaiser. Geschossen wurde auf 4 Zielboote, die von den Kreuzern *„Undine"* und *„Nymphe"* mit *„Äußerster Kraft"* geschleppt wurden, wobei sie 18 Sm/h über den Grund machten. 20, 10, 4 und 6 Treffer wurden mit 8,8- und 15-cm-Geschützen erzielt. Eine Beteiligung der 21-cm-Geschütze war wegen der großen Gefährdung der Pontonscheiben ausgeschlossen.

Das Schießen auf große Entfernungen hatte sich zwar eingebürgert, fand aber nicht viel Liebe, weil die Trefferprozente mit wachsender Entfernung verständlicherweise sanken. Trotzdem wurden durch die Art der Aufgaben die Schiffe gezwungen, sich den schwierigeren, unsympathischeren Aufgaben zu widmen, die Größe der Gabeln beim Einschießen und beim Abwandern der Aufschläge durch falschen EU zu studieren und die Fehler durch Aufstellen der Schießlisten zu erkennen. Vor allem sollten der Übergang vom Ein- zum Wirkungsschießen geübt und die Grenzen für die Anwendung des einen oder anderen Verfahrens in Abhängigkeit von Entfernung, Salventakt und EU und unter bestmöglicher Ausnutzung der Feuergeschwindigkeit geprüft werden. Auch wurde gefordert, den Munitionsbestand an Bord zu vergrößern, am besten zu verdoppeln. — Die Durchschnittszeit bei den Schießübungen 1904 für das Einschießen betrug 5,5 bis 6,5 Minuten, die als viel zu groß angesehen wurde. Verlangt wurde eine Verkürzung auf 2 Minuten; Treffer wurden spätestens nach weiteren 5 Minuten erwartet.

Um zumindest die Versuchsschießen, soweit sie *taktische Probleme* lösen sollten, gegen ein kriegsmäßiges Ziel durchführen zu können, wurde immer wieder und zwar schon seit 1896 ein *Zielschiff* gefordert. Ausrangierte, notdürftig gegen Sinken gesicherte Rümpfe waren und blieben ein Notbehelf. Die 40 m langen Pontons mit Scheibenaufbau bis zu 7 m über Wasser waren keine ideale Lösung. Auch andere Marinen hatten ähnliche Sorgen. 1908 wurde die Forderung teilweise erfüllt: das Hafenwachschiff „Jupiter" (ehemals Kasemattschiff „Deutschland") wurde als Zielschiff freigegeben, um für die Beobachtung der Aufschläge ein einigermaßen echtes Bild zu erhalten. Hierdurch konnte die obere Grenze für die Beobachtungsfähigkeit der Aufschläge und zwar für *Gefechts*granaten (!) endlich festgelegt werden, um Munitionsvergeudung zu vermeiden. Auch wurden Feuervereinigungsschießen mit verschiedenen Kalibern und dementsprechend verschieden hohen Wassersäulen durchgeführt.

Zur Lösung *technischer Probleme* wurden *Ziele bzw. Teilziele* an Land, meist auf dem Kruppschen Schießplatz Meppen, aufgebaut. Sie waren Nachbildungen ganz bestimmter eigener oder ausländischer Schiffe oder Teile derselben mit möglichst genau nachgemachter Einteilung der Räume, der Verbindungen der Teile untereinander durch Nieten oder bei Panzer durch Ineinanderfügen, durch Nachahmen der Panzerschrägen usw. Die Räume waren gelegentlich eingerichtet und, wenn es Bunker oder Zellen

Abb. 1: 15-cm-Ringkanone L/30, Heckgeschütz auf dem Kasemattschiff
Deutschland 1892, daneben zwei Revolverkanonen.

Abb. 2: 15-cm-Ringkanone auf dem
Batteriedeck von Schulschiff *Charlotte*.

Abb. 3: 15-cm-Ringkanone L/22 in Rahmenlafette mit Vorderpivot, Rundkeilverschluß und Seitenrichttaljen. Die Aufnahme ist von 1892, aufgenommen an
Oberdeck auf dem Kasemattschiff
Deutschland.

Abb. 4: 28-cm-Schnellfeuerkanone L/45 in Zwillingsturm auf Linienschiff *Rheinland*.

Abb. 5: Achterer Turm 21 cm L/40 auf dem Großen Kreuzer *Freya*.

Abb. 6: Vorderer 21-cm-Turm vom Großen Kreuzer *Freya*.

Abb. 7: Einsetzen eines Geschützrohres 30,5 cm L/50 in achteren Zwillingsturm auf Linienschiff *Helgoland*.

Abb. 8: Achtere 30,5-cm-Zwillingstürme auf Linienschiff *Friedrich der Große*.

Abb. 9: Achtere 30,5-cm-Türme im Bau auf Linienschiff *Kaiserin*.

Abb. 10: Vordere 38-cm-Türme auf Linienschiff *Bayern*. Die Sk 38 cm L/45 waren die größten, die bis Ende des Ersten Weltkrieges auf deutschen Schiffen eingebaut wurden.

Abb. 11: Küstenpanzerschiff *Beowulf*. Zwei Ringkanonen 24 cm L/35 in zwei Einzeltürmen auf dem Vorschiff, ein dritter achtern.

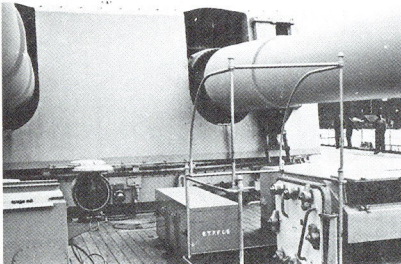

Abb. 12: Turm „D", 38-cm-Drillingsturm auf *Bismarck*.

Abb. 13: TURM „C", 38-cm-Drillingsturm auf *Bismarck*.

Abb. 14: Eine 38-cm-Drehscheibe für zwei Rohre vor dem Einsetzen in *Bismarck*.

Abb. 15: 3-Meter-Entfernungsmesser auf einem Zerstörer.

Abb. 17 (rechts): Schaltschrank der Abfeuer- und Warnanlage vom 28-cm-Turm C/28 auf *Admiral Scheer*.

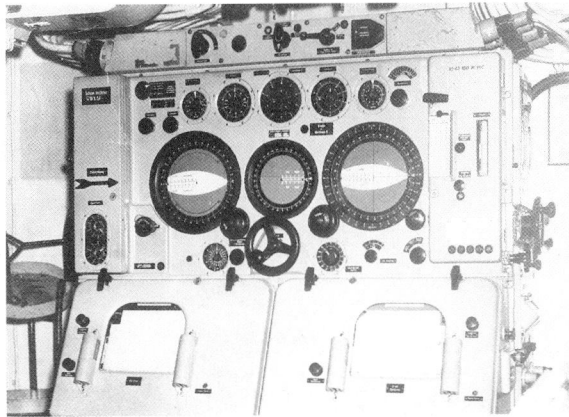

Abb. 16: Schußwertrechner C/38, achtere Seezielstelle auf *Prinz Eugen*. Die Schußrichtung verläuft horizontal von links nach rechts.

Abb. 18: E-Meßbalken, zwei Richtsitze 28-cm-Turm C/28 auf *Admiral Scheer*.

Abb. 19: Einsetzen der 28-cm-Rohre in Turm „A" auf *Admiral Scheer*.

Abb. 20: Vordere 28-cm-Drillingstürme auf Schlachtschiff *Scharnhorst*.

Abb. 21 (rechts): Einsetzen einer 28-cm-Drillingsturm-Drehscheibe in das Schlachtschiff *Gneisenau* bei Deutsche Werke AG, Kiel, 1937.

Abb. 22: Achtere 20,3-cm-Zwillingstürme, Turm „D" und „C" auf dem schweren Kreuzer *Prinz Eugen*.

Abb. 23: Geschützaufstellung 1944/45 von *Prinz Eugen*: Vordere 20,3-cm-Türme „A" und „B", 4-cm-Bofors-Flak auf Turm „B" und beidseitig neben Turm „B", an Backbord neben und an Steuerbord vor dem Hakenkreuz.

Abb. 24: Rechter Richtsitz vom 28-cm-Turm C/28 auf *Admiral Scheer*.

Abb. 25: Munitionsumlader im 28-cm-Turm auf *Admiral Scheer*.
Umschaltbar „Hand" ⟷ „Automatisch".

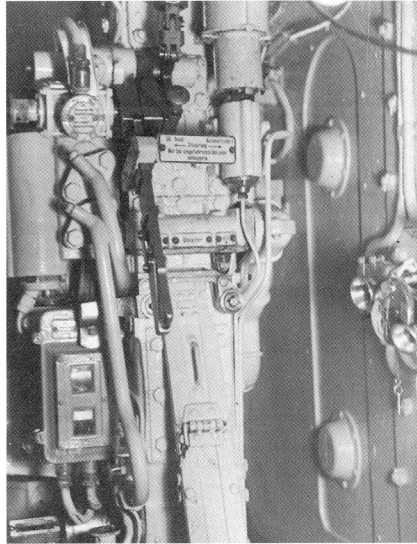

Abb. 26: 15-cm-Utof L/45 auf U-Kreuzer (U 139–U 141) von 1918.

Abb. 27: Vordere 15-cm-Drillingstürme auf Leichten Kreuzer *Karlsruhe*, auf dem Bild im Vordergrund eine alte 8,8-cm-Flak L/45.

Abb. 28: Achterer 15-cm-Turm „Goeben" auf *Karlsruhe*.

waren, mit Kohlen, Wasser oder später auch Heizöl, ganz oder teils gefüllt oder auch wieder entleert, um die Explosionen von Kohlenstaub oder Ölrückstände studieren zu können. Diese Versuche hatten 2 Ziele: Erprobung des eigenen Schiffbaues und Verbesserung der eigenen Artillerie.

Selbstredend versuchte man, sowohl ausländisches Schiffbau- und Panzermaterial wie aber auch ausländische Geschosse zu erproben. Vor allem sollten nun die z. T. sich sehr widersprechenden Berichte über die Schlacht von Tsushima (27. Mai 1905) überprüft werden. Die Ergebnisse führten zu mancherlei Verbesserungen, über die abschnittsweise berichtet wird. *Eine Frage konnten allerdings die Ziele an Land nicht beantworten: wie wirkt sich ein Treffer in der Wasserlinie und unterhalb des Gürtelpanzers aus?* Jeder Wassereinbruch in einem Raum, der sich nicht symmetrisch über beide Schiffshälften erstreckt, wirkt sich in einer Krängung aus. Je größer die ständige Schräglage ist, um so schneller kann das Schiff durch weitere Treffer zum Kentern gebracht werden. Und je größer die Schräglage ist, um so leichter wird der Gürtelpanzer unterschossen. Es leuchtet ein, daß derartige Schießversuche nur mit besonderen Schwierigkeiten durchgeführt werden konnten, wozu die Geschoßwirkung durch am Rumpf angebrachte Sprengladungen möglichst wirklichkeitsgetreu nachgeahmt wurden. Die Kaiserliche Marine hat für diese Versuche viel Geld ausgegeben, um die besten Materialien für Schiffbau, Panzer und alle einzubauenden Teile zu finden. Das galt auch für die Einbauten der Artillerie (Türme, Leitstände, Munitionskammern, Munitionstransportbahnen, Geschützunterbauten, Schutzschilde) und für die Artillerie im engeren Sinne wie Geschütze und Lafetten, Geschosse und Treibladungen und das gesamte riesige Zubehör einschl. der mehr und mehr an Bord kommenden Geräte für die Feuerleitung.
In diesen Zeitraum fielen verschiedene wesentliche technische Fortschritte. Verbessert wurden, um die wichtigsten zu nennen, Rohre, Verschlüsse, Lafetten und Visiereinrichtungen.
Die *Rohre* wurden nun auch für die stärksten Kaliber „künstlich aufgebaut", alle aus Gußstahl gefertigt, zunächst aus dem sogenannten K-Stahl (= Kanonenstahl), dann aus dem sprengsicheren S- und später L-Stahl. (Sprengsicher bedeutet, daß ein im Rohr detonierendes Geschoß die Seele nur aufbeult, aber nicht zerreißt). Die aufgebauten Rohre hatten außerdem den Vorteil, daß nach Aufbrauch des Seelenrohres nur dieses ganz oder teilweise ersetzt zu werden brauchte (Z 20 e, f).
Die stärksten Abnutzungen fanden im Übergangskonus statt, weil dort sich die Führungsringe beim Ansetzen in die Züge preßten und weil dort die brennenden Pulvergase Rohrmetall mitrissen (Z 18). Diese Abnutzung des Rohrinneren wuchs mit der Kaliberlänge des Rohres. Dennoch hat die Kaiserliche Marine die Längen in dieser Zeit von 30 über 35 und 40, bei den

mittleren und kleinen Kalibern bis zu 45 gesteigert. Das Mehrgewicht der längeren Rohre, der vermehrte Platzbedarf, der zu einer höheren Aufstellung der Schildzapfen bei M.P.L. und zu größeren Decksdurchbrüchen bei Turmlafetten zwang, wurde durch die größere Wirkung am Ziel ausgeglichen. Durchschnittlich brachte die Längensteigerung um ein Kaliber eine V_0-Steigerung um 7 m/s und eine größere Durchschlagsleistung (bei der 21-cm-S.K. für je 5 Kaliber 14 mm Panzerstärke an der Mündung).
Die *Verschlüsse* wandelten sich vom Rundkeil- über den Flachkeilverschluß zum Keilverschluß mit Leitwelle für die schweren Kaliber, zum Schubkurbelverschluß für mittlere und leichte Kaliber und zuletzt zum Fallblockverschluß für die leichten. Bei allen Verschlüssen bewegten sich die Verschlußblöcke, kurz „Keile" genannt, während des Schließens auch etwas in Richtung der Seelenachse zur Mündung hin, wodurch die pressende Keilwirkung erreicht wurde, denn der Keil drückte den Kartusch- bzw. Patronenboden gegen den Stützring des Seelenrohres. Die Keile der S.A. und M.A. waren so schwer geworden, daß sie mit einfachen Hebeln nicht mehr zu bewegen oder zu halten waren. Daher wurden die Transportspindeln („Leitwellen") eingebaut (bis zu 2,5 Umdrehungen für den Weg des Keiles). Bei einem Teil der M.A. und der L.A. genügten doppelarmige Hebel, Schubkurbeln genannt, die sich um eine vertikale Achse drehten. Die Keilverschlüsse machten eine horizontale, die Fallblockverschlüsse bei waagerecht liegendem Rohr eine vertikale Bewegung. Die letzteren wurden von Anfang an halbautomatisch ausgeführt, indem man die Rücklaufenergie des Rohres sammelte und beim Vorlauf dazu ausnutzte, den Verschluß zu öffnen und die leere Hülse auszuziehen und auszuwerfen. Der Verschluß blieb geöffnet stehen. Erst nach dem Ausrasten der Auswerferkrallen, die den Fallblock am Steigen hinderten, durch den Boden der nächsten Patrone konnte der Verschluß sich schließen. Die Verschlußverbesserungen dienten vor allem der Steigerung der Feuergeschwindigkeit.
Die *Lafetten* der S.A., M.A. und L.A. haben sich gegenseitig stark beeinflußt, obwohl sie sich in 2 Punkten unterschieden: 1. bei den schweren und mittleren Geschützen strebte man eine Entlastung des Menschen zwecks Steigerung der Feuergeschwindigkeit an, während bei der leichten Artillerie der Mensch alles machen mußte, um Gewichte zu sparen und Gefechtsreserven zu besitzen. 2. L.A. und ein Teil der M.A. waren in M.P.L. aufgestellt, der andere Teil und die S.A. in Drehscheibenlafetten, im allgemeinen Sprachgebrauch als Türme bezeichnet. — Die Weiterentwicklung fußte auf den Erfahrungen, die mit der 24-cm-Kanone L/35 der Küstenpanzerschiffe gewonnen worden waren (eine M.P.L. C/88, erstmalig eine Kugelbahn als Lafettendrehbahn, niedrige Oberlafette zur Verringerung des Bockens, Rücklauf verkürzt. Leichte Panzerkuppel über dem ganzen Geschütz. Nur Handbetrieb, auch für die Munitionsförderung. Z 24. C/90 mit hydrauli-

schem Schwenkwerk. Rahmen von 16 auf 8 Grad Neigung abgeflacht. Oberlafette rutschte nicht mehr, sondern lief auf Rädern auf der Unterlafette. Schwenken und Munitionsförderung durch Dampfmaschine. — C/90.95: erstmalig elektr. Schwenkwerk. Da die Netzspannung des Schiffes unerträglich schwankte, erhielt jedes Geschütz eine De-Laval-Turbine mit Primärdynamomaschine). In Zukunft sollte der Turmschwerpunkt sich in der Schwenkachse befinden. — Ähnlich bildeten auch die Erfahrungen mit der 28-cm-Drehscheibenlafette der Klasse *„Kurfürst Friedrich Wilhelm"*

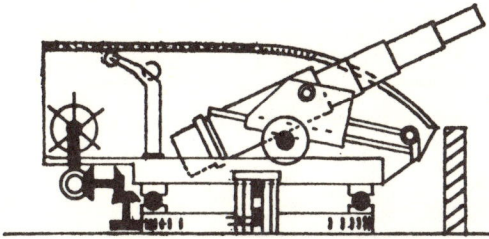

Z 24   *24-cm-Geschütz in M.P.L. C/88 der Küstenpanzerschiffe*

eine wertvolle Unterlage (Doppellafette, Steuerstände für das Schwenkwerk beiderseits der Rohre, erstmalig Zielfernrohre, Artilleriefernsprecher und -telegraphen bis auf die Geschützplattform geführt). Der Kaiser hatte persönlich die Aufstellung eines dritten Turmes in der Mittschiffslinie befohlen, wodurch die Schiffe *sechs* schwere Geschütze nach jeder Seite einsetzen konnten. Ein neuer Gedanke, der diese Schiffe allen gleichaltrigen überlegen machte (Z 25). Siehe Anmerkung 2 S. 192.

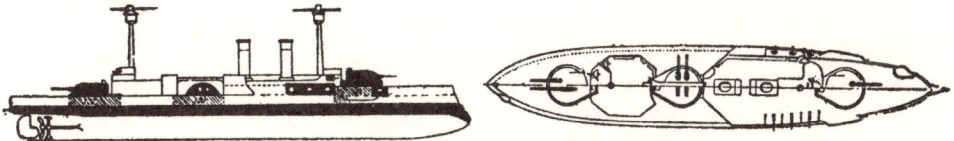

Z 25   *„Kurfürst Friedrich Wilhelm",*
das erste Schiff der Welt mit 3 schweren Türmen in Mittschiffsaufstellung.

Zwei Gründe führten zur *Kaliberverringerung* für die ersten Linienschiffe dieses Berichtabschnittes: eine 28-cm-panzerbrechende Granate war noch nicht vorhanden und die Wirkung am Ziel konnte durch Rohrverlängerung gesteigert werden. Daher erhielten 2 Schiffe der *Kaiser*-Klasse 24-cm-Geschütze (in Drh.L. C/97, erstmalig: hydr. Höhenrichtmaschinen und Geschoßkräne, Wiegenlafetten, eine Preßluftanlage zum Vorholen der Rohre nach dem Schuß und elektrische Abfeuerung mit Vorkontakt für den Stückmeister bei guter Seite. Die Dampfpumpen für die Hydraulik wurden vereinheitlicht, der Übergang von den schiffsfesten Pumpen in den drehbaren

Turm gut gelöst [Z 26]). Ein weiterer Schritt geschah mit den 21-cm-Einzel-
türmen der *Hertha*-Klasse. Die Munition wurde unten in einen Schacht geladen, der sich mit dem Turm drehte, eine bis heute gültige Lösung. Dazu
kamen weniger wichtige Verbesserungen: Zurren des Turmes durch Bolzen
anstatt Ketten, Verschließen des Zwischenraumes zwischen drehendem Turm
und schiffsfester Barbette durch Blech statt Leder, Munitionsvorrat auf der
Geschützplattform als „Bereitschaftsmunition" für den Fall einer Förder-

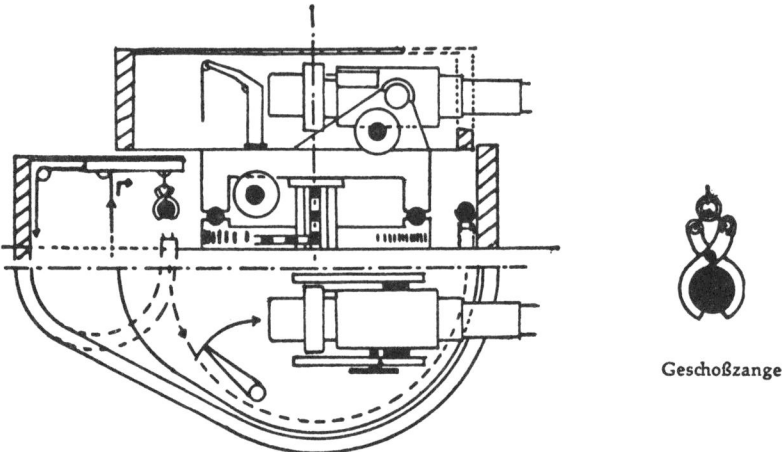

Geschoßzange

Z 26 *24-cm-Lafette C/97 mit schiffsfestem Munitionsaufzug und Ringwagen
unterhalb der Geschützplattform*

unterbrechung. Die restlichen Schiffe der *Kaiser*-Klasse erhielten ähnliche
Türme (Z 27). Aus Vergleichsgründen erhielt ein Teil dieser Türme hydraulische Fahrstühle, der andere Teil hydraulische Klinkenaufzüge, bei denen
der Weg für die Munition mehrfach unterteilt war. Der Zufluß an Munition
war daher stetiger. Zur leichteren Eingabe der Munition in den Fördergang
erhielten die Türme zusätzliche bewegliche Drehscheiben, Ringwagen genannt. Die *Wittelsbach*-Klasse erhielt denselben Turmtyp, während die
10 Schiffe der *Braunschweig*- und *Deutschland*-Klasse Türme des Kalibers
erhielten, das zunächst auch noch für die Großkampfschiffe mit L/45 beibehalten wurde, die 28-cm-S.K. C/1901 mit L/40. Mit diesem Geschütztyp
eröffnete „*Schleswig-Holstein*" den 2. Weltkrieg durch Beschießen des polni-
schen Depots auf der Westerplatte am 1. 9. 1939 um 04.45 Uhr und beendete „*Schlesien*" am 3. 5. 1945 ihre 40jährige Laufbahn durch Verteidigung
der Dievenow-Stellung. — Die 24- und 21-cm-Geschütze kamen auch auf die
gleichaltrigen Panzerkreuzer „*Fürst Bismarck*" und „*Prinz Heinrich*" bzw.
„*Prinz Adalbert*," „*Friedrich Carl*", „*Roon*" und „*York*".
Bei der M.A. war die 15-cm-Kanone in M.P.L. C/94 das letzte Geschütz in

Rahmenlafette. Die Kanone C/97 (mit Wiege, Schutzschild und einem Rohr L/40) blieb in ihrem grundsätzlichen Aufbau für 20 Jahre unverändert, ebenso die 10,5-cm-Kanone C/97 als Hauptkaliber der durch ein Panzerdeck „Geschützten Kreuzer". Bei den 29 mit diesem Geschütz ausgerüsteten Kreuzern hatten sich — bis 1910 in Dienst gest. — alle taktischen Eigenschaften verbessert (Wasserverdrängung von 2963 auf 4268 t, Maschinenleistung 6671 auf 16 390 PS, Geschwindigkeit 20 auf 25 kn, Panzerdeck max. 25 auf 30 mm). Nur die Artillerie war stehengeblieben, der Munitionsvorrat je

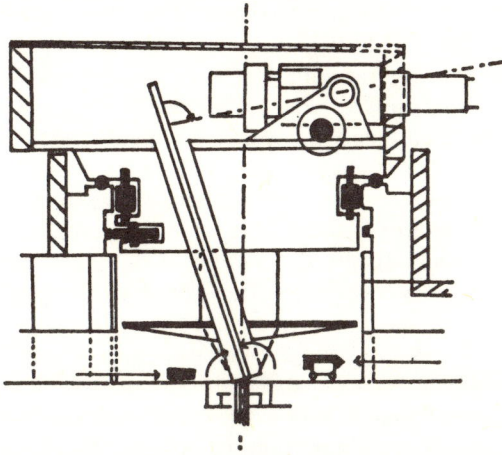

Z 27   *24-cm-Lafette C/98 mit turmfesten Schrägaufzug, Spurzapfen und Halskugellager*

Rohr allerdings von 100 auf 150 Schuß gestiegen. Dieser Stillstand war in der Ansicht des Flottenstabes begründet, daß diese Kreuzer besser viele schneller schießende und daher zwangsläufig leichtere Geschütze als weniger Geschütze mit stärkerem Kaliber und geringerer Feuergeschwindigkeit haben müßten. Durch persönlichen Entscheid des Staatssekretärs des Reichsmarineamtes, Großadmiral Tirpitz, erhielten die ab 1913 auf Stapel gelegten Kreuzer („*Wiesbaden*" usw.) im klaren Gegensatz zum Flottenstab 15-cm-Geschütze.

Das 15-cm-Geschütz wurde sowohl in Einzeltürmen als auch — zu mehreren nebeneinander und durch Splitterschutz getrennt — in Kasematten aufgestellt. Auch dieses Geschütz hat sich grundsätzlich nicht mehr geändert, wurde allerdings auf der *Braunschweig*- und *Deutschland*-Klasse durch ein 17-cm-Geschütz C/1901 verdrängt. — Die Aufstellung in Kasematten bot den Vorteil, daß der Munitionstransport aus den an den Schiffsenden liegenden Munitionskammern sich oberhalb des Panzerdecks abspielte, wobei der Kasemattpanzer den Horizontaltransport schützte. Die Neigung zu einer

allgemeinen Steigerung des Kalibers bei Linienschiffen und Panzerkreuzern führte zu einer Vermehrung des Hauptkalibers auf den Panzerkreuzern „Scharnhorst" und „Gneisenau" durch 4 Einzeltürme 21 cm in M.P.L. C/1904, während der letzte Panzerkreuzer „Blücher" 6 Dopeltürme erhielt. — Die Geschützführer (G.F.) dieser Geschütze wurden dadurch entlastet, daß ein zweiter G.F. die Schwenkbewegung übernahm. Die Kasemattgeschütze konnten von beiden Seiten gerichtet werden, eine Forderung, die erfüllt sein mußte, wenn die Geschütze in jeder Hartlage schießen sollten.
Verursacht durch die schwankenden Ansichten über die Bedeutung der Torpedogefahr verlief die Entwicklung der für die *Torpedobootsabwehr* bestimmten L.A. nicht so geradlinig. Versuche mit 3,7-cm-, 4,7-cm- und 5,7-cm-Revolverkanonen, Typ Hotchkiss, zwischen 1881 und 1888 befriedigten nicht. Eingeführt wurden eine 8,8-cm-S.K. L/30 (ab 1902: L/35 in Wiegenlafette) und eine 5-cm-S.K. L/40 von Krupp. Das 8,8-cm-Geschütz wurde bei schnellen Seitenbewegungen vom Schwenkwerk abgekuppelt und mit einem Bügel gerichtet. Das 5-cm-Geschütz kam in einer ähnlichen Rahmenlafette an Bord. — Zur Torpedobootsabwehr wurden auch 8-mm-Maschinengewehre (M.G.) verwendet. Eine vergrößerte Ausgabe des Maschinengewehres war die 3,7-cm-Maschinenkanone, die noch 1931 auf der Schiffsartillerieschule gelehrt wurde. Die 5-cm- und die 3,7-cm-Kanone reichten aber wegen der wachsenden Torpedobootsgröße und der steigenden Torpedolaufstrecke nicht mehr zur Abwehr aus. Daher wurde um 1903 ein halbautomatisches 5,2-cm-Geschütz von Krupp eingeführt. Es ersetzte die überholten Kanonen auf Kreuzern und Torpedobooten. — Zur Torpedobootsabwehr gehörten auch die seit 1880 eingeführten Scheinwerfer (zunächst mit zeltartigem Schutz versehen und mit der Hand gerichtet, später wegen des für den Richtmann besseren Sehens durch Gestänge von einem entfernten Ort gelenkt). Auf einigen Linienschiffen wurden um 1905 die Scheinwerfer tagsüber auf Rollen unter Deck gefahren und bei den Nachtvorbereitungen auf den Seitendecks aufgestellt. Im allgemeinen standen sie später auf den Schiffen in Gruppen zu 2 oder 4 Stück auf den Marsen oder besonderen Podesten in der Nähe der Masten, auf Booten einzeln auf Podesten an den Masten (Z 19, B 3, 7, 13, 19).
Die *Visiereinrichtungen* wurden verbessert (Beleuchtung für das Fadenkreuz, Verdunkelungsgläser als Blendschutz. In den Türmen besondere Visiere für die Stückmeister in den Hauben auf den Turmdecken, die durch Hebel und Stahlbänder von der Wiege her gesteuert wurden).

Die *Feuerleitanlagen* umfaßten bereits ab 1880 für Linienschiffe und Große bzw. Panzerkreuzer Fernsprecher und Telegraphen. Erst nach 1905 kamen diese auch für Kleine Kreuzer, Torpedoboote und Sonderschiffe (Minenleger) in Frage. (Der Telegraph arbeitete nach elektromechanischen Verfahren. Zeiger drehten sich schrittweise und zeigten Aufsatz bzw. Schieber sowie häufig vorkommende Kommandos an.) Feuer- und Halt-Befehle wurden durch Klingeln und Hupen, die Richtung des Schiebers — links bzw. rechts — und die Gefechtsseite durch grüne und rote Lämpchen angezeigt. Auf dem Kreuzer „Gazelle" bestand die ganze Feuerleitanlage aus 5 Klingeln, die zwischen den sich paarweise gegenüberstehenden 10 Geschützen angebracht waren!

Für die Bestimmung der Anfangsschußentfernung bildeten die *Entfernungs-meßgeräte* (E-Gerät) das wichtigste Hilfsmittel. Langbasisgeräte befriedigten an Bord als Schnittbildgeräte nicht, weil entweder die Basis nicht groß genug oder der Schnitt durch die Schiffsvibrationen nicht genau genug war. Die Fa. Carl Zeiss bot 1905 erstmals ein Gerät an, welches die räumliche Vorstellungskraft benutzte, die der Mensch besitzt, wenn er etwas mit beiden Augen betrachtete (Vorversuche ab 1900 unter Ausnutzung der Telestereoskopie, der Tatsache, daß der räumliche Eindruck um so plastischer wird, je mehr die Objektive eines Doppelfernrohres voneinander entfernt sind). Man baute jetzt in die beiden Strahlengänge eines Doppelfernrohres je eine Meßmarke so ein, daß sie dem Beobachter als *eine* Marke in einer vorher bestimmten Entfernung erschienen. Die Entfernung des Zieles wurde durch Vergleich mit der Meßmarke als näher, ferner oder gleich weit bestimmt. Durch die Aneinanderreihung mehrerer Meßmarken kam ein Gebilde zustande, das wie ein sich in die Ferne erstreckender Zaun aussah. An jedem „Zaunpfahl" stand die zugehörige Entfernung (E-Gerät mit festen Meßmarken. Ab 1930 für die Leitung der leichten Flak eingeführt). Ein derartiges „Raumbild-Entfernungsmeßgerät" wurde der Marine angeboten, gekauft und mit dem britischen Schnittbild-Gerät verglichen. Es zeigte sofort seine Überlegenheit und wurde als „Basisgerät" (B.G.) eingeführt. Auf Vorschlag des A.V.K. erhielt es eine „wandernde Meßmarke", die durch Drehen eines Handrades scheinbar über das Ziel gebracht wurde. Die Größe dieser Drehung gab das Maß für die Entfernung ab. Nach den Grundsätzen der Trigonometrie entsprach eine bestimmte Drehung auf kurzen Entfernungen einer anderen Strecke in Richtung auf das Ziel als auf größeren Entfernungen. Diese Erscheinung wurde bei der Einteilung der Skalen am Handrad berücksichtigt. Das Gerät fand seine Grenze in der Fähigkeit des E-Messers, Entfernungsunterschiede noch zu erkennen. Bei doppelter Basis wurde diese Grenze auf die doppelte Strecke hinausgeschoben. Für 1907 wird von umfangreichen Versuchen berichtet. Ab 1908 wurde die Ausrüstung der Schiffe mit B.G. angeordnet. Doch blieben die Hd.G. als Reserve vorerst noch an Bord.

Die Bemühungen, zwecks Ausnutzung der durch die Turmdecken gegebenen Plätze und zur Gewinnung großer Bestreichungswinkel für die E-Geräte diese mit den Türmen konstruktiv zu verbinden, setzten bald ein. Die 28-

cm-Türme konnten Geräte von 6 m Basis (die späteren 38-cm-Türme von 8,2 m Basis) aufnehmen. Gegenüber dem Turm mußte das Gerät um den Maximalwert des Schiebers schwenkbar bleiben. Dieses wurde beim 28-cm-Turm dadurch erreicht, daß die Meßbasis *auf* der Turmdecke aufgestellt wurde. Die Sehstrahlen wurden in das Turminnere geleitet. Bei den späteren 38-cm-Türmen blieb die Meßbasis im wesentlichen *im* Turm unter der Decke. Nur die Enden wurden seitlich herausgeführt. Die Schwenkbewegung für den Schieber geschah durch parallele Verstellung der Objektive, die Messung durch die zusätzliche Verstellung eines Objektives um den Meßwinkel. Die zweite Lösung war weniger gut als die erste, denn Schiffserschütterungen und Wärmeeinflüsse im Turminneren wirkten sich stärker aus. Zweifellos waren die deutschen Geräte den feindlichen überlegen. Die englischen Berichte sprechen stets davon, daß bereits die ersten Salven in der Nähe des Zieles gelegen hätten, während sie für die eigene Artillerie wiederholt anfängliche Ablagen bis zu 5 000 yards (= 4 572 m) erwähnen.

Die in der britischen Marine benutzten Schnittbild- oder Koinzidenzgeräte und Kehrbild- oder Invertgeräte blieben in der Kaiserlichen Marine nur auf Torpedobooten und kleineren Fahrzeugen im Betrieb (mit 0,70 m Basis von einem frei beweglichen Mann getragen).
Beschußversuche und die Forderung nach mehr Platz für die Artillerieleitung führten zu einer Änderung des *Kommandostandes*, der sich von einem mit Sehschlitzen versehenen Panzerkasten zu einem zweistöckigen Kegelstumpf entwickelte und unten die Schiffs- und oben die Artillerieführung aufnahm. Ein Panzerschacht verband ihn mit der Kommandozentrale, die zugleich Reserveschiffsführungsstand und Leckwehrzentrale war. In der Turmdecke wurden Sehrohre für den A.O. und wenig später auch ein B.G. eingebaut. Der Querschnitt änderte sich später vom Kreis zum Oval (B 4, 7, 12, 13).

Die Zeit der Großkampfschiffe (1909-1918)

Alle Marinen hatten sich bemüht, die sich z. T. widersprechenden Berichte über die Schlacht bei Tsushima (27. Mai 1905) auszuwerten. Die Russen verkleinerten ihre Niederlage durch nachträgliche Abwertung ihrer Schiffe. In allem, was sie veröffentlichten, waren die Japaner sehr zurückhaltend. Fest stand aber, daß sie die ihnen bekannt gewordenen deutschen Schießverfahren angewandt und ausschließlich Sprenggranaten mit guten Kopfzündern verschossen hatten, die in die russischen Bordwände riesige Löcher gerissen hatten. Die im Juli 1905 abgeschlossene Dienstschrift des Reichsmarineamtes „Entwicklung unserer Marineartillerie" deutete die sich ergebenden deutschen Folgerungen und Absichten bereits an. Nach der Feststellung, daß zunächst noch bei schweren Kalibern die Pulvergranate (ein mit Pulver geladenes Hohlgeschoß ohne Zünder) der Sprenggranate überlegen war, wurde verlangt, eine Sprenggranate zu konstruieren, welche „imstande ist, heil, also ohne zu zerbrechen, den Panzer zu durchschlagen und ihre Sprengwirkung hinter denselben zu bringen. Versuche, um dies zu erreichen, sind bei uns im Gange".

In diese deutschen Absichten platzte die Nachricht, daß Großbritannien eine Überraschung im Kriegsschiffbau plante. Am 2. Oktober 1905 wurde ein Linienschiff auf Stapel gelegt, das bereits am 10. Februar 1906 von Stapel lief, den Namen _„Dreadnought"_ erhielt, am 3. Oktober seine Probefahrten aufnahm und im Dezember in Dienst gestellt wurde. Das Schiff — das erste „Großkampfschiff" der Welt — war tatsächlich eine Überraschung: zehn 30,5-cm-Geschütze in Doppeltürmen, keine M.A., nur vierundzwanzig 7,6-cm-L/50 als L.A. (Z 28). Es war um 4 000 t größer als die bisherigen Li-

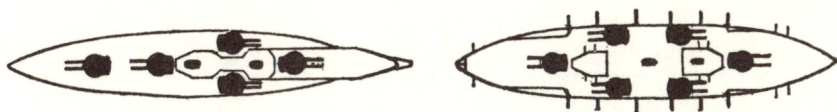

Z 28 _Die ersten Großkampfschiffe: „Dreadnought" und „Nassau"_
Zehn 30,5-cm-Geschütze gegen zwölf 28-cm- und zwölf 15-cm-Geschütze.

nienschiffe, die in aller Welt nahezu gleich groß waren. Großbritannien rechnete damit, daß die anderen Marinen diesen gewaltigen Schritt wegen der erheblichen Mehrkosten nicht mitmachen würden und daß das Deutsche Reich im Blick auf die Abmessungen der Schleusen des Kaiser-Wilhelms-Kanals und Wilhelmshavens erst recht nicht an den Bau größerer Linienschiffe denken könnte. Die britische Rechnung ging aber nicht auf: der Bau neuer, größerer Schleusen und die Vergrößerung des Kanalbettes wurde sehr bald begonnen. Am 24. Juni 1914 wurden die neuen Schleusen eröffnet. Am 30. Juli passierte „Kaiserin" als erstes Großkampfschiff den erweiterten Kanal.

Der Fortfall der M.A. und der Einbau eines hohen Dreibeinmastes auf „Dreadnought" legte den Gedanken nahe, daß die britische Marine eine Seeschlacht auf bisher ungewöhnlich großen Entfernungen anstrebte. Der Fahrtüberschuß von 2 Knoten würde es ihr gestatten, die Gefechtsentfernung zu bestimmen. Doch folgte der ersten Überraschung eine nüchterne Untersuchung der in der Nordsee herrschenden Sichtverhältnisse durch die Kaiserliche Marine, die mit den Reichweiten der Geschütze und deren Einsatzgrenze verglichen wurde. Das Ergebnis war die Feststellung, daß nur an wenigen Tagen im Jahr die Sicht so gut sein würde, daß ein Gefecht mit Entfernungen über 100 oder gar 130 hm geführt werden könnte. Die Reichweiten der 28-cm-L/40-Geschütze betrug 188 hm, ihre Einsatzgrenze 110 hm. Hiermit war die Grenze festgelegt worden, über die hinaus gegen ein kriegsmäßiges Ziel nicht mit mehr als 15 bis 20 % Treffern gerechnet werden konnte, eine Erkenntnis aus unzählbaren Flotten- und Versuchsschießen. Falls das Gefecht auf größere Entfernungen beginnen würde, sollte nur hinhaltend gefeuert werden. Dem Gegner sollte durch Kurs- und Fahrtänderungen das Einschießen erschwert werden. Die Kaiserliche Marine stellte sich deshalb darauf ein, sich 15 % Treffaussichten bis zu 120 hm zu sichern und die Wirkung am und im Ziel zu steigern. Wenn die Hochseeflotte ihren politischen und militärischen Wert behalten sollte, mußte sie in der Wirkung am Ziel den britischen Schritt mitmachen.

Die *Treffaussichten* konnten gesteigert werden durch
> längere Rohre mit gestreckterer Flugbahn und größerem bestrichenen Raum,
> bessere Bestimmung der Anfangsentfernung durch Vergrößerung der Basis der B.G.,
> Verringerung der ballistischen Ungenauigkeiten durch bessere Erfassung der Pulverwerte und der Tageseinflüsse zwecks Verringerung des Gabelmaßes beim Einschießen,
> Verbesserung der Feuerleitung und
> der Ausbildung.

Alle Wege wurden unverzüglich beschritten. Alle dabei erzielten und erhofften Fortschritte waren jedoch auch in der Zusammenfassung nicht so groß, als daß sie den deutschen Entschluß, zunächst die britische Kalibersteigerung *nicht* mitzumachen, entscheidend bestimmen konnten. Diese Entscheidung fiel aufgrund der eindeutig *besseren Wirkung* der deutschen Granaten *am und im Ziel*.

74

Die Wirkung am Ziel

Einer russischen Konstruktion folgend waren auch deutsche Granaten mit einer Kappe versehen worden (Z 11n). Hierdurch stieg die Durchschlagsleistung um 30 %, wenn die Auftreffgeschwindigkeit mindestens 500 m/s betrug. Die Kappen waren teils hohl, teils aus weichem Stahl. Bereits 1906 konnte nach Abschluß aller Plattenbeschüsse die Einführung der Panzersprenggranate (Psgr.) für 28-, 24-, 21-, 17- und 15-cm-Geschütze verfügt werden. — Die Granaten erhielten Bodenzünder mit Verzögerung, die das Geschoß erst nach Durchbrechen des Panzers explodieren ließen. Die bisher verwendete Granatfüllung C/88, die beim Auftreffen durch den Schock explodierte, wurde durch Trinitrotoluol („Füllpulver C/02") ersetzt. Da dieses in den größten Granaten beim Abschuß explodierte, wurde ein Holzkegel als Stoßdämpfer eingesetzt. Die Panzersprenggranate durchschlug 88 % der Panzerstärke, die ein Stahlvollgeschoß gleichen Kalibers durchschlug. Die Durchschlagsleistung verringerte sich noch etwas, wenn der Auftreffwinkel unter 70 Grad sank. Bei gleichem Kaliber und gleicher Auftreffgeschwindigkeit durchschlug eine britische 30,5-cm-Granate (armour piercing shell) 10 % weniger als die deutsche! — Nachdem bekanntgeworden war, daß die riesigen Löcher in den russischen Schiffen nicht durch die großen Kaliber, sondern durch M.A. mit Kopfzündern (die im Augenblick des Auftreffens detonierten) verursacht worden waren, führte die Kaiserliche Marine für die gesamte M.A. und L.A. der deutschen Schiffe die *Sprenggranate mit Kopfzünder* ein (Z 11o). — Weitere Versuche dienten der Klärung des günstigsten Geschoßgewichtes. Größere Geschosse schlugen beim Auftreffen um, hatten beim Durchbrechen des Panzers mehr Reibung zu überwinden und beanspruchten in den Kammern und auf den Förderwegen mehr Platz und bei gleicher Stückzahl im ganzen mehr Gewicht. Leichtere Geschosse erhielten bei gleicher Treibladung und Rohrlänge eine höhere V_0 und bis zu bestimmbaren Entfernungen auch höhere Auftreffgeschwindigkeiten als schwerere. Wegen der größeren Trägheit des schwereren Geschosses und der deswegen geringeren Geschwindigkeitsverluste während des Fluges entschied man sich dennoch für ein größeres Geschoßgewicht, auch für die alten Geschütze, soweit diese geändert werden konnten (z. B. für die 17-cm-S.K. L/40 von 54 auf 64 kg).

Die erwähnte Kappenwirkung ist erst nach dem 2. Weltkriege als eine Vorwegnahme des „Hohlladungseffektes" (benutzt bei Haftladungen, der Panzerfaust usw.) erkannt worden.

Die nach der *„Dreadnought"* entworfenen Linienschiffe und Panzerkreuzer wurden im deutschen Sprachgebrauch als „Großkampfschiffe" bezeichnet, dabei die Linienschiffe als „Schlachtschiffe", die Panzerkreuzer als „Schlachtkreuzer". Für die 2. Klasse der Schlachtschiffe (*„Helgoland"*) und die

Schlachtkreuzer ab „Derfflinger" entschied sich das Reichsmarineamt zum Übergang zum Kaliber 30,5 cm und zwar bereits im Juni 1906, also nur 5 Monate nach dem überraschenden Stapellauf. Das Geschütz mußte völlig neu konstruiert werden, da es wesentlich größere Decksdurchbrüche verlangte. Die Entwurfsarbeiten erforderten eine Mindestzeit, in der die Kaiserliche Marine den Schein der sich bescheidenden und mit dem bisherigen Kaliber zufriedenen kleineren Marine wahrte. Dieser Entschluß konnte nur im Vertrauen darauf gefaßt werden, daß die deutsche Industrie ein Geschütz und ein Geschoß liefern würde, das den Anforderungen genügen würde. Die Versuchsreihe war sehr lang, bis auch das neue Kaliber frontbereit war.

Das Ergebnis war wie erwartet: Die Durchschlagsleistung der 30,5-cm-Granate stieg bei einer Auftreffentfernung von 120 hm von 212 auf 305 mm und war damit um 35 mm besser als die neueste britische Granate dieses Kalibers und nur 17 mm geringer als die britische 34,4-cm-Granate, alle Granaten geschossen gegen Nickelstahl mit härtester Vorderseite.

Wie bei jedem Kriegsschiffsentwurf waren auch bei den Großkampfschiffen Kompromisse für Gewicht und Platz zu schließen. Ideal wären als Plätze für die Türme je zwei vorn und achtern in der Mittschiffslinie gewesen. Doch dieser Raum wurde noch für Kolbendampfmaschinen mit großer Bauhöhe benötigt. Erst für die neue Kaiser-Klasse standen Turbinen zur Verfügung, die die Aufstellung der S.A. erleichterten. Daher erhielten die Nassau- und die Helgoland-Klasse je sechs Doppeltürme 28 cm bzw. 30,5 cm, alle in gleicher Höhe aufgestellt, je einen vorn und achtern und je zwei an jeder Schiffsseite. Da für die Schlachtkreuzer wegen der größeren Geschwindigkeit ein größerer Gewichtsanteil für die Maschinenanlage zur Verfügung stehen mußte, war es nur möglich, einen Turm an jede Schiffsseite und je einen vorn und achtern zu stellen („Von der Tann") bzw. zwei Türme achtern übereinander anzuordnen („Moltke", „Goeben", „Seydlitz") wie bei der Kaiser-Klasse. Mit den nächsten Klassen verschwanden die Seitentürme endgültig.

Das Reichsmarineamt hat in diesen Jahren auch Aufstellungsmöglichkeiten von Drillingstürmen geprüft. Eingehende Vergleiche und Überlegungen sowie die Besichtigung der 30,5-cm-Drillingstürme der k. u. k. Marine endeten zugunsten des Doppelturmes (Gegengründe: wesentlich größere Decksdurchbrüche, Schwierigkeiten im Schiffbau und bei der Munitionsversorgung des mittleren Rohres bzw. Sinken der Feuergeschwindigkeit für den ganzen Turm, stärkere Drehmomente auf das Schwenkwerk wegen des größeren Querabstandes der Rohre von der Drehachse, Ausfall beträchtlicherer Gefechtswerte bei Ausfall eines Turmes). Für den Turm sprachen Verkürzung der Kasematte einschl. des Panzers und günstigere Aufstellung mit größerem Bestreichungswinkel. Entscheidend war die Feststellung, daß erstens 6 Doppeltürme mit allem Panzerschutz genau so viel wiegen würden wie 4 Drillingstürme, und zweitens, daß das Geschoßgewicht eines Doppelturmes des nächsthöheren Kalibers dem eines Drillingsturmes des bisherigen Kalibers fast gleich sein würde. Daher wurde bereits 1913 entschieden, das Kaliber auf 38 cm für Linienschiffe und auf 35 cm für Kreuzer zu steigern (*Bayern*- bzw. *Mackensen*-Klasse).

Besondere Umstände ermöglichten den Vergleich des 30,5-cm-L/50-Rohres mit dem englischen 12-Zoll-Geschütz Mark XII. Ergebnis: deutsches Rohr solider konstruiert, V_0 größer (875 zu 820 m/s), Geschoßgewicht größer (405 zu 383 kg), Lebensdauer größer (200 zu 130 Schuß). Allerdings war das deutsche Rohr um ein Drittel teurer.

Die bis über 17 m langen *Rohre* stellten den Konstrukteuren erhebliche Aufgaben, die sie durch Verschrauben der Mantelrohre lösten (Z 20 e). Der Drall, der bisher konstant war, wurde mit Einführung der S.K. und der längeren Rohre in einen Progressivdrall geändert. Im hinteren Teil des „langen Feldes" machte ein Zug eine volle Drehung auf einer Strecke, die dem 45- oder 50fachen des Kalibers entsprach. An der Mündung entsprach die Steigung dem 25- oder 20fachen. Hieraus ergab sich eine geringere Beanspruchung der Zugkanten und eine längere Lebensdauer. Die größten Kaliber erhielten auswechselbare Teil-Seelenrohre. Die Verschlüsse für 35- und 38-cm-Geschütze wurden durch Zahnräder und Zahnstangen angetrieben, die wiederum hydraulisch von der Wiege her angetrieben wurden. Die hydraulischen Kolben machten so den Rücklauf des Rohres nicht mit. Ab 1904 wurden die elektrischen Einrichtungen der Drehscheiben-*Lafetten* erheblich vermehrt. Vor allem wurden die Hydraulikpumpen in die sich drehenden Turmteile verlegt und ebenso wie Höhenrichtmaschine und Ansetzer (ab 30,5 cm aufwärts) elektrisch angetrieben. Hiervon wurde nur abgewichen, wenn besondere Umstände dazu zwangen, wie z. B. Platzmangel und kurze Förderstrecken bzw. Hubhöhen, wie sie sich bei der Aufstellung der Seitentürme ergaben. Hier war nämlich gefordert worden, das Panzerdeck nicht zu durchbrechen und den Horizontaltransport der Munition oberhalb des Panzerdecks durchzuführen. Beim 21-cm-Doppelturm auf *„Blücher"* ließ sich diese Forderung ebensowenig erfüllen wie bei den 28-cm-Seitentürmen der *Nassau*- und den 30,5-cm-Seitentürmen der *Helgoland*-Klasse. Daher wurden auf diesen Linienschiffen die Munitionskammern zwischen den Kessel- und Maschinenräumen angeordnet (Z 29). Die Munition wurde zu den Seitentürmen in zwei eng nebeneinander liegenden Schächten mit kleinstmöglichem Durchbruch des Panzerdecks bis in eine Umladekammer geführt und erst dort ausgelenkt, so daß sie laderecht auf der Geschützplattform ankam. Die Mittschiffstürme auf *„Rheinland"* und *„Westfalen"* und alle Türme auf *„Von der Tann"* (Z 30) erhielten demgegenüber Aufzüge, die von den Kammern bis oben durchliefen, um die Ladegeschwindigkeiten zu vergleichen. Auf *„Blücher"* konnten die vorderen Breitseittürme nur von einem Mittelgang aus versorgt werden, von dem aus Schrägaufzüge zu den Türmen führten. Diese Lösung war verhängnisvoll, denn im Gefecht mit britischen Schlachtkreuzern am 24. Januar 1915 hatte eine Granate „das Schiff in seiner empfindlichsten Stelle, der durch ein Drittel seiner Länge gehenden Munitionstransportbahn im Mittelgang, getroffen, einer Einrichtung, die nur auf *„Blücher"* versuchsweise vorhanden war". Das Geschoß entzündete nacheinander 35 bis 40

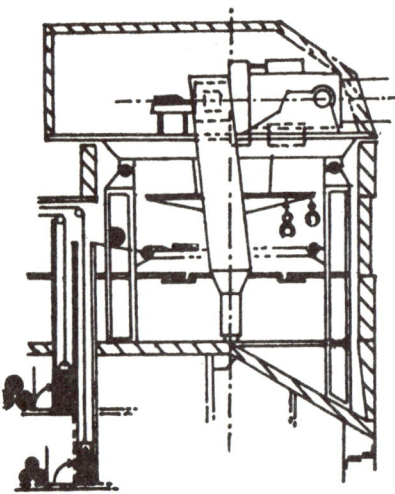

Z 29 *28-cm-Drehscheibenlafette C/06*
(Spurzapfen auf der Kante des Panzerdecks = = kurze Ausführung ohne Umladekammer).

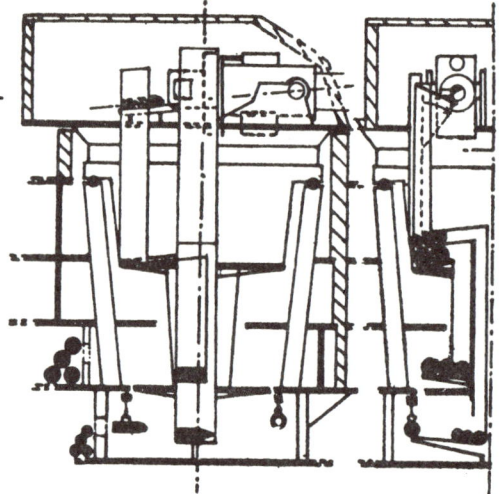

Z 30 *28-cm-Drehscheibenlafette C/07*
(Spurzapfen auf dem unteren Plattformdeck = lange Ausführung mit Umladekammer).

Kartuschen. Stichflammen schlugen durch die Aufzugschächte in die beiden vorderen Seitentürme, die sofort ein einziges Flammenmeer waren. Der Untergang der *„Blücher"* war damit besiegelt, obgleich sie erst 1¹/₂ Stunden später kenterte. Nur noch der achtere Turm feuerte. Eine Granate riß den Panzer auf und nahm ein Rohr mit sich. Das andere Geschütz feuerte bis zum letzten Augenblick[3]. Der Gegner äußerte sich über *„Blücher"* wie folgt: „Drei Stunden lang, während deren das Schiff der Brennpunkt einer überwältigenden Feuerkonzentration gewesen war, hatte es keinen Augenblick aufgehört, das Feuer zu erwidern. Zweimal waren unsere leichten Kreuzer vorgestoßen, um seine Vernichtung zu vollenden, und zweimal hatte es

3 Siehe Anmerkung S. 192

diese gezwungen sich zurückzuziehen. Als ein Beispiel von Disziplin, Mut und kriegerischem Geist ist seine Haltung während der Stunden des Unterganges selten übertroffen worden."

Drei weitere bittere Erfahrungen brachten die Schlachtkreuzer von der Doggerbank mit: erstens die an diesem Tage für die Nordsee ungewöhnlich gute Sicht von 8 bis 10 Seemeilen (= 150 bis 190 hm), zweitens die entsprechend besser ausgenutzte, größere Reichweite der englischen Geschütze und drittens die Gefährdung der Türme durch übervolle Förderwege. Der Gegner hatte auf wesentlich größere Entfernungen das Feuer eröffnet, dem sich die Deutschen wegen des englischen Fahrtüberschusses nicht entziehen konnten. Ursache für die nicht ausreichende Höhenrichtmöglichkeit auf den deutschen Schiffen bei an sich gleicher ballistischer Leistung der beiderseitigen Kanonen war der zu schließende Kompromiß hinsichtlich der Gewichte. Größere Rohrerhöhungen hätten größere Drehscheiben und Decksdurchbrüche, höhere Schildzapfenträger und weit ausgedehntere Turmpanzer verlangt. Unverzüglich wurden die Höhenrichtbereiche vergrößert, z. T. unter Verzicht auf einen Teil der bisherigen Senkmöglichkeit. Die Ergebnisse:

Geschütz	Größte Senkung vor bzw. nach Umbau		Größte Erhöhung vor bzw. nach Umbau		Reichweite vor bzw. nach Umbau	
	Grad	Grad	Grad	Grad	hm	hm
15 cm S.K. L/45	.	.	.	.	135	168
28 cm S.K. L/45	6	.	20	.	189	204
28 cm S.K. L/50	8	5,5	13,5	16	178	192
30,5 cm S.K. L/50	8	5,5	13,5	16	187	205
38,1 cm S.K. L/45	8	5	16	20	202	232

Die dritte schwer bezahlte Erfahrung war das Durchbrechen der Barbette des achteren Turmes D auf „Seydlitz" durch ein 34,3-cm-Geschoß in Höhe der Umladekammer. Entweder durch die Detonationsflamme oder durch ein heiß gewordenes, ausgebrochenes Panzerstück wurden Kartuschen entzündet, deren Brand sich auf alle dort liegenden Kartuschen übertrug. Eine Stichflamme drang abwärts in die Kartuschbeladeplattform, entzündete dort alle Kartuschen und sprang in die zwischen den beiden achteren Türmen liegende Munitionskammer über und von dort in den Turm C. Dieses Überspringen in den Turm C war nur möglich, weil einige Männer versucht hatten, sich durch die an sich verschlossene Schottür zu retten. Beide Türme waren restlos zerstört, ihre Bedienungen gefallen. Doppeltüren und zusätzliche Verschlüsse sorgten dafür, daß sich ähnliche Vorfälle nicht wiederholten, und zwar mit Erfolg, denn der Treffer in die Umladekammer Turm C während der Skagerrakschlacht an praktisch der gleichen Stelle im Turm ließ nur 2 Vor- und 2 Hauptkartuschen aufbrennen gegen 62 im Gefecht auf der Doggerbank. Auf „Derfflinger" und „Lützow" wurden ähnlich gute Erfahrungen gemacht. Auch hier war die im Fördergang befindliche Munitionsmenge auf ein Mindestmaß beschränkt worden.

Jedoch auch mit einer positiven Gewißheit kehrten die Schlachtkreuzer nach Wilhelmshaven zurück: die deutsche Panzersprenggranate war auch den neuesten britischen Schiffen gewachsen. Diese Gewißheit beruhte zwar auf der irrigen Annahme, den Schlachtkreuzer „Tiger" versenkt zu haben. Dafür war aber auf deutscher Seite nicht bekannt, wie schwer das britische Flaggschiff „Lion" gelitten hatte. Es konnte nur mit größter Mühe eingeschleppt werden. Bisher sind nie amtliche Zahlen der von „Lion" erhaltenen Treffer und ihrer Auswirkungen veröffentlicht worden. Inoffizielle Angaben schwanken zwischen 11 und 18 Treffern[4]. Letzten Endes war also die deutsche Annahme von der Güte der Panzersprenggranate berechtigt. —

Noch eine Bemerkung zu den auf deutscher Seite als S.A. eingesetzten Geschützen von 28- und 21-cm-Kaliber. Beide wurden als „C/01" bezeichnet, obwohl sie erst 1907 bzw. 1906 eingeführt wurden. Es waren also nicht alte Kanonen, wie die Bezeichnung angeben sollte. Die 28-cm-Kanone war bei der Verlängerung erheblich leistungsfähiger und zudem leichter geworden:

28-cm-S.K.		L/40	L/45
Rohrgewicht mit Wiege	kg	60 550	53 500
Geschoßgewicht	kg	240	305
Mündungsgeschwindigkeit	m/s	820	850
Mündungsenergie	mt	8 230	11 240
Größter zulässiger Gasdruck	Atm	2 900	3 300
Durchschlagsleistung auf 120 hm	mm	160	200

Nachstehend wird dieses Geschütz mit den weiteren im Kriege vollendeten Kanonen verglichen:

Geschützart	Rohr-gewicht kg	Geschoß-gewicht kg	V_0 m/s	Mündungs-energie mt	Max. zul. Gasdruck Atm
28 cm S.K. L/45	53 500	305	850	11 240	3 300
28 cm S.K. L/50	77 600	.	.	.	.
30,5 cm S.K. L/50	68 000	405	855	15 090	3 300
35 cm S.K. L/45	98 100	600	815	20 310	3 150
38 cm S.K. L/45	105 000	750	800	24 465	3 150

4 Siehe Anmerkung Seite 192

Das für die Schlachtkreuzer ab „Mackensen" bestimmte Geschützmaterial von 35-cm-Kaliber ist in Flandern eingesetzt worden. Dort wurde ein Rohr mit 578 Schuß belegt, ohne daß die Grenze seiner Lebensdauer überschritten wurde. Die Güte des Rohrmaterials und der Munition spricht auch aus folgenden Zahlen: Bei den Hunderttausenden von Schuß aus Marinegeschützen, also auch der in Flandern verbrauchten Rohre usw., sind nur 18 Rohre durch Munitionsstörungen ausgefallen. Von 136 irgendwie einschl. durch Feindeinwirkung beschädigten Rohren sind nur 17 nicht wiederherzustellen gewesen. Je nach Lage und Schwere der Beschädigung sind die verschiedensten Verfahren angewendet worden, um die Rohre wieder verwenden zu können (neue Seelenrohre oder Mantelrohre auf volle Länge oder nur teilweise oder neue Bodenstücke).

Die Türme erhielten in den Decken B.G. in zusätzlichen Panzerhauben (Mittschiffstürme symmetrisch, Seitentürme je nach Aufstellung seitlich verschoben). Dadurch erhielten die Turmkommandeure (Offiziere mit Artillerielehrgang, nicht zu verwechseln mit den Stückmeistern als Turmführern) die Möglichkeit, bei Unterbrechung der Verbindungen zu den Ständen das Feuer des Turmes selbständig zu leiten, hierbei durch E.A.-Uhr und später auch durch EU/SV-Anzeiger unterstützt. Schartenblenden sicherten — ähnlich wie bei den Kasemattgeschützen — den Turm gegen vorn eindringende Splitter. Drei Unteroffiziere übernahmen das Seitenrichten und für die beiden Rohre getrennt das Höhenrichten. Die Geschütze wurden elektromagnetisch abgefeuert. Rauchabsauger hinter den Bodenstücken saugten die Pulvergase ab und sicherten die Bedienung gegen Belästigung und Vergiftung.

Die Einführung der elektromagnetischen Abfeuerung gestattete das Abfeuern aller Geschütze zur absolut gleichen Zeit, was gewünscht worden war, um die gegenseitige Beeinträchtigung der Türme durch Erschütterungen und Mündungswolken zu vermeiden. Also strebte man auch an, die beiden Rohre möglichst gleichmäßig zu richten, um sie geschlossen abzufeuern. Daher wurden die Rohre — je nach Antriebsart — „gekuppelt", d. h. sie wurden entweder mechanisch verbunden oder ihre elektrischen oder hydraulischen Höhenrichtmaschinen wurden gemeinsam gesteuert. Alte Türme erhielten diese Möglichkeit nachträglich.

Da die 30,5-cm-Granate wegen ihres Gewichtes nicht mehr durch Handansetzer angesetzt werden konnte, begannen auf „Ostfriesland" bzw. „Oldenburg" Versuche mit hydraulisch bzw. mechanisch betätigten Teleskopansetzern. Die hydraulische Lösung wurde nachträglich überall eingebaut. Anmerkung 5 Seite 192.

Durch die bei den Linienschiffen ab „Kaiser" und den Schlachtkreuzern ab „Moltke" vorgesehene sogenannte „überhöhte" Aufstellung zweier Türme wuchs die Gefahr, daß sich Türme anschießen und sogar mit den Rohren anfahren würden. Bei den bisherigen Schiffen konnte man sich noch mit festen Schwenkbegrenzungen behelfen. Ähnliche Grenzen wurden nun als Unterbrecher in die Abfeuerstromkreise eingebaut, führten aber nur zu Störungen. Akustische und optische Warnsignale befriedigten ebenfalls nicht. Die auf „Ostfriesland" und „Thüringen" versuchsweise eingebauten Turmstellungsanzeiger, die dem Turmführer die Stellung des eigenen Turmes und der Nachbartürme untereinander und zum Schiff anzeigten, wurden als beste Lösung überall eingeführt. Gefährdete Geschütze der M.A. und L.A., Stände, freistehende Geräte und Personen wurden durch rote Flackerlichter gewarnt. Nach dem 1. Weltkriege wurde diese Anlage durch Hupen, die beim Schließen der Vorkontakte zur Abfeuerung ertönten, zur „Abschußwarnanlage" erweitert.

Vor dem Entschluß, Türme überhöht aufzustellen, wurden durch Krupp umfangreiche Versuche durchgeführt. Knall, Gasdruck und Pulverqualm wurden auf die gegenseitige Einwirkung auf die Türme untersucht. Darauf wurde die Stückmeisterhaube verlegt und die B.G.-Haube im unteren Turm aufgegeben. Ähnlich wurden die überhöht aufgestellten 15-cm-Kanonen der Kreuzer (erstmals auf „Graudenz" achtern) geprüft, was zu den Decksverlängerungen bis über die untere Kanone bzw. zu schräg ansteigenden, überstehenden Decks wie auf der Nachkriegs-„Emden" führte.

Aufgrund der Erfahrungen der Flotte und der Versuchsergebnisse wurden für die Lafetten der M.A. und L.A. folgende Verbesserungen allgemein gefordert: Vereinfachungen aller Art für die Geschützmannschaft, möglichst ähnlicher Aufbau der Lafetten auch verschiedener Kaliber zur Erleichterung der Ausbildung und Austauschbarkeit der Lafetten gleichen Kalibers für aufeinanderfolgende Rohrkonstruktionen, günstige Aufnahme und Übertragung der Rückstoßkräfte auf den Schiffskörper. Der Erfüllung dieser Forderungen diente eine Reihe von Einzelmaßnahmen, die je nach Möglichkeit an bestehenden Lafetten auch nachträglich durchgeführt wurden. Dazu gehörten eine Abfeuermöglichkeit an den Richthandrädern durch Zeigefingerkontakt, eine mechanische Abfeuerung als Reserve für die elektrische, eine durch Mundkontakt betätigte Abfeuerung, die Verbesserung der Rücklaufbremsen durch Vergrößerung des Kolbeninhaltes und die Vertiefung der Züge zwecks weicherer Rücklaufbewegung, die Ausbalancierung des ganzen Geschützes für leichtere Schwenkbewegungen, die Vergrößerung der Höhenrichtmöglichkeiten durch Berücksichtigung eines Schlingerwinkels von 10 Grad nach beiden Seiten, um auch auf nächste Entfernung Torpedoboote bekämpfen zu können. Ferner wurden die Richtmittel und Visiereinrichtungen dahingehend ergänzt, daß alle Geschütze von links wie von rechts gerichtet werden konnten und zwar auch von nur einem Mann bei Personalausfall[6]. Hierzu wurde nur ein Handrad umgesetzt. Die mit Handbetrieb zu erreichenden Richtgeschwindigkeiten wurden auf

---

6 Siehe Anmerkung S. 192

4 Grad für die Höhe und 6 Grad für die Seite je Sekunde begrenzt. Bei Kasemattgeschützen wurde die Schartenblende auf beiden Seiten verlängert und schützte die Richtleute gegen Splitter innerhalb der Kasematte. Gleichzeitig wurde der Bestreichungswinkel von 120 auf 128 Grad und der Erhöhungswinkel nach oben auf 22 Grad vergrößert. Bei den neuen Oberdecksgeschützen (15-cm-S.K. L/45 in M.P.L. C/1914 und C/1916 ab „Pillau" und „Wiesbaden" bzw. ab „Cöln II") wurde die Erhöhung auf 22 bzw. 27 Grad vergrößert, bei der letzten Konstruktion 1917 sogar auf 30 Grad, wodurch die Reichweite gesteigert wurde (C/14 149 auf 158 hm; C/16 176 hm). Versuche mit elektrischem Antrieb für 15-cm-Kanonen, auch unter Zwischenschalten eines Flüssigkeitsgetriebes, befriedigten nicht, weil die verlangte Minimal-Richtgeschwindigkeit von $^{1}/_{32}$ Grad je Sekunde noch nicht mit der verlangten Genauigkeit gehalten werden konnte. Die Schilddicken für Oberdecks- und Kasemattgeschütze wurden einheitlich auf 80 mm für große Schiffe, auf 50 mm für Kreuzer festgesetzt.

Zur Beschleunigung des Zielauffassens erhielt der Seitenrichtmann einen Geschützstellungsanzeiger vor sich. Die linken und rechten Visiere wurden lösbar verbunden. Erstmals wurde auch der Artillerietelegraph mit der Aufsatztrommel verbunden, wodurch ein Mann eingespart wurde.

Die Visiermittel wurden durch Gummi-Augenmuscheln an den Okularen, Spritzwasserableiter an den Objektiven, farbige Blendgläser und die ausschließliche Verwendung nichtrostenden Materials verbessert.

Ab etwa 1907 betrat die Artillerie der Kaiserlichen Marine in dem Bestreben, die Treffaussichten bei stark bewegtem Schiff zu verbessern, Neuland, indem sie erstmals die Kreiselgesetze ausnutzte. Man hatte erkannt, daß es nicht möglich war, bei größeren Schlingergeschwindigkeiten als 3 Grad je Sekunde mit den Höhenrichtmaschinen ein Geschütz so zu richten, daß das Ziel gehalten wurde. Man suchte Auswege, erstens durch Abfeuern in dem Augenblick der Endlage oder zweitens durch Abfeuern in dem Moment, in dem das Schiff durch die Null- oder Mittellage ging. Man war sich aber bald darüber klar, daß der erste Weg nur ein Notbehelf war, denn zum Abfeuern mußte die eine oder andere Endlage abgewartet werden, und genau in diesem Augenblick mußte auch das Ziel der Seite nach gehalten sein. Der andere Ausweg führte auch nicht zum Ziel, denn bei einer so großen Schlingergeschwindigkeit (3⁰/s) legte das Geschoß bis zur Mündung ja nicht eine geradlinige, sondern eine im Raum mehr oder minder stark gekrümmte Bahn zurück, verließ also die Mündung nicht in der beabsichtigten Richtung, sondern z. B. bei aufschlingerndem Schiff in einer gehobeneren Richtung. Diese Überlegungen führten zur Entwicklung des *Abfeuergerätes* (A.G.) [7]. Dieses hatte zunächst den Zweck, die Abfeuerung des Geschützes selbsttätig einzuleiten und den Zeitpunkt des Abfeuerns so zu wählen, daß das Geschoß

7 Siehe Anmerkung S. 192

gerade im Augenblick der richtigen Rohrerhöhung gegenüber dem Horizont die Mündung verließ. Hierbei war gleichgültig, ob das Rohr unbewegt zum Schiff mit diesem schlingerte, ob das Rohr allein sich bewegte oder ob die Bewegung von Rohr und Schiff sich überlagerte. Man nahm bei dieser Zwischenlösung den Fehler, der durch die Winkelgeschwindigkeit in das Gerät bzw. das Verfahren kommen mußte, bewußt in Kauf.

Die Abfeuergeräte enthielten zwei voneinander unabhängige, um eine zur Schildzapfenachse parallele Achse schwingende Kontaktzungen, bei deren Berührung der Schuß fiel. Die „Horizontzunge" wurde durch einen Kreisel in ihrer Richtung zum Horizont festgehalten. Diese Lage wurde durch ein Fernrohr überwacht. Die „Rohrzunge" machte alle Bewegungen des Rohres mit (Z 34). — Die so erhaltene Lösung wäre fehlerlos gewesen, wenn sie nicht durch die erwähnte Winkelgeschwindigkeit und die Zeit, die das Geschoß bis zum Verlassen der Mündung (= „innerer Verzug") benötigte, verfälscht worden wäre. Beide Größen waren also Faktoren für ein Produkt, das den Winkel zwischen Abfeuerrichtung und gewollter Schußrichtung, den „Vorzündewinkel" angab. Geräte, die diesen Winkel berechnen und einstellen, hießen und heißen daher noch „Vorzündewerke". Diese Geräte messen die Winkelgeschwindigkeit des Rohres im Raum, multiplizieren sie mit dem meßbaren und fest eingestellten inneren Verzug und verdrehen die eine der beiden Kontaktzungen so, daß die Abfeuerung um den Vorzündewinkel vor der gewollten Abgangsrichtung geschieht. Juli 1909 wurden die ersten Schießen auf dem A.V.K.-Schiff, dem Panzerkreuzer „Prinz Adalbert" und dem Linienschiff „Hessen" durchgeführt. Das Gerät wurde verbessert. Versuche im Herbst mußten wegen Mangel an Seegang aufgegeben werden, konnten aber 1910 in der Nordsee und im Nordatlantik fortgeführt werden. Bei mittleren Bewegungen genügte das Gerät, nicht jedoch bei schwerem Wetter. Das Gerät wurde in seiner mechanischen Ausführung und Justierung erneut verbessert. Zugleich versuchte man, den „äußeren Verzug" (die Zeit vom Schließen des Abfeuerstromkreises bis zur Entzündung der Treibladung) zu verkürzen und zu vereinheitlichen. Januar und März 1911 fanden überzeugende Versuche statt. Verglichen mit früheren Schießen ohne A.G. stellte sich eine Verringerung der Längenstreuung auf etwa $1/3$ bei 12 Grad Schlingern nach beiden Seiten heraus. Noch im gleichen Jahr folgende Versuche auf „Elsaß" und „Hessen" befriedigten jedoch zur großen Überraschung nicht. Die Ursache wurde in der zu ungleichmäßigen Arbeit der Richtmittel, in Unterschieden der Verzüge und in Ungenauigkeiten der an den Lafetten vorhandenen Einstelleinrichtungen erkannt. Mit verbesserten Einrichtungen und Geräten schossen „Blücher" — als neues Versuchsschiff — und „Elsaß" — als Frontschiff — erneut 1912 bei den Faröer-Inseln mit dem Ergebnis, daß das A.G. sich um so mehr den Richtleistungen der Geschützführer überlegen zeigte, je stärker Seegang und Schiffsbewegungen waren.

Hierauf wurde das A.G. zur Einführung für die S.A. der *Braunschweig*- und *Deutschland*-Klasse bestimmt. Da die 28-cm-Türme der *Nassau-Klasse* und die 30,5-cm-Türme in manchen Einzelheiten von den bisherigen Türmen abwichen, wurden 1913 auf „*Thüringen*" entsprechende Versuche durchgeführt mit dem Ergebnis, daß das A.G. nicht sofort, sondern erst nacheinander auf den Schiffen eingebaut wurde. So erhielt der Schlachtkreuzer „*Derfflinger*" es erst *nach* der Skagerrakschlacht! Auf „*Lützow*" fiel das Gerät während der Schlacht aus.

Das an der Wiege zum direkten Richten benutzte Visier und das zur Überwachung des Horizontkreisels des A.G. benutzte Fernrohr wurden während des Krieges zum Doppelvisier vereinigt und auf „*Großer Kurfürst*", „*Kronprinz Wilhelm*" und „*Bayern*" eingebaut. Auf „*Lützow*", „*Hindenburg*" und „*Baden*" wurde es von Anfang an eingebaut und mit einem V_0-Ausgleich versehen. Hierdurch wurde in Abhängigkeit der fortschreitenden Rohrabnutzung der Aufsatzwinkel verändert.

Aufgrund der Mitteilungen über die Seeschlacht bei Tsushima und in der Erkenntnis, daß eine künftige Seeschlacht sich auf großen Entfernungen abspielen würde und daß es sowohl im Kampf Schlachtschiff gegen Schlachtschiff wie aber auch bei der Torpedobootsabwehr bei Tag und bei Nacht darauf ankommen würde, die eigene Batterie fest in der Hand und auf *ein* Ziel gerichtet zu halten, wurden, beginnend mit der *Nassau*-Klasse, zunächst *Richtungsweiser* eingebaut und zwar für die S.A. und M.A.

Der Richtungsweiser (RW, nach dem Kriege als Zielgeber bezeichnet) bestand aus einem schiffsfesten (d. h. starr mit dem Rumpf verbundenen) Unterteil, etwa 1 m hoch, und einem von der Grundstellung nach beiden Seiten um 180 Grad schwenkbaren Oberteil. Ein Unteroffizier bewegte das Schwenkrad und hielt mit Hilfe eines handbetriebenen Getriebes die sehr gute binokulare Optik des A.O. auf das Ziel gerichtet. Der Kippwinkel wurde vom A.O., später durch einen 2. U.O. bedient; der Schieber wurde vom A.O. befohlen und durch Einstellen am Unterteil der Zielseitenrichtung zur Schußseitenrichtung überlagert und elektrisch an die Geschütze als RW-Wert (Richtungsweiserwert) übertragen (Grobanzeige 180 Grad, Feinanzeige 5 Grad). Die Türme zeigten durch Quittungsgeber ihre Turmstellung an, so daß im Leitstand und in den Artillerie-Verbindungsstellen ihre Stellung überwacht wurde (Gesamtanlage mit 50 Volt Wechselstrom, gut bewährt).

Bei Ausfall des RW wurde die Seitenrichtung telegrafisch durch den Richtungsgeber (Rg) an die Geschütze gegeben. Diese Reserve zeigte die Richtung zum Ziel schrittweise an und diente also nur zur Unterrichtung der G.F.

Um Gefechte mit Batterieteilung durchführen zu können, wurden in den

Verbindungsstellen Schalter eingebaut, mit denen die Artillerie-Telegraphen-
und -fernsprechleitungen so geschaltet wurden, daß die RW bzw. Rg mit den
befohlenen Türmen verbunden wurden.

Auf *„Baden"* wurde erstmals die RW-Anlage mit einer Kreiselkompaßanlage zur Stabilisierung der Seitenrichtung verbunden. Die Auswanderung
des Zieles sollte durch Regulieren eines „Seitenganggetriebes" zur Bestimmung des Seitenunterschiedes dienen. Die benutzte Kompaßanlage war
aber für artilleristische Zwecke zu ungenau. Außerdem konnte die Meß-
anlage nicht unmittelbar an den Kompaß angeschlossen werden, da die
Richtkraft der Kompaßkreisel zu schwach war. (Das Gerät war gedanklich
ein Vorläufer des Torpedo-Auswanderungsmessers von etwa 1932 und
der A-Komponente der Artillerie.)

Bei einem Schießen nach „Richtungsweiser" hätten die Geschütze ganz
parallel gestanden. Dieses hätte bei dem großen Abstand der Türme untereinander — auf den letzten Schlachtkreuzern bis zu 110 m! — bedeutet, daß
bei einem Schießen querab die Granaten am Ziel seitlich bis zu 110 m auseinander angekommen wären. Bei einem Schießen genau voraus oder achteraus hätte sich diese mit *„Parallaxe"* bezeichnete Tatsache nicht der Seite,
wohl aber der Länge nach ausgewirkt. Daher wurde entweder die Visierlinie oder aber eine von der Schiffsmitte auf das Ziel zeigende Linie als
Grundlinie angenommen, zu der hin die Seitenrichtungen der Türme und
Kasemattgeschütze um die *„Parallaxverbesserung"* berichtigt wurden. Dieses
geschah durch ein mechanisches Getriebe, dessen Eingangswerte die Schußrichtung, die Parallaxabstände — zwischen Stand und Geschützen — und die
Aufsatzentfernung waren. Dieses Parallaxgetriebe war bis zum Kriegsende
mit dem RW-Geber vereinigt im Unterteil des Zielgebers eingebaut.

Der nächste Schritt in der Vervollkommnung der Feuerleitanlage bestand im
Einbau einer ähnlichen Anlage für Entfernungswerte, eines *Aufsatztele-
graphen*. Allerdings verzichtete man zunächst auf diesen bei der S.A., weil
man hoffte, ihn durch die in der Erprobung befindlichen Abfeuergeräte
einsparen zu können. Er wurde daher nur für die M.A. der großen Schiffe
und die 10,5-cm-Geschütze der Kleinen Kreuzer vorgesehen. Der Aufsatz-
weiser-Geber (AW-Geber) wurde in der Verbindungsstelle aufgestellt. Er
war eine Kombination eines elektrischen Telegraphen mit einer E-Uhr, denn
er übertrug nicht nur eine einmal eingestellte Entfernung, sondern änderte
diese laufend entsprechend einem eingestellten EU mit Hilfe eines Uhr-
werks. Der Aufsatzwert — in Hektometern abgelesen — übertrug sich automatisch zu den Geschützen, wo er als Grob- und Feinwert ankam. Dort
hatte der Aufsatzeinsteller nichts anderes zu tun als mit einem Handrad
zwei Gegenzeiger zu bewegen, wodurch sich gleichzeitig der Aufsatz in der
Visiereinrichtung einstellte und ein Quittungsgeber in der Verbindungsstelle
bewegt wurde. Der in der Verbindungsstelle befindliche *Befehlsübermitte-*

lungsoffizier (B.Ü.Offz.) erhielt durch die Quittungsempfänger für RW und AW die Sicherheit, daß die Geschütze der Seite und der Entfernung nach richtig standen. In Zweifelsfällen konnte er unmittelbar durch Fernsprecher eingreifen und entlastete so den A.O.

Die Großkampfschiffe erhielten auf dem Oberdeck an jeder Seite E-Geräte, sognannte Seiten-Meßstände, deren Personal von der Kasematte aus die Geräte benutzte (Z 7).

Aus Gewichtsgründen und Platzmangel war es ausgeschlossen, alle auf großen Schiffen möglichen Verbesserungen auch auf *Torpedobooten* durchzuführen. Die Aufgabe, vor allem den Torpedo einzusetzen, ließen die Artillerie hier sowieso zweitrangig erscheinen. Die Aufgabe der Artillerie war es, den Booten das Durchbrechen der feindlichen Abwehr zu erleichtern. Daher wurden die Boote noch bis in den Krieg hinein mit besonders schnell feuernden, leicht zu bedienenden 8,8-cm-Geschützen bewaffnet. Die Feuerleitanlage bestand aus einer Fernsprechanlage und einem E-Gerät. Aufgrund der Kriegserfahrungen steigerte sich das Geschützkaliber bald auf 10,5 cm bei den Neubauplanungen. Die ersten 10,5-cm-Kanonen kamen wenige Wochen vor der Skagerrakschlacht zu je 4 Stück auf die großen Boote ab B 97, die nach der Umarmierung mit Recht als Zerstörer bezeichnet wurden. Gleiches traf für die Boote S 113 und V 116 zu, die vier 15-cm-Geschütze und eine Zielgeberanlage wie die Kleinen Kreuzer erhielten. — Die Feuergeschwindigkeit der Boote wurde durch Verbesserung der Fördermittel erreicht. Zunächst mit einfachen, handbetriebenen Wippen ohne Führung gefördert, arbeitete die Munition während des Heißens bei Seegang sehr stark. Daher wurden Führungsschienen oder Schächte und elektrische Winden eingebaut. Die erwähnten 15-cm-Boote erhielten zwei pendelnde Förderkörbe, die sich unterwegs auswichen. — Im übrigen ist das Geschützmaterial für Torpedoboote und die riesige Zahl der kleineren Kriegsschiffe, Hilfskriegsschiffe und Hilfsschiffe nicht ohne gleichzeitige Erwähnung der Probleme zu schildern, die sich aus dem Zwang ergaben, auch die Unterseeboote mit Artillerie zu bewaffnen.

Die Kaiserliche Marine hatte anfangs nicht beabsichtigt, den *U-Booten* Geschütze zu geben. In Erwartung einer allgemeinen Leistungssteigerung der Boote wurden jedoch schon vor dem Kriege die Firmen Krupp und Rheinische Metallwarenfabrik (später: Rheinmetall) zur Konstruktion von U-Boots-Geschützen angeregt mit dem Erfolg, daß die ersten brauchbaren Konstruktionen einbaufertig waren, als entschieden wurde, die ersten mit Dieselmotoren getriebenen Boote (ab U 19) mit einem 8,8-cm-Geschütz zu bewaffnen. Rheinmetall lieferte ein Geschütz, welches durch Gelenke niedergelegt werden konnte, um den Wasserwiderstand bei Tauchfahrt zu verringern. Vergleiche ergaben einen nur geringen Fahrtverlust durch das nicht niedergelegte Geschütz. Dieses erhielt daher einen festen Sockel, wurde dadurch standfester und 1916 und 1917 verbessert. Die bald erhobene Forderung nach einem Flugabwehrgeschütz für Torpedo- und U-Boote wurde durch die von beiden Firmen gebaute „Uto-Flak" (U-Boots- und Torpedoboots-Flugabwehr-Kanone)) erfüllt, die es als 8,8-, 10,5- und 15-cm-Geschütz gab, und die bis in den 2. Weltkrieg verwendet wurde. Die Kalibersteigerung war erforderlich geworden, weil die Torpedoboote im Kampf mit Zerstörern und Kreuzern und die U-Boote im Handelskrieg sich anders nicht mehr durchsetzen konnten.

Die Geschützbedienungen auf den U-Booten waren der See stärkstens ausgesetzt. Daher hakten sich die Männer am Geschütz fest. Der Sicherheit gegen die überkommende See diente auch die Möglichkeit, von der jeweiligen Leeseite das Geschütz richten zu können. Die Munitionsförderung war teils einfach, teils sehr schwer. Im Gefecht wurden die Patronen den druckfesten Behältern entnommen, die im durchfluteten Raum zwischen Deck und Druckkörper in Geschütznähe angebracht waren. Leere Behälter wurden in mühsamer Arbeit bei ruhigem Wetter aufgefüllt, wozu die Patronen durch das Turmluk Hand über Hand gefördert wurden. Eine geringe Besserung waren Schächte, in denen die Patronenbuchsen von unten durch Stangen emporgeschoben wurden, bis sie am Turmunterbau abgenommen wurden. Ein mit Preßluft betätigter Kolben sollte gegen Kriegsende die Aufgabe der erwähnten Stange übernehmen. Die Einrichtung wurde auf einem Boot eingebaut. Ob sie sich bewährt hat, konnte nicht festgestellt werden. Die für lange Fernunternehmungen bestimmten großen U-Boote und besonders die als „U-Kreuzer" bezeichneten Fahrzeuge erhielten neben zwei oder drei 15-cm-Geschützen und ein oder zwei 8,8-cm-Geschützen auch ein aus dem Turm herausfahrendes E-Gerät mit Richtungs- und Aufsatzweiser und die zugehörigen Artillerietelegraphen, alles wasserdicht und druckfest für Wassertiefen bis 300 m! Die Munitionsbestände waren je nach Aufgabe und Größe der Boote sehr verschieden. So erhielt das zum U-Kreuzer „U 155" umgebaute Handels-Boot „Deutschland" zwei 15-cm-Geschütze mit 1 688 Patronen und zwei 8,8-cm-Geschütze mit 764 Patronen. Im allgemeinen bewegte sich der Vorrat zwischen 100 und 200 Schuß je Rohr.

Krupp und Rheinmetall hatten auch bereits Flugabwehr-Kanonen (Flak) entwickelt, als die ständig wachsende fliegerische Tätigkeit in der Nord- und Ostsee und an der Flandernküste eine Fla-Bewaffnung praktisch aller Schiffsgattungen verlangte. Die 8,8-cm-Flak L/45 in M.P.L. C/13 wurde die deutsche Flak des 1. Weltkrieges. Sie wurde nicht nur an Bord (erstmals auf „Derfflinger"), sondern auch in Flandern und überall dort, wo eine ortsfeste Flak erwünscht war, aufgestellt. Dieses Geschütz bildete noch bis 1935 auf den Kreuzerneubauten und den Panzerschiffen die vorläufige schwere Flak, bis die Neukonstruktionen frontreif oder zumindest erprobungsreif waren. Neben der bereits erwähnten Uto-Flak wurden auch reine Flak mit 10,5- und 15-cm-Kaliber entwickelt, aber nicht mehr frontreif. — Die 8,8-cm-Flak ersetzte auf den Schlachtschiffen und -kreuzern einen Teil der dortigen 8,8-cm-Geschütze, die für diese Schiffe zwecklos geworden waren, aber auf allen kleineren Fahrzeugen so dringend benötigt wurden. Leider war das Geschütz für Fahrzeuge kleiner als Kreuzer zu schwer bzw. hätte dort den Ausbau eines Seezielgeschützes verlangt. Die Lösung war die erwähnte Uto-Flak mit ihrer doppelten Verwendungsfähigkeit, jedoch eingeschränktem Höhenrichtbereich (nicht über 50 Grad).

Die zugehörigen *Fla-Feuerleitmittel* bestanden aus einem E-Gerät und einem Hilfsgerät, an der Küste als „Auswanderungsmesser" (A.M.), an Bord als „Höhenunterschiedsmesser" (H.U.M.) ausgeführt. Mit dem auf einem Stativ stehenden A.M. wurde die horizontale und vertikale Auswanderung des Zieles in der Geschoßflugzeit gegenüber dem Nullpunkt gemessen. Die erhaltenen Werte dienten zur Bildung des Schiebers und des „Reglers", des Vorhaltes für das scheinbare Steigen des Flugzeuges bei Annäherung. Wegen der bewegten Plattform fiel an Bord die Messung der Horizontalbewegung fort. Für die Messung des Vertikalwinkels wurde der H.U.M. durch einen zweiten Mann mit einem Visier nach der Kimm ausgerichtet, „horizontiert". Im übrigen bildete der Fla-Leiter die Kommandos aufgrund seiner Erfahrung an der Schule oder an der Front frei (d. h. im Kopf). Zum Schluß wurde er hierin unterstützt durch die ebenfalls aus Flandern stammende „E-Mühle", ein primitives Gerät, mit dem die gemessene Entfernung um einen vom Leiter kommandierten Betrag laufend verändert (d. h. bei sich näherndem, „kommendem" Ziel verringert) wurde. Dieser Betrag wurde je nach Sprengpunktlage und Gefechtslage verändert. Alle Geräte wurden 1934 noch auf der Küstenartillerieschule gelehrt.

Zum Flakschießen wurde für 8,8- und 10,5-cm-Geschütze neben Schrapnells Patronenmunition mit Zeitzünder verwendet. Bei den relativ langsamen Flugzeugen gaben die grauen oder braunen Sprengpunkte einen ungefähren Anhalt für die Lage zum Ziel. — Zur Flugabwehr wurde auch die 3,7-cm-Maschinenkanone verwandt. Eine 2-cm-Flugzeugkanone von Rheinmetall sollte für Torpedo- und U-Boote umgebaut werden, wurde aber nicht mehr fertig. Die 3,7-cm-M.K. verschoß erstmalig Leuchtspurgeschosse.

Bemerkenswert ist auch heute noch die Feststellung, daß für eine Flugabwehr an Bord zwei Kaliber erforderlich sind, das eine als schnell bewegliche Waffe für die Nahabwehr, das andere gegen Flugziele in größerer Entfernung mit relativ kleinen Auswanderungsgeschwindigkeiten für Seiten- und Höhenwinkel.

Das Standgerät hatte lange Jahre genügt, auf geringen und mittleren Entfernungen den EU durch Messungen zu bestimmen. Mit der Zunahme der Gefechtsentfernungen hatte es aber seine Leistungsgrenze erreicht.

Abhilfe oder Ersatz wurde im EU-Anzeiger gefunden, der um 1908 entstanden sein dürfte. Er war nichts anderes als eine Darstellung der Gefechtslage, bei der die Geschwindigkeiten durch Strecken dargestellt wurden. An einer in Zielrichtung stehenden Schiene konnte der EU abgelesen werden. Das Gerät wurde überall in die Flotte eingeführt und dort durch die Hinzunahme einer SV-Anzeige, einer Ablesevorrichtung für den Seitenvorhalt, erweitert. Da der SV von der Ballistik und der Entfernung abhing, war dieses Problem nur durch auswechselbare Ballistiken und in Abhängigkeit von der Entfernung zu lösen. Der SU (Seitenunterschied) hatte sich automatisch auf einer senkrecht zur Zielrichtung stehenden Schiene ergeben, war aber bisher nicht beachtet und nicht ausgenutzt worden. Daher bestand die Aufgabe, den SU unter Beachtung der Ballistik und der Entfernung in SV umzuwandeln. Hierzu wurde eine auswechselbare Kurvenplatte dem EU-Arm unterlegt. Die Kurvenscheibe stellt das Ergebnis der bisherigen SV-Berechnungen (Verbesserung für eigene Fahrt, Gegnerfahrt und Drall) für Schußentfernungen für alle 5 oder 10 hm dar. Ein unter dem EU-Arm laufender Draht erleichterte die Ablesung direkt als SV. Diesem brauchte nur noch die Treffpunktverlegung hinzugerechnet zu werden. Hiermit war das Gerät zum *EU/SV-Anzeiger* erweitert worden (Z 31). Der Ablesedraht konnte an dem feindwärts gerichteten Ende auf einem Kreisbogenstück nach links oder rechts verschoben werden, wodurch die Seitenverbesserung für die Querkomponente des Fahrtwindes berücksichtigt

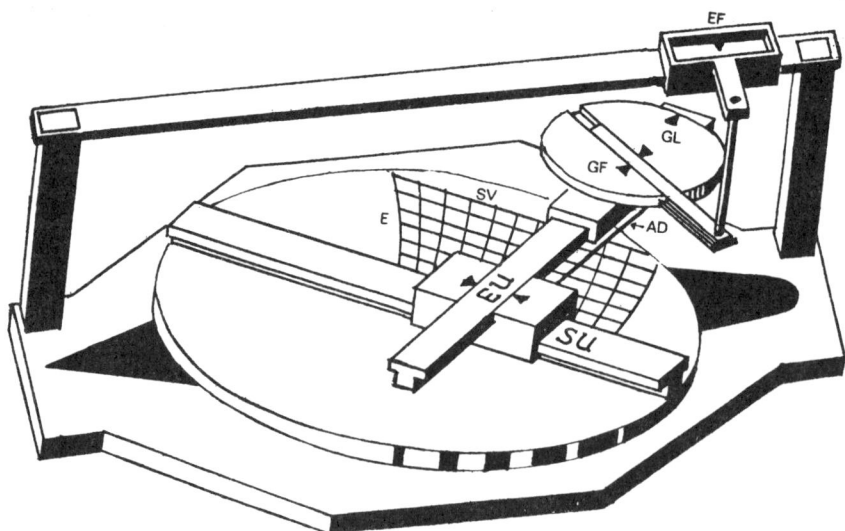

Z 31 *EU/SV-Anzeiger*

EU = Entfernungsunterschied; SU = Seitenunterschied; E = Entfernung; SV = Seitenverbesserung; GF = Gegnerfahrt; GL = Gegnerlage; EF = Eigene Fahrt; AD = Ablesedraht.

wurde. — Die Größe dieses Wertes wurde mit der Windscheibe ermittelt, einem einfachen Gerät, an dem eigene Fahrt und Richtung und Stärke entweder des wahren oder des Fahrtwindes eingestellt wurden. Nach dem Satz vom Parallelogramm der Kräfte ergab sich hieraus der auf der Grundfläche abzulesende Wert für den erwähnten „Windbogen".

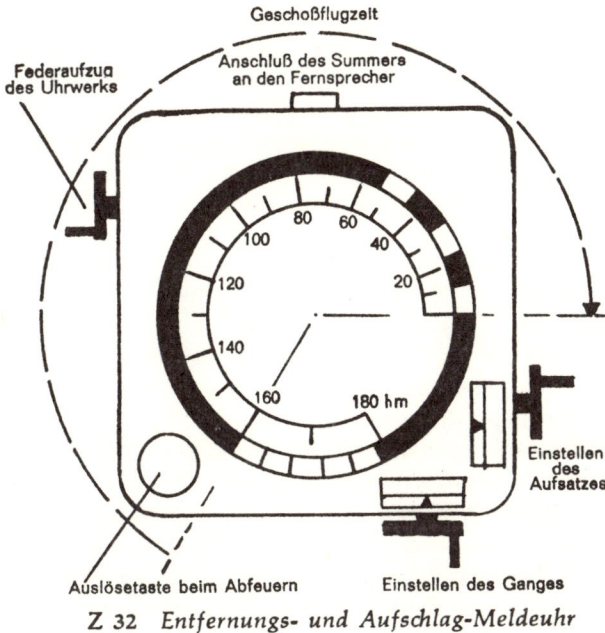

Z 32 *Entfernungs- und Aufschlag-Meldeuhr*

Der so gewonnene EU wurde als Gang an der Entfernungsuhr (E-Uhr) eingestellt, die die zuletzt eingestellte Entfernung, meist die Anfangs-Schußentfernung, veränderte und ablesen ließ. Der A.O. brauchte also nicht mehr die Entfernungen im Kopf zu verändern, sondern überließ es einem Waffenleitmann, die zu kommandierende Entfernung abzulesen und an die Geschütze zu geben. Eine Skala gestattete es, bei Gabelgruppen und Standverbesserungen diese zu berücksichtigen und abzulesen. Der A.O. war also weitgehend von Rechenarbeit während des Schießens entlastet und konnte sich auf die Beobachtung und das Schießverfahren konzentrieren. Die Denkarbeit war also — einem bewährten Grundsatz folgend — *vor* dem Gefecht getan. Die E-Uhr wurde durch Hinzunahme einer Aufschlagmeldung zur Entfernungs- und Aufschlagmeldeuhr (E.A.-Uhr) erweitert. Da die Geschoßflugzeiten von der Geschütz- und Geschoßart abhingen, waren die Flugzeitkurven auswechselbar wie die Ballistikkurven des EU/SV-Anzeigers. Das

Gerät arbeitete wie eine Uhr. Bei jedem Abschluß begann einer von etwa 6 Zeigern zu laufen. Die Laufstrecke entsprach der Flugzeit. Zeiger und Geschoß mußten zu gleicher Zeit ihr Ziel erreichen, der Zeiger nämlich den Kontakt für einen weithin hörbaren Summer. Diese Aufschlagmeldung konnte auch um einige Sekunden vorverlegt werden, um den A.O. — bei langen Flugzeiten bis zu einer Minute und mehr — auf die Beobachtung einzustellen (Z 32).

Alle drei genannten Geräte sind bis zum Ende des 2. Weltkrieges im Grundgedanken unverändert, in der technischen Ausführung modernisiert benutzt worden. Auch in die Bundesmarine sind sie eingeführt worden. Auf den kleinsten Fahrzeugen waren sie die einzigen Hilfsmittel für den A.O., auf Fahrzeugen ab Torpedoboot aufwärts an den Geschützen, in Rechenstellen, Türmen und Ständen die zuverlässigen Helfer bei Ausfall der Feuerleitgeräte.

Die Bewährung

Die beiderseitigen Veröffentlichungen nach dem *1. Weltkriege* bieten weitgehend die Möglichkeit, die Anschauungen der Kaiserlichen Marine im Blick auf den Gesamtentwurf und die Bewaffnung ihrer Schiffe zu prüfen. Daher werden die Kampfhandlungen nachstehend soweit untersucht, wie sie eine Beurteilung der Artillerie zulassen. Hierbei werden Gefechte hoffnungslos unterlegener, älterer oder veralteter Einheiten außer acht gelassen. Das *Gefecht bei Helgoland* (28. 8. 1914) — bei nur 70 hm Sicht! — ist häufig als Beweis für die unterlegene Bewaffnung der Kreuzer angeführt worden. Die Kritiker vergessen aber, daß „Cöln", „Mainz" und „Ariadne" im Feuer von 6 Schlachtkreuzern sanken. Die, z. T. schweren Beschädigungen britischer Kreuzer und Zerstörer werden nicht beachtet. Zum Beweis sei neben „Stralsund" die alte „Frauenlob" angeführt. Mit fünf 10,5-cm-Geschützen in der Breitseite kämpfte sie die um 6 Knoten schnellere „Arethusa" (zwei 15,2- und drei 10,2-cm in der Breiseite) nieder, obgleich diese von 12 Zerstörern begleitet wurde. „Arethusa" erhielt 35 Treffer. Alle Geschütze fielen vorübergehend mit Ausnahme eines 15,2-cm-Geschützes aus. „Stralsund" setzte den Kampf fort. „Arethusa" mußte stoppen, wurde eingeschleppt und außer Dienst gestellt. „Frauenlob" erhielt einen Treffer und schleppte ein beschädigtes Torpedoboot ein.

Der Sieg des *Kreuzergeschwaders* bei *Coronel* (1. 11. 1914) ist ein Musterbeispiel für das Aufsuchen der besten taktischen Stellung zwecks ungestörter Verwendung der eigenen Artillerie durch Berücksichtigung der Beleuchtung und der Richtung des schweren Seeganges. Wenn man — auch heute noch — liest, wie Vizeadmiral Graf Spee alle Faktoren beurteilt und danach Gefechtskurs, Fahrt, Schußrichtung und Zeitpunkt des Feuereröffnens bestimmt hat, drängt sich die Feststellung auf, daß nicht der reine Navigator oder der Nachrichtenübermittler die Gefechtswerte und die Lage zu beurteilen hat, sondern der, der die Taktik, den Einsatz der Waffen zum Gefecht und ihre Leitung im Gefecht beherrscht. Der einstige A.O. von „Bayern" aus dem Jahre 1893 zeigte mit dem eindeutigen Sieg bei Coronel, wie stark er Artillerist und damit Taktiker war.

Der Untergang der Panzerkreuzer im Feuer von zwei Schlachtkreuzern und eines Panzerkreuzers bei den *Falklandinseln* (8. 12. 1914) war nur eine Frage der Zeit. „Scharnhorst" erzielte mit der 3. Salve den ersten von insgesamt 22 oder 25 Treffern auf „Invincible", während ihr Gegner über eine halbe Stunde bis zum 1. Treffer benötigte. „Gneisenau" erzielte gegen ihren Gegner „Inflexible" nur wenige Treffer, weil ihr Ziel durch Schornsteinrauch des britischen Flaggschiffes meist schwer zu erkennen war. Nachdem die Geschütze keine Munition mehr erhalten konnten, weil sie entweder verschossen oder in nicht mehr zugänglichen Kammern war, wurde „Gneisenau" von der eigenen Besatzung gesprengt. Das Urteil des englischen Admirals, Auszug aus seinem Winkspruch an den ältesten überlebenden deutschen Offizier, über die Artillerie lautet: „ . . . We much admire the good gunnery of both ships . . ."

Das *Gefecht auf der Doggerbank* (24. 1. 1915) ist in seinen artilleristischen Einzelheiten bereits bei der Beschreibung der 21-cm-Türme und ihrer Munitionsversorgung auf „Blücher" und bei der Behandlung der 28-cm-Türme, deren Schutz und bei der Behandlung der in diesem Gefecht gewonnenen Erkenntnisse geschildert worden.

Man sollte bei diesem Gefecht wie auch bei der Auswertung und Beurteilung der *Skagerrakschlacht* nicht vergessen, daß in beiden Fällen die Gegenseite dank ihres besseren Nachrichtendienstes von den deutschen Absichten weitgehend unterrichtet war, so daß die britischen Schlachtkreuzer die Möglichkeit hatten, sich die bessere Ausgangsstellung auszusuchen. Im Blick auf die Erfolge der schweren Artillerie kann man nur die Verluste und die Beschädigungen anführen, um ein Urteil zu fällen: „Indefatigable", „Queen Mary" und „Invincible" mit drei fast restlos verlorenen Besatzungen stehen „Lützow" gegenüber. „Lützow" wurde nach Bergung der Besatzung durch zwei deutsche Torpedos versenkt. Drei Panzerkreuzer, jeder größer als das Linienschiff „Pommern", stehen „Pommern" gegenüber, die durch Torpedotreffer und nicht durch Artillerie versenkt wurde.

Der Geschützte Kreuzer „Wiesbaden" war über Stunden das Ziel der Artillerie für eine große Zahl schwerer Einheiten. Erstaunlich ist, wie lange sich der Kreuzer dennoch gehalten hat. „Elbing" wurde von „Posen" in der Nacht gerammt, „Rostock" von einem Zerstörertorpedo getroffen. Beide Schiffe wurden nach Bergen der Besatzungen versenkt. „Frauenlob" sank mit der ganzen Besatzung durch einen Zerstörertorpedo. Furchtbar hat die deutsche Schiffsartillerie unter den britischen Zerstörern gewirkt. Viele wurden schwer beschädigt, sechs Zerstörer einschließlich eines Flottillenführers durch Artillerie vernichtet, davon einer zusätzlich noch durch Torpedotreffer, einer durch die eigene Besatzung. Die M.A. und L.A. der Linienschiffe wie auch die L.A. der Torpedoboote haben alle Erwartungen erfüllt. Nach vorsichtiger Schätzung (vorsichtig, weil die Daten für die gesunkenen Schiffe geschätzt sind) haben britische Schiffe 120 schwere und 107 leichte Treffer, deutsche Schiffe 100 schwere und 42 leichte Treffer erhalten.

Die deutsche S.A. hat 3 597 Granaten verschossen, die M.A. 3 952 und die L.A. 5 300. Die S.A. erzielte 3,33 % Treffer. Auf englischer Seite verschoß die S.A. 4 598 Granaten und erzielte 2,17 % Treffer. Angaben über M.A. und L.A. liegen nicht vor.

Es bleibt dann noch zu untersuchen, wieweit die heimgekehrten Schiffe beschädigt waren und wie stark die Artillerie die Gefechtsschäden verursacht hatte. Da aber die britische Seite sehr widerspruchsvolle Daten veröffentlicht hat, dürfte es ausgeschlossen sein, zu einem gerechten Urteil zu kommen.

Eine englische Untersuchung behauptet, daß die englischen Granaten — im Gegensatz zu den deutschen Behauptungen — das gehalten hätten, was die Deutschen ihrerseits sich von ihren Granaten versprochen hätten. Zum Beweis werden deutsche Granaten angeführt, die englische Panzer nicht durchbrochen hätten und aufgefunden worden wären. Eine deutsche Zusammenstellung ähnlicher Art besteht zwar, ist aber noch nicht veröffentlicht worden. Sie wäre eine gute, zuverlässige Grundlage für eine deutsche Erwiderung. Von britischer Seite werden auch Beschußversuche gegen deutsche Panzerplatten und das Linienschiff „Baden" angeführt. Weitere Einzelheiten (Kaliber, Auftreffgeschwindigkeit und Auftreffwinkel) sind aber nicht veröffentlicht worden. So steht weithin noch heute Aussage gegen Aussage. Der Erfolg vor dem Skagerrak und auch die schwere Beschädigung von „Lion" auf der Doggerbank und der Ausfall der Führung im entscheidenden Augenblick (Beatty mußte das Flaggschiff wechseln und verpaßte so den Anschluß!) läßt die Behauptung zu, daß die Artillerie der Großkampfschiffe alle Erwartungen erfüllt hat.

Die deutschen Auslandskreuzer waren — mit Ausnahme der „Karlsruhe" — durch Panzerkreuzer oder überlegen bewaffnete Kreuzer zusammengeschossen worden. Bei ihnen hatte sich die zu spät angeordnete Kalibersteigerung nicht mehr auswirken können. Um so schneller wurde die bessere Armierung der in der Heimat verbliebenen Kreuzer betrieben. Hierzu gehörten auch die für russische Rechnung im Bau befindlichen Kreuzer „Elbing" und „Pillau" (acht 15 cm) und die Kreuzer „Bremse" und „Brummer", die — unter Teilung einer für einen russischen Schlachtkreuzer bestimmten Maschinenanlage um diese Hälften herumgebaut — als Minenkreuzer nur vier 15-cm-Geschütze erhielten, aber 400 Minen laden konnten.

Die Gefechte deutscher Torpedoboote mit ihren schärfsten, stärksten Widersachern, den britischen Torpedobootszerstörern, zwischen den beiderseitigen Schlachtschiffslinien und die zahlreichen Gefechte vor und nach der Skagerrakschlacht hatten die Unterlegenheit des 8,8-cm-Geschützes gegenüber dem britischen 10,2-cm-Geschütz wiederholt gezeigt. Wie wirksam dennoch auch dieses Kaliber sein konnte, hatte das Torpedoboot V 155 am 16. 12. 1914 gezeigt. Das Boot stieß vor dem Morgengrauen auf 7 Zerstörer, wurde von ihnen verfolgt und konnte sich nur mit seinem Heckgeschütz verteidigen. Mit 40 Schuß zwang es den Spitzenverfolger durch Treffer in die Ruderanlage zum Abdrehen, nachdem das zweite Boot schon vorher durch Treffer in die Wasserlinie die Verfolgung aufgegeben hatte. V 155 blieb unbeschädigt, obwohl das Gefecht sich auf Entfernungen zwischen 20 und 8 hm abgespielt hatte. Mehrfache Gefechte der II. Torpedobootsflottille (mit den großen Booten ab B 97 mit je vier 10,5-cm) vor der Flandernküste zeigten die entscheidenden Vorteile, die die großen Boote dank ihrer ruhigeren Lage und der größeren Standfestigkeit und Sinksicherheit auch gegenüber Zerstörern besaßen.

Die von Jahr zu Jahr steigenden Anforderungen hinsichtlich der Zahl der *Hilfskriegsschiffe* konnten nur erfüllt werden, indem Geschütze von den ab Herbst 1916 laufend außer Dienst gestellten Linienschiffen, Panzerkreuzern und Großen Kreuzer zu ihrer Bewaffnung verwendet wurden. Ergänzt wurden diese durch 8,8-cm-Geschütze der Schlachtschiffe und Schlachtkreuzer. Dazu kamen dann die für Torpedoboote und U-Boote neu konstruierten Kanonen. Ein stärkeres Kaliber als 10,5 cm kam in der Regel für die aus der Handelsmarine und Fischereiflotte kommenden, fast zahllosen Hilfsschiffe nicht in Frage, da der Einbau von 15-cm-Geschützen wegen des sehr viel stärkeren Rückstoßes umfangreiche schiffbauliche Änderungen wie Einbau eines Stützzylinders, Decksverstärkungen durch Unterzüge oder zusätzliche Schotten erforderte. Diese Arbeiten mußten aus Mangel an Material und Arbeitskräften oder wegen der technischen Unlösbarkeit unterbleiben. Diese Überlegungen hatten auch zu der Entscheidung geführt, den bei Kriegsausbruch als *Hilfskreuzer* auszurüstenden *Schnelldampfern* nur 10,5-cm-Geschütze zu geben (abgesehen von 3,7-cm-M.K.). Wegen der erwähnten Schwierigkeiten wurde die Mobilmachung erst ab 1914 auf den neuesten Schnelldampfern durch 15-cm-Geschützunterbauten vorbereitet. Die anderen artilleristischen Mobilmachungsvorbereitungen haben sich gut bewährt. Dazu gehörte die planmäßige Bewaffnung von im Ausland befindlichen Schnelldampfern, sei es durch die Anbordgabe von hierfür besonders konstruierten zerlegbaren 8,8-cm-Geschützen auf die Auslandskreuzer (von Kreuzer „Karlsruhe" an „Kronprinz Wilhelm", vom Vermessungsschiff

„Möwe" an die Kolonie Deutsch-Ostafrika), sei es durch die Anbordgabe der Kanonenbootsbewaffnungen („Luchs" und „Tiger" je zwei 10,5 cm an „Prinz Eitel Friedrich" bzw. „Cormoran" in Tsingtau,, „Eber" an „Cap Trafalgar" im Südatlantik). — Der ungeheure Brennstoffbedarf der Schnelldampfer und die guten Erfahrungen mit dem als Minenleger hergerichteten „Meteor" führten zum Umbau von Frachtdampfern zu Hilfskreuzern. Hierzu gehörten „Möwe" (2 Unternehmungen), „Greif", „Wolf" und „Leopard", alle mit getarnt aufgestellten 15-cm-Geschützen als Kampfbatterie. „Möwe" und „Wolf" kehrten reich an Erfolgen heim. „Greif" traf auslaufend auf 2 britische Hilfskreuzer, versenkte die wesentlich größere „Alcantara", mußte aber nach Hinzukommen zweier Zerstörer und nach Verschuß aller Munition auf Befehl des Kommandanten versenkt werden. „Leopard" wurde vom Panzerkreuzer „Achilles" (vier 23,4- und zwei 19-cm-Geschütze in der Breitseite) und dem Hilfskreuzer „Dundee" nach heftigster Gegenwehr versenkt, ohne daß ein Mann gerettet werden konnte. Nicht für einen Kampf mit eigentlichen Kriegsschiffen bestimmt, war die Artillerie der Hilfskreuzer zweifellos richtig bemessen, durch Feuerleitanlagen des damaligen Standes wie bei Kreuzern ergänzt.

Aus den wenigen Gefechtsberührungen mit französischen Seestreitkräften ergibt sich nichts, was artilleristisch bemerkenswert ist. Um so ergiebiger sind die Gefechte mit russischen Linienschiffen. Am 17. 10. 1917 machten „König" und „Kronprinz" bei der Eroberung der Baltischen Inseln die Beobachtung, daß sie mit ihren 30,5-cm-Geschützen neuesten Typs den 30,5-cm-Geschützen des aus dem Jahre 1905 stammenden Linienschiffes „Sslawa" in der Reichweite unterlegen waren. Durch Minensperren gehindert, könnten sie sich nicht so weit nähern, daß sie das Feuer erwidern konnten, und mußten ohnmächtig zusehen, wie „Sslawa" ihre Minensucher beschoß. Später wurde „Sslawa" von „König" zusammengeschossen. Die gleiche Erfahrung machten „Goeben" (am 8. 1. 1916) und „Breslau" (3. 4. 1916, 22. 7. 1916 und 25. 6. 1917) im Schwarzen Meer im Gefecht mit den modernsten Linienschiffen „Imperatriza Maria" bzw. „Jekaterina II." (zwölf 30,5 cm). Nur „Goeben" war es möglich, für kurze Zeit das Feuer zu erwidern. Dann war der Gegner außerhalb der Reichweite der 28-cm-Geschütze und beschoß den deutschen Schlachtkreuzer bis auf 230 hm. „Breslau" erhielt mehrfach leichte Beschädigungen durch Sprengstücke von Kurzschüssen auf 240 bzw. 260 hm! Die hervorragenden Leistungen der Russen in artilleristischer Hinsicht und die geschlossene Lage ihrer Salven werden im Seekriegswerk betont. — Die russischen Zerstörer, Kanonenboote und Kleinfahrzeuge erwiesen sich in der Ostsee wie im Schwarzen Meer als zähe, zielstrebige Gegner mit guter Artillerie.

Die Kaiserliche Marine war in den Krieg mit der Überzeugung eingetreten, daß es sehr bald zu einer Schlacht kommen würde. Das Zurücknehmen der

„Grand Fleet" in eine weite Blockade und der übertrieben vorsichtige Einsatz der „Hochseeflotte" sind die Ursache dafür, daß der Krieg in der Nordsee ganz anders verlief als auf deutscher Seite vorgestellt und wie es als Richtlinie für die Schiffsentwürfe und die Schiffsbewaffnungen gegolten hatte. Daß es dennoch zur Skagerrakschlacht kam, beruhte auf der irrigen britischen Annahme, daß nur die Aufklärungsgruppen (Schlachtkreuzer, Geschützte Kreuzer und Torpedoboote) ausgelaufen wären. Um so größer war die Überraschung, als 16 moderne und 6 ältere Linienschiffe auf dem Schlachtfeld erschienen. Nur die wenigsten Schiffe konnten dank der britischen Kenntnis der deutschen Absichten und der entsprechend gut gewählten Aufstellung der britischen Hauptmacht in die Schlacht eingreifen. Hier sind nicht Vermutungen anzustellen und Möglichkeiten zu untersuchen, sondern das Gesamtergebnis des Krieges im Blick auf die deutsche Schiffsartillerie festzustellen. Ist die Feststellung vermessen, daß sie trotz der anfänglichen kalibermäßigen Unterlegenheit alle Aufgaben gelöst, alle Erwartungen erfüllt hat? Und daß die Planungen, Konstruktionen und technischen Lösungen ebenso befriedigt haben wie die Ausbildung?

Die Mängel wurden klar erkannt und nicht verschwiegen und erst recht nicht, als es galt, die Erfahrungen für eine Marine auszunutzen, die von Anfang an gezwungen war, mit Schiffen, die nach Zahl und Größe und z. T. im Geschützkaliber begrenzt waren, eine neue Flotte aufzubauen.

Die Reichsmarine (1919-1935)
und die Kriegsmarine (1935-1945)

Am 16. April 1919 verabschiedete die Nationalversammlung in Weimar das Gesetz über die Bildung der „Vorläufigen Reichsmarine", die zunächst aus den Kreuzern „Königsberg", „Graudenz" und „Regensburg", 2 Torpedobootsflottillen, 2 Seefliegerabteilungen, mehreren Minensuchflottillen und den Marinebrigaden Ehrhardt und von Loewenfeld bestand. Ihre Aufgaben waren die Sicherung der Küsten, die Gewährleistung sicheren Seeverkehrs vor den deutschen Küsten durch Minenräumen und seepolizeiliche Überwachung sowie Unterstützung der Handelsschiffahrt und der Fischerei.

Am 21. Juni 1919 versenkten die Restbesatzungen der in Scapa Flow internierten Hochseeflotte ihre Schiffe, da sie wegen mangelhafter und verspäteter Unterrichtung annehmen mußten, daß ab 20. Juni mittags der Waffenstillstand beendet wäre, und keinerlei Aussicht bestand, daß auch nur ein Schiff in die Heimat zurückgelangen würde.

Genau eine Woche später, am 28. Juni, wurde der Vertrag von Versailles unterzeichnet, dessen für die Marine wesentlichsten Bestimmungen in Anlage 2 beigefügt sind, da sie auch für die künftige Waffenentwicklung entscheidende Bedeutung hatten.

Und genau ein Jahr später erließ der Chef der Admiralität — sicherlich bewußt an diesem Tage! — in einem Rundschreiben die „Gedanken zur Begründung der Notwendigkeit der Marine in dem durch den Friedensvertrag vorgesehenen Umfang" (Anlage 3).

Dieser Erlaß wurde zur Grundlage und Richtlinie der ganzen Arbeit für Ausbildung und Waffenentwicklung. Demgemäß waren Bewaffnung (Munition, Befehlsapparate, Feuerleitvorrichtungen etc.) auf der Höhe der Technik zu halten in der Gewißheit, daß es mit Hilfe technischen Erfindungsgeistes gelingen müßte, trotz der Größenbeschränkungen brauchbare Kriegswerkzeuge zu schaffen. Nach der Abgabe auch der restlichen, älteren Großkampfschiffe, der letzten modernen Kreuzer und Torpedoboote und vieler Sonderschiffe, stand die Marine im Blick auf das Schiffsmaterial und seine Artillerie auf dem Standpunkt von etwa 1905. Um so mehr reizte die Aufgabe, aus diesem veralteten Material das Beste durch möglichst weitgehende Modernisierung herauszuholen und eines Tages mit Neubauten den Anschluß an die anderen Marinen wieder zu erreichen.

Daß diese Aufgabe viel schwerer zu lösen sein würde, als man sie sich vorstellte, sollte sich in den folgenden zehn bis fünfzehn Jahren herausstellen. Zunächst stieß die Marine auf große innenpolitische Schwierigkeiten, verursacht durch die bald einsetzende Geldentwertung, die angespannte Haushaltslage und die Ablehnung alles Militärischen in weiten Kreisen der Bevölkerung. Dazu kam das Unverständnis in einem noch größeren Teil der Bevölkerung für maritime Probleme und die Belastung der Marine mit der angeblichen Schuld an der Revolution.

Bei der geringen Schiffszahl konnte die Industrie nur mit geringen Aufträgen zur Modernisierung der Schiffe wie für Neubauten rechnen. Viele Spezialmaschinen waren als Reparationsgut abgegeben worden; rüstungswichtige Patente waren beschlagnahmt worden. So zeigten viele Firmen kein Interesse an weiterer Zusammenarbeit mit der Marine; einzelne dagegen haben — nicht zuletzt eingedenk ihrer nationalen Pflicht — Schwierigkeiten und Geldopfer nicht gescheut, um der Marine auf dem dornenvollen Wege zur Seite zu stehen. Gerade auf dem Waffenentwicklungsgebiet waren die Schwierigkeiten besonders groß, denn der sparsame Reichstag bewilligte kein Geld für den Bau von für eine systematische Entwicklung unerläßlichen Versuchs- und Vorerprobungsmustern; ein Übertragen von Mitteln zugunsten der Waffenentwicklung war aus haushaltsrechtlichen Gründen ausgeschlossen. Dadurch ergab sich zwangsläufig, daß viele Geräte nur in einem Stück hergestellt und an Bord eingebaut wurden, um die Erfahrungen und Ergebnisse für das nächste Schiff verwenden zu können. Für das Personal war diese Vielfalt der Geräte eine Belastung, die sich auch in der Ausbildung und bei der Instandhaltung wie Ersatzteilplanung sehr störend und teuer auswirkte. Allerdings konnte dem mindestens 12 Jahre lang dienenden Personal sehr viel mehr als kurz dienenden Wehrpflichtigen zugemutet werden, so daß es möglich war, Geräte an Bord zu bringen, die von Wehrpflichtigen nicht beherrscht worden wären. Die Belastung der Front mit Versuchen und Erprobungen war beträchtlich, mußte aber ertragen werden.

Bei der Entwicklung neuer Waffen waren durch den jeweiligen Stand der Technik, durch die menschliche Leistungsfähigkeit, die durch das zu bewaffnende Schiff gegebenen Gewichts- und Raumverhältnisse und vor allem durch das knappe Geld Grenzen gesteckt, die nicht überschritten werden konnten. Nach Auswertung der Kriegserfahrungen wurden die

Ziele für die Entwicklungsarbeit aufgestellt:

Freimachen der Schiffs- und Verbandsführung von der Rücksichtnahme auf die Artillerie,

Leistungssteigerung der Artillerie durch Verbesserung aller Teilanlagen,

Wirkungssteigerung am Ziel (See- wie Luftziel) durch Zusammenfassen des Feuers mehrerer Batterien und Schiffe,

Überraschung des Gegners durch schlagartigen Einsatz.

Bei der Zusammenstellung der zu lösenden Probleme stellten sich einige als Hauptprobleme von grundlegender und umfassender Bedeutung und viele als Einzelprobleme spezieller Art heraus. Folgerichtig werden zunächst die Hauptprobleme angefaßt und unter A. geschildert. Die Einzelprobleme folgen unter B. und C. Die Zusammenfassung der einzelnen Artillerieanlagen, nach Schiffsgattungen und -klassen getrennt, ist unter D. dargelegt. Nach der Behandlung der Probleme folgen die Lösungen mit den zugehörigen Entwicklungen. — Die Einzelprobleme erstrecken sich mehr oder minder nur auf Teile der gesamten Artillerie. Sie werden in der Reihenfolge ihrer Auswirkungen beschrieben. Wegen der unter A. begründeten Zweiteilung der Artillerieentwicklung werden die Probleme in ihrer Bedeutung für die Seezielartillerie dargelegt und abweichende oder ergänzende Darstellungen für die Flugabwehr nach dem Stichwort „Fla" angehängt.

A. Die Hauptprobleme

Als Hauptprobleme hatten sich ergeben:

1. *Aufgaben und Rangfolge der Kaliber*
   mit Kaliberwahl, Zahl und Anordnung der Geschütze, Verteilung der Gewichtsanteile und der Plätze auf die Kaliber einschließlich der zugehörigen Leitgeräte, Munitionskammern und Munitionsvorräte, kurz: das allgemeine *Bewaffnungsproblem*,

2. Darstellung aller *Feuerleitwerte*
   nach Art der Werte, ihrer Darstellungsform und ihrer Behandlung als Rechengröße: das *Feuerleitproblem*,

3. *Übertragung aller Werte*
   von Gerät zu Gerät bis zum Verbraucher: das *Steuerungsproblem*,

4. Beherrschung der durch die *Schiffsbewegungen* verursachten Fehler und Schwierigkeiten: das *Schlinger- und Stampf-Stabilisierungsproblem,*

5. Befreiung der *Schiffsführung* von der Rücksichtnahme auf die Artillerie bei Kursänderungen: das *Kurs-Stabilisierungsproblem*.

1. Das Bewaffnungsproblem

Ausgehend vom Erlaß des Chefs der Admiralität vom 21. Juni 1920 und unter Beachtung des Zusatzes zum Vertrag von Versailles, der das Höchstkaliber künftiger *Ersatzbauten für die Linienschiffe* auf 28 cm begrenzte, kam bei allen Überlegungen nur der Vorschlag heraus, diese Grenze nicht zu unterschreiten, denn die Schwere Artillerie hatte sich als die schlachtentscheidende Waffe herausgestellt. Mit diesem Kaliber und seiner Reichweite würden die möglichen Aufgaben gelöst werden können. Die Mittelartillerie sollte nicht hinter der S.A. zurückstehen und in der Lage sein, nach beiden Schiffsseiten gleichzeitig ein derart starkes Feuer zu unterhalten, daß es zumindest für eine Torpebootsabwehr ausreichen würde. Entsprechend waren die Leitmöglichkeiten vorzusehen. Das Anhängen des einen Kalibers an die Leitmöglichkeit des anderen sollte möglich sein. Wegen der bei von Hand geladenen Geschützen erreichbaren großen Feuergeschwindigkeit bot sich hier das Kaliber von 15 cm an, da das 17-cm-Geschoß auf die Dauer eines längeren Gefechtes sich als zu schwer erwiesen hatte. — Diese Überlegung führte auch zum Entschluß, die *Neubau-Kreuzer* mit diesem Kaliber auszurüsten. Als Hauptkaliber sollten die 15-cm-Geschütze schnell nach beiden Seiten eingesetzt werden können. Wegen der vielen Verluste unter den Bedienungsmannschaften bei offener Aufstellung, aber auch wegen der besseren Munitionsversorgung sollten die 15-cm-Geschütze nur in geschlossenen Türmen oder Schutzschilden aufgestellt werden. — Bei der Größenbeschränkung der *Torpedoboote* kam für diese nur eine Batterie von drei 10,5-cm-Geschützen in Frage. Ein größeres Kaliber hätte erhebliches Mehrgewicht, auch durch schwerere Unterbauten, verlangt, so daß nur 2 Geschütze hätten aufgestellt werden können. Die Mindestzahl von drei Aufschlägen sollte aber zur Durchführung der Schießverfahren erhalten bleiben. Aus diesen Überlegungen ergaben sich für die *Ersatzlinienschiffe* je ein Zielgeber im zu panzernden vorderen und achteren Stand und im Vormars für die S.A., für die M.A. in den genannten Ständen je ein Zielgeber für jede Schiffsseite. Für eine Batterieteilung der S.A. sollten die Feuerleiteinrichtungen des Hauptkalibers doppelt vorhanden sein, für die M.A. je eine Einrichtung je Seite. Die ballistischen Teile der Leiteinrichtungen sollten wahlweise und auch gleichzeitig beide Kaliber bedienen können. Bei den *Kreuzern* sollte in jedem Stand nur ein Zielgeber vorhanden sein, jedoch 2 Feuerleiteinrichtungen, um auch hier eine Batterieteilung vornehmen zu können. Später erhielten die Kreuzer im Vormars 2 Zielgeber, um die geteilten Batterien gleichzeitig vom höchsten Stand aus leiten zu können. Bei den *Torpedobooten* kam nur eine Feuerleitanlage mit je 1 Zielgeber im vorderen und achteren Stand in Frage.

Die in den Schaltstellen durchzuführenden Umschaltungen zwischen den Ständen, den Feuerleiteinrichtungen (kurz „Rechenstellen") und den Geschützen mußten möglichst schnell durchgeführt werden können. Die sonstigen Verbindungen wie Abfeuerstromkreise und Fernsprecher sollten nach den gleichen Gesichtspunkten geplant und verlegt werden.

Bei der noch geringen Bewertung der Gefährdung der Schiffe durch Luftangriffe war auf den Ersatzbauten für Linienschiffe und Kreuzer nur ein Fla-Leitstand mit angehängter Feuerleiteinrichtung und 2 oder 3 Geschützen mit möglichst großem Bestreichungswinkel nach beiden Seiten vorzusehen. Die Torpedobootsgeschütze sollten zugleich Flugabwehrgeschütze sein. Bei ihnen mußte aus Gewichtsgründen auf eine Leitanlage zur Flugabwehr verzichtet werden.

Der Munitionsvorrat sollte möglichst groß sein. Die Munitionsfördereinrichtungen mußten die Ausnutzung der durch die Geschütze gegebenen Feuergeschwindigkeit sicherstellen.

Die für die vorstehenden Bewaffnungen erforderlichen Hilfseinrichtungen wie Entfernungsmeßgeräte, Scheinwerfer und deren Richtgeräte und die weiteren sich ergebenden Geräte und Zusatzeinrichtungen hatten den an diese Bewaffnungen gestellten Anforderungen zu entsprechen.

Man könnte nun zwischen den Schiffen und Bewaffnungen, die unter den Bestimmungen des Vertrages von Versailles entworfen worden sind, und den Schiffen, die später ohne diese Grenzen gebaut wurden, einen Trennstrich ziehen. Da aber die Entwicklungen sich über den ganzen Zeitraum erstreckt haben und viele Waffen und Geräte aus dem ersten Zeitabschnitt auch im zweiten eingeplant, berücksichtigt und eingebaut wurden, gehören die artilleristischen Entwicklungen technischer und taktischer Art der Reichsmarine und der Kriegsmarine (ab 21. Mai 1935) zusammen.

Um die weitere Entwicklung der Schiffsbewaffnung und insbesondere der schweren Artillerie ins rechte Licht zu setzen, muß vorweg ein Blick auf die außenpolitische, strategische, taktische und marinepolitische Entwicklung geworfen werden. Eine kriegerische Auseinandersetzung schien nur mit Frankreich und Polen zu drohen. Ein mit militärischen Machtmitteln zu lösender Konflikt mit Großbritannien lag außerhalb jeder Vorstellung. Die Beherrschung der Ostsee und ein auf den Weltmeeren zu führender Handelskrieg gegen Frankreich waren die Ziele, auf die die Flotte ausgerichtet wurde. Der Grundsatz, die Neubauten „stärker als schnellere Schiffe, schneller als stärkere Schiffe" zu planen, war befolgt worden und hatte in den Panzerschiffen seinen besten Ausdruck gefunden.

Erst 1938 zeichnete sich ein Krieg mit Großbritannien als möglich ab, in dem Italien und Japan als deutsche Bundesgenossen angesehen wurden. Auch in diesem Kriege war vor allem an eine ozeanische Kriegführung zu denken, um England von der lebenswichtigen Zufuhr abzuschneiden. Diesen Vorstellungen entsprach der Schiffbauplan Z, der bis 1945 verwirklicht werden sollte. Damit waren die *außenpolitischen und strategischen* Grundlinien festgesetzt. *Taktisch* war der bisherige Grundsatz von der freien Entscheidungsgewalt des Seebefehlshabers auf dem Ozean, ein Gefecht anzunehmen oder abzudrehen, gültig.

Marinepolitisch waren jedoch einige Ereignisse zu beachten:

das *Flotten-Abrüstungsabkommen von Washington 1922,* geschlossen zwischen den USA, Großbritannien, Japan, Frankreich und Italien, und die Erweiterung dieses Vertrages in Einzelheiten durch

das *Abkommen von London 1930,* dem Frankreich und Italien nur teilweise zugestimmt hatten. Beide Verträge liefen mit dem Ende des Jahres 1936 aus.

Beim Beginn der nationalsozialistischen Herrschaft stand Panzerschiff *„Deutschland"* kurz vor der Indienststellung (1. 4. 1933). Am gleichen Tage lief *„Admiral Scheer"* vom Stapel, während *„Admiral Graf Spee"* etwa ein Jahr auf Stapel lag (Panzerschiffe A, B und C). Von den 6 Kreuzerneubauten (A bis F) lag nur *„Nürnberg"* noch auf Stapel, während die 5 anderen schon mehr oder minder lange in Dienst waren wie die 12 Torpedoboots-neubauten (je 6 der Raubvogel- und Raubtierklasse).

Hitler war entschlossen, sich über die Bestimmungen des Vertrages von Versailles auch hinsichtlich der Marine hinwegzusetzen, wollte aber mit Großbritannien in ein erträgliches Verhältnis kommen. Für den Fall einer deutsch-britischen Verständigung über künftige deutsche Kriegsschiffe mußte angenommen werden, daß der Vertragspartner auf einer Übernahme der Begriffsbestimmungen und Größenbegrenzungen aus den beiden Verträgen bestehen würde. Die Grenzen sahen ab 1930 im wesentlichen wie folgt aus:

Schiffsgattung	Mindest- verdrängung ts	Höchst- ts	Höchst- kaliber cm
Schlachtschiffe	17 500	35 000	40,6
Flugzeugträger		27 000	20,3
Schwere Kreuzer		10 000	20,3
Leichte Kreuzer			15,5

Bei einer Mindestgröße von 17 500 ts für die weiteren Panzerschiffe (Bauzeichnung D und E, später *„Scharnhorst"* und *„Gneisenau"*) würde der bisherige Typ mit 10 000 ts nicht mehr gebaut werden dürfen. Der Einbau eines dritten Turmes, die Verbesserung der wasserdichten Unterteilung und vor allem der Panzerung, die die Bezeichnung „Schlachtschiff" für die Neubauten rechtfertigen würde, bedingte aber rund 30 000 ts. Bei der Untersuchung des Geschützkalibers ergab sich, daß aus außenpolitischen Gründen die Entscheidung bereits gefallen war. Sollte die Marine möglichst bald ein politischer Faktor sein, mußte man auf den bereits vorhandenen Turmtyp (28-cm-Drillingstürme) zurückgreifen, denn die Neukonstruktion eines Turmes mit einem größeren Kaliber hätte die Vollendung der Neubauten um mindestens ein Jahr verzögert. Zudem waren Türme für die weiteren Panzerschiffe bereits in der Fertigung. Damit waren die Würfel gefallen. Für spätere Neubauten wurde die Konstruktion eines Turmes mit größerem Kaliber in Auftrag gegeben. Mit der Absicht, diesen Turm später anstelle der 28-cm-Drillingstürme auf D und E einzusetzen, beschränkte man sich notgedrungen auf 38-cm-Kanonen in Doppeltürmen, denn diese Schiffe hätten noch schwerere Türme nicht tragen können. Zwangsläufig ergab sich hiermit auch das Kaliber für die Anschlußbauten F und G (*„Bismarck"* und „*Tirpitz*"), die vier solcher Türme erhalten sollten. Erst bei H sollte das Kaliber auf 40,6 cm gesteigert werden. — Bei „*Gneisenau*" ist ab Sommer 1942 nach schwerer Beschädigung des ganzen Vorschiffes begonnen worden, die 28-cm-Türme auszubauen, um die 38-cm-Türme einzusetzen. Aus der Kriegs- und vor allem Arbeitslage heraus konnte diese Absicht nicht verwirklicht werden. Die für die beiden Schlachtschiffe bestimmten Ersatzrohre wurden für Landbefestigungen benutzt, ebenso die 40,6 cm für *Schlachtschiff* H und weitere.

Mit dem Abschluß des *deutsch-britischen Flottenabkommens* am 18. Juni 1935 hatte Deutschland das Recht erhalten, bei U-Booten 45 %, bei allen anderen Schiffsgattungen 35 % der britischen Stärke zu besitzen. Die Begrenzungen der Schiffsgröße und der Bewaffnung sahen im wesentlichen wie folgt aus:

Schiffsgattung	Mindest-verdrängung ts	Höchst-verdrängung ts	Höchst-kaliber cm	Höchst-geschw. Knoten
Schlachtschiffe	8 001	35 000	40,6	
Flugzeugträger	—	23 000	15,5	
Schwere Kreuzer	101	10 000	20,3	
Leichte Kreuzer	3 001	10 000	15,5	
Zerstörer	101	3 000	15,5	
Kleine Kriegsfahrzeuge	101	2 000	15,5	20

Für *Schlachtschiffe* ergab sich hieraus eine Gesamttonnage von 165 795 ts, die — nach Abzug der Tonnage der 3 Panzerschiffe — den Bau von 4 Schiffen der größten erlaubten Verdrängung gestattete. — Bei 12 britischen Schweren Kreuzern durfte Deutschland 3 bauen. Diese Zahl durfte vergrößert werden, wenn die Sowjetunion weitere ähnliche Schiffe bauen würde. Damit trat eine Schiffsgattung in den Blick der Kriegsmarine, die bisher in Deutschland nicht vorhanden war: der nach dem Vertragsort benannte „*Washington-Kreuzer*". Da für diese Gattung seit 1930 bei den amerikanischen, britischen und japanischen Marinen ein Baustopp herrschte, bauten diese in diesen Jahren nur Leichte Kreuzer. Kreuzer mit 20,3-cm-Geschützen schienen daher sehr geeignet zu sein, den voraussichtlich im Geleitdienst eingesetzten 15-cm-Kreuzern entgegenzutreten. Daher entschied sich die Marine zum Bau von 3 Kreuzern, deren 20,3-cm-Geschütze Krupp konstruierte und baute (Kreuzer G, H und I, später „*Admiral Hipper*", „*Blücher*" und „*Prinz Eugen*").

Es war anfangs auch beabsichtigt, außer den 6 Leichten Kreuzern („*Emden*" bis „*Nürnberg*") weitere Leichte Kreuzer unter Ausnutzung der vollen Größe von 10 000 ts zu bauen. Da die Sowjetunion den Bau von Kreuzern mit 18-cm-Geschützen aufgenommen hatte, konnte vereinbarungsgemäß die Kriegsmarine weitere Schwere Kreuzer bauen. Daher wurde 1938 entschieden, die bereits auf Stapel liegenden Leichten Kreuzer M und N in Schwere Kreuzer (neue Baubezeichnung K bzw. L, später „Seydlitz" und „Lützow") umzuwandeln. Beide sind nicht fertig gebaut worden. „Seydlitz" wurde zum Flugzeugträger umgeplant und trotz völliger Fertigstellung entsprechend abgerissen. „Lützow" wurde als Rumpf an die Sowjetunion verkauft, in Leningrad mit deutscher Unterstützung weitergebaut, bis der Krieg den Bau einstellen ließ.

Für die beiden Flugzeugträger wurden sechzehn 15-cm-S.K. in Doppellafetten neu konstruiert. Es waren erstmals und einmalig Doppellafetten für die Aufstellung in Kasematten (das Geschütz und die Lafette sind völlige Neukonstruktionen und nicht identisch mit dem nie gebauten, für die „Emden (III)" bestellten Geschütz).

Alle Schlachtschiffe sollten eine M.A. mit 15-cm-Geschützen erhalten, alle vorgenannten Schiffsgattungen eine starke Fla-Bewaffnung, deren 10,5-cm-Geschütze auf den Schweren Kreuzern auch als M.A. eingesetzt werden sollten.

Zerstörer durften gem. dem Londoner Vertrag von 1930 nur Geschütze bis 13 cm erhalten. Daher erhielten die ersten 22 Zerstörer 12,7-cm-Geschütze. Bei den späteren Bauten griff die Marine das 15-cm-Geschütz in Einzel- und Doppellafette wieder auf, das sich als Kaliber schon im 1. Weltkriege durch seine Wirkung am Ziel ausgezeichnet hatte. Das Geschoß war aber für den Handbetrieb auf den stark bewegten Booten zu schwer. Es wurde daher ein Zurückgehen im Kaliber auf 12,8 cm in Doppellafette vorgesehen. Dieses Kaliber wurde gewählt, weil die Flakartillerie an Land dazu übergehen wollte und anzunehmen war, daß Rohre und Munition ausreichend geliefert würden. Im übrigen richteten sich Zahl und Aufstellung der Seeziel- und Fla-Bewaffnung nach Platz und Größe der Boote sowie — nach Beschädigungen — nach der Verfügbarkeit von Ersatzwaffen.

Im Versailler Vertrag ist bei der Größenbemessung der Schiffe der Buchstabe t für „Tonne" benutzt worden. Ursprünglich hat sich die Reichsregierung buchstabengetreu bei der Planung der Neubauten daran gehalten, daß dieser Buchstabe Tonnen zu 1 000 kg bezeichnet, die im Englischen als „short tons" bezeichnet werden. Nachdem die Verträge von Washington und London aber allgemein die „long ton" zu 1 016 kg benutzte, legte die Marine den Vertrag von Versailles als ebenso gemeint aus. Stillschweigend übernahm sie auch den in den Verträgen von Washington und London festgelegten bzw. bestätigten Zustand des Schiffes, der als Grundlage für die Gewichtsbestimmung galt: die sogenannte „Standard-Verdrängung", auch Typ-Deplacement genannt. Es ist das Gewicht des seefertigen Schiffes einschließlich der gesamten Munition und der Ausrüstung und der betriebsfertigen Antriebsanlage, d. h. mit Wasser in den Kesseln und Rohrleitungen und mit Wasch- und Trinkwasser für die Besatzung. *Nicht* eingeschlossen sind Brennstoff und das Reservekesselspeisewasser. So verringerte sich z. B. die Größe des ersten Neubaukreuzers *„Emden"* berechnungsmäßig von 6 000 t auf 5 600 ts.

2. *Das Feuerleitproblem*

Eine Überprüfung aller für die Leitung der Batterie erforderlichen Werte oder Rechengrößen ergab, daß es sich nur um Winkel handeln würde, denn auch die Entfernung zum Ziel wirkte sich als Aufsatzwinkel aus. Die durchzuführenden Rechnungen schlossen Addition, Subtraktion, Multiplikation und Division, die Winkelfunktionen und die erste und zweite Ableitung nach der Zeit ein. Lediglich bei der Behandlung der gemessenen Entfernungen (d. h. vor ihrer Umwandlung in Aufsatzwinkel) zur Bestimmung des EU und des SU und damit zur Ermittlung von Gegnergeschwindigkeit und Gegnerkurs oder -lage war mit Strecken und linearen Geschwindigkeiten zu rechnen, die sich aber im weiteren Rechengang auch als Winkel auswirken würden. Hieraus ergab sich, im Rechengang zur Vorhaltsbildung Strecken linear und Geschwindigkeiten als Ableitung nach der Zeit in Winkelmaß auszudrücken. Reine Winkelwerte und Kreisumfänge wurden rein mechanisch dargestellt. Für vorgegebene Werte, die sich nicht gleichmäßig ändern, wie z. B. ballistische, wurden Kurven oder Kurvenkörper als Träger der Werte („Speicher" nach heutigem Sprachgebrauch) eingebaut. Je nach der Brauchbarkeit und den Verwendungsgrenzen der Einzelrechner (die z. B. durch zu steile Kurven gegeben waren) wurden die Werte logarithmisch oder reziprok aufgetragen. Auch konnten je nach Bedarf Werte in Teilwerte unterteilt werden.

Im Laufe der 20 Jahre sind innerhalb der Artilleriefeuerleitung viele Teilrechner als Bausteine in den Rechengeräten verwendet worden. Zu ihnen gehören Getriebe für Addition, Multiplikation und Division, ferner Winkelfunktionsgetriebe, Differentiations- und Integrationsgetriebe und Koordinatenwandler. Ihre Verwendung richtete sich nach der Art der Werte, die in ihnen übertragen wurden, nach deren Minimal- und Maximalwerten und der verlangten Genauigkeit. Dazu kamen noch Kupplungen, Zählwerke, Handräder, Motoren mit und ohne Drehzahlregelung und die verschiedensten Ablese- und Einstellmöglichkeiten.

3. *Das Steuerungsproblem*

Es galt Wege zu finden, die mit den Zielgebern gemessenen Seiten- und Höhenwinkel und die mit den E-Meßgeräten gemessenen Entfernungen zum Ziel so in den Rechengang einzuspeisen, daß sich auf ihnen der weitere Gang, d. h. die Vorhaltbildung und die Lenkung der Geschütze aufbauen konnte. Die menschliche Tätigkeit sollte auf ein Mindestmaß beschränkt werden, da jede geistige und körperliche Mitwirkung Zeitverlust bedeutete. Daher sollte, soweit nur irgend möglich, der Wertezufluß und -ablauf automatisch, verzugslos geschehen. Die Vorgänge sollten sich gleichzeitig abspielen, ohne sich zu stören. Doch mußte der Mensch die Möglichkeit behalten, aufgrund veränderter Situationen oder erkannter Fehler einzugreifen, gleichgültig, ob es seine eigenen Fehler oder die eines Gerätes waren.

Wie bereits dargestellt handelte es sich um die Aufgabe, zur Rechnung einige Strecken, im übrigen aber viele Winkel zu übertragen. Letzten Endes sollten diese Winkelwerte dazu dienen, elektrisch oder hydraulisch betriebene Geräte nach Zeitpunkt und Dauer, nach Richtung und Ausmaß zu steuern. Jedes Zwischenschalten eines Menschen, indem er mit den Augen und den Ohren die ihm vorgegebene Bewegung in sich aufnahm und dann erst ausführte, bedeutete Verzug und Ungenauigkeit. Deshalb wurde angestrebt, die Eingangswerte in den Rechenstellen wie an den Geschützen möglichst unmittelbar sich auswirken zu lassen, sei es als Einstellen eines Wertes in irgend einem Gerät, sei es als Seiten- oder Höhenrichtbewegung der Geschütze. Aus diesem Grunde war zu untersuchen, ob die Werte als Strecke (Weg-Steuerung), als Geschwindigkeit (Geschwindigkeits-Steuerung) oder als Kombination (Weg-Geschwindigkeits-Steuerung) am einfachsten darzustellen und am besten zu gebrauchen wären. Auch war zu prüfen, ob der Verbraucher den Wert am zweckmäßigsten als mechanische oder elektrische Größe erhalten sollte. Als beste Lösung erwies sich, da die Werte am Geschütz nur Winkelwerte sind, alle Werte als Drehung einer Achse zu übertragen, gleichgültig, ob die Drehung eine Strecke, eine Geschwindigkeit oder eine Beschleunigung darstellen sollte. In jahrelanger Kleinarbeit wurden die für die einzelnen Werte und Tätigkeiten sinnvollsten Steuerungen erarbeitet, eingebaut und erprobt, so daß in den Jahren 1926 bis 1935 praktisch jede Anlage in der Steuerungs- oder Übertragungstechnik einen Fortschritt darstellte.

Einige Begriffserläuterungen erleichtern das weitere Verständnis.

Ein Gerät oder Geschütz wird entweder durch eine Einrichtung, die es in sich birgt und deren Leitung unmittelbar dabei ist wie z. B. der G.F. am Geschütz, *direkt* oder von einem abgesetzten Gerät oder Stand aus *indirekt* gesteuert. Ersteres nennt man auch *Lokal-*, letzteres auch *Fremd-Steuerung*. Wird ein Geschütz zwar lokal gesteuert, indem der G.F. durch Drehen der Richträder die Bewegungen auslöst oder verursacht, dabei aber nicht selbst das Ziel anvisiert, sondern mit dem Richtwerk eine ihm durch Zeiger oder Weiser vorgeschriebene oder vorgegebene Tätigkeiten ausübt, spricht man von *indirektem Richten*. Das Richten mit Hilfe des Zielfernrohres unmittelbar auf das Ziel ist das *direkte Richten*.

Geschieht das Richten eines Geschützes als Fremd-Steuerung ohne Zwischenschalten eines Menschen (wie es beim indirekten Richten der Fall ist), nennt man es *Fernsteuerung*. Die für die Auslösung und Steuerung der benötigten Kraft benutzten Verstärker sind Glieder einer Fernsteuerungs-Verstärker-Kette, kurz Fernsteuerkette genannt.

Bei Kriegsende 1918 waren auf den modernen Schiffen *Wechselstrom-Telegraphen* eingeführt. Sie erlaubten eine stufenweise Anzeige von Werten und steuerten entweder Zeiger oder Skalen mit festem Ablesestrich. Je nach erforderlicher Genauigkeit wurden die Übertragungselemente in 2 oder 3 Systeme unterteilt.

Ebenfalls waren die *Wechselstrom-Folgezeiger-Anlagen* bereits vorhanden. Als Drehstromanzeiger ausgebildet genügte ihre Kraft nicht, die auszuführenden Bewegungen selbst zu vollziehen. Wäre gefordert worden, sie zum Steuern und Durchführen einer Bewegung zu befähigen, hätte dies ein gewaltiges Kraftstromnetz mit all seinen Gewichten und technischen Schwierigkeiten bedeutet.

Die kraftgebenden Systeme brachten die Lösung in den Fällen, in denen durch die Steuerung nicht nur eine Bewegung ausgelöst, sondern tatsächlich durchgeführt werden sollte. Zunächst wurden die auf dem Schlachtkreuzer „Hindenburg" und dem Geschützten Kreuzer „Karlsruhe (II)" erprobten Nachlaufwerke in moderner Form wiederholt. Sie bestanden in der Regel aus 3 Systemen, bei denen die Empfänger auf der Achse einen Schaltbügel mit Gegenkontakt trugen. Dieser steuerte dem Befehlswert solange nach, bis sich der Bügel gegenüber dem Befehlszeiger befand und der Kontakt sich öffnete. Dieses nicht sehr leistungsfähige System neigte zu Pendelungen und war nicht für hin und her gehende Bewegungen geeignet.

Bei der als *Kraftsystem* bezeichneten nächsten Stufe wurde der Empfänger unmittelbar als Motor benutzt. Geber und Empfänger waren sehr groß, da die gesamte erforderliche Kraft an den Empfänger geliefert werden mußte. Diese letzten im 1. Weltkriege erworbenen Kenntnisse wurden bei Wiederaufnahme der Entwicklung dazu verwendet, an den Verbrauchern den dort ankommenden Steuerstrom durch *Verstärker* genügend leistungsfähig zu machen. Die Kabel waren entsprechend stark ausgelegt und bewehrt.

Die *Stromtorsteuerung* war die erste befriedigende Lösung dieser Aufgabe. Entsprechend dem Leistungsbedarf und dem technischen Fortschritt hat die Reichsmarine 12 Verstärker für die Einsteuerung von Werten oder zur Steuerung von Vorgängen in mehreren Fällen bahnbrechend entwickelt und benutzt. Ihre Leistungen erstreckten sich von 20 bis 3 000 Watt.

Alle kraftgebenden Übertragungssysteme waren gegen das Hintereinanderschalten mehrerer Fernsteuerungen sehr empfindlich. Man bezeichnete dieses Hintereinanderschalten als *Fernsteuerkette*, deren störende Wirkung man dadurch minderte, daß Werte in Unterwerte aufgeteilt übertragen wurden. So wurde z. B. die Gesamtrohrerhöhung aufgeteilt in den sich nur langsam und stetig ändernden Aufsatzwinkel und den nahezu immer in Bewegung befindlichen Kippwinkel. Letzterer wurde erst am Geschütz dem Aufsatzwinkel mechanisch überlagert.

Eine andere Ursache von Fehlern, Störungen und Ungenauigkeiten bestand in der Rückführung von Werten an den Ausgangspunkt oder in das Ausgangsgerät zur erneuten Verwendung als Rechengröße. Es bestand nämlich zu Anfang der Entwicklung noch kein *Wertefluß in nur einer Richtung.* Das galt vor allem für die Zusammenführung von Zielgeber und Rechengerät. Aufgrund der Erkenntnisse wurden diese unerwünschten Rückwirkungen ausgemerzt, namentlich als es gelungen war, übertriebene Forderungen an die Genauigkeit auf ein vertretbares Maß zurückzuschrauben und neue technische Möglichkeiten die Wege zur Vereinfachung geöffnet hatten. Noch während des 2. Weltkrieges wurde an diesem Problem gearbeitet. Die Vereinfachungen wurden bei den letzten Typen der Feuerleitanlagen für Zerstörer beim Entwurf verwirklicht, bei den Anlagen der Schiffe noch zum Teil nachträglich durchgeführt.

Wie sehr durch relativ einfache Schritte die Anlagen vereinfacht, verbessert und auch gewichtsmäßig leichter gemacht wurden, mag folgendes Beispiel beweisen. Bis 1933 waren die RW-Empfänger an den Geschützen in ein Grobsystem mit 180 Grad und ein Feinsystem mit 5 Grad unterteilt. Ob hierbei die Backbord- oder Steuerbordseite gemeint war, wurde durch rote und grüne Lämpchen angezeigt. Aufgrund der Versuche auf „Leipzig" 1933 wurden die Empfänger auf 360 und 10 Grad ausgelegt. Der Übergang von 5 auf 10 Grad für eine Kreisskala bedeutete zwar eine Verringerung der Feingenauigkeit, die z. T. durch größeren Skalendurchmesser ausgeglichen wurde. Erreicht wurde aber, daß dem Richtmann die nachzusteuernden Zeigerbewegungen ruhiger erschienen. Der Richtmann arbeitete ruhiger, was sich in einer ruhigeren Bewegung der Richthandräder auswirkte. Die Folge war eine Verminderung der Antriebsleistungen in den Spitzenwerten bis auf ein Viertel. Durch diesen Verzicht auf übergenaue Anzeige vereinfachte sich auch der Aufbau der Krängungsgeräte und der RW/HW-Geber, was sich wiederum in einer Vereinfachung der Wandler auswirkte. Die System-Einteilung der Seitenwerte wurde 1934 für die Höhenwerte übernommen, zunächst in der Aufteilung in 100 und 10 Grad, später auch in 360 und 10 Grad. Auch die Torpedowaffe erhielt die gleichen Systeme, was sich vor allem in der Ersatzteilbeschaffung günstig auswirkte.

4. *Das Schlinger- und Stampf-Stabilisierungsproblem*

Bei der Einführung in die Schiffsartillerie wurde die Besonderheit der sich ständig um 3 Achsen bewegenden Geschützplattform dargelegt. Die Lage der 3 Achsen A, B und C (Kurs, Schlingern, Stampfen) sei in Erinnerung

gerufen, ebenso die der Achsen D und E (Kippen und Kanten. Z 4, 5, 33). Es wurde auch bereits geschildert, daß zum Ausgleich der Kipp- und Kantwinkel je nach Schußrichtung und Rohrerhöhung zusätzliche Bewegungen mit der Höhenricht- und vor allem mit der Seitenrichtmaschine durchzuführen waren, und daß die Verbesserungen bei einer ständigen Schräglage nach Faustregeln in die Seitenverbesserung einbezogen wurden. Diese Faustregeln genügten aber nur bescheidenen Ansprüchen bei geringer Schräglage und auf kleinen Entfernungen. Um sie mit einiger Berechtigung anwenden zu können, durfte eigentlich nur dann abgefeuert werden, wenn das Schiff die der Faustregel entsprechende Schräglage hatte. Schiffs- und Artillerieleitung waren also stark gebunden. Bei der für die Reichsmarine von Anfang an angestrebten ozeanischen Verwendung und bei den ebenfalls angestrebten wesentlich größeren Schußweiten mußte ein grundlegend neuer Weg gesucht werden, denn auch das alte A.G. war keine Hilfe in der Beseitigung der *Kant*fehler! Wenn die Forderung nach einem verbesserten Gerät nicht schon eine Selbstverständlichkeit für die Seezielartillerie gewesen wäre, so wäre sie in diesen Jahren des Entwicklungsbeginnes bestimmt von der Flugabwehr-Artillerie erhoben worden. Aus der Tatsache der nicht nur im allgemeinen, sondern stets größeren Rohrerhöhungswinkel der Flugabwehr gegenüber dem Seezielbeschuß leitete sich die dringende Forderung nach einer *Krängungskorrektur* ab, denn bei großen Rohrerhöhungen konnte kein Seitenrichtwerk die Kantfehler ausgleichen. Seeziel- und Flugabwehr stellten also dieselbe Forderung, die mit einem Krängungskorrekturgerät erfüllt werden sollte. Bei näherer Betrachtung des Problems erhob sich die Frage, ob die Korrekturen auf die Ziel- oder die Schußrichtung bezogen durchgeführt werden sollten. Untersuchungen ergaben, daß bei dem maximal etwa 6 Grad großen Seitenvorhalt der Seezielartillerie die Schußrichtung als die für den Erfolg wesentlichere genommen werden sollte und auch könnte, weil das Gesichtsfeld der vom Korrekturgerät gesteuerten Zielgeber so groß sein würde, daß das Ziel nicht verloren würde. Die Kimm (= der Horizont) würde sich lediglich um die Visierlinie in der Größe des Kantwinkels bewegen. Bei den rund zehnfach größeren Seitenvorhalten und Reglerwerten beim Fla-Schießen war das für die Flugabwehr ausgeschlossen. Nach dieser Erkenntnis war zu entscheiden, ob der materielle und gewichtsmäßige Aufwand berechtigt war, den eine einheitliche Lösung der allgemein als „Krängungsproblem" bezeichneten Aufgabe erforderte.
Zum schnelleren Verständnis des Krängungsproblems werden einige Begriffserläuterungen vorweg geschickt.

Kreiselkomponente

Soll eine Gerade in ihrer Richtung im Raum in bezug auf eine quer zur Geraden liegende Achse festgehalten werden, so genügt hierfür ein Kreisel in einem Kardangehänge, dessen Freiheitsgrade u. U. eingeschränkt sind. Dies ist eine Kreiselkomponente, meist kurz Komponente genannt und mit der Achse bezeichnet, um die die Gerade sich nicht bewegen soll.

Trägheitsrahmen oder Mutterrichtanlage

Eine frei bewegliche, d. h. kardanisch aufgehängte Plattform wird in ihrem Beharrungsvermögen (d. h. in ihrem Bestreben, aus „Trägheit" die Schiffsbewegungen nicht mitzumachen) durch Kreisel so unterstützt, daß sie die ursprüngliche Lage beibehält oder eine bestimmte Lage (z. B. parallel zum Horizont) einnimmt. Die Kardanachsen stehen entweder in Schiffslängsachse und quer dazu oder in Ziel- bzw. Schußrichtung und quer dazu. Die Unterschiede in der Lage der Plattform gegenüber dem sich bewegenden Schiff werden je nach Bedarf an den Achsen der Kardanaufhängung abgegriffen. Diese Einrichtung ist ein *Trägheitsrahmen*, wenn er mehrere Komponenten enthält und im oder unmittelbar am Verbraucher angebracht ist. Er wird als *Mutterrichtanlage* bezeichnet, wenn der Rahmen abgesetzt von zahlreichen, verschiedenen Verbrauchern aufgestellt ist.

Korrekturpendel

Alle Kreisel wandern ab, wenn ein Achsenende einseitig oder beide Achsenenden entgegengesetzt belastet werden. Die Abwanderung macht sich als Fehler in der festzuhaltenden Richtung bemerkbar. Derartige Belastungen werden durch die Schiffsbewegungen verursacht. Neben Schlingern, Stampfen und Gieren machen sich auch Fahrtänderungen, vor allem Kursänderungen, das Auf und Ab bei allen Bewegungen und die Tangentialbeschleunigung bemerkbar. Dazu kommen Erddrehung und -beschleunigung. Die Verbesserungen werden durch Pendel ausgelöst, deren Gewicht und Schwerpunktabstand von der Achse den möglichen Kräften entgegenwirken. Die Pendel besitzen eine innere oder äußere Flüssigkeitsdämpfung. Der durch das Pendel bestimmte Mittelwert der Ausschläge gibt die angestrebte Richtung an, in der durch eine lose Koppelung (z. B. durch ein Drehmomenten-Relais) der Trägheitsrahmen oder die Komponente festgehalten, „stabilisiert" wird.

Stabilisieren

Wird eine Gerade bzw. eine Ebene durch eine oder mehrere Komponenten in einer bestimmten Richtung festgehalten, so spricht man von Stabilisierung. Eine Sonderart ist das

Horizontieren,

wenn nämlich eine Gerade oder eine Ebene in den Horizont gebracht *und* parallel zum Horizont festgehalten wird. Die dazu benutzten Komponenten sind „horizontsuchend".

Fremd- und Eigen-Stabilisierung bzw. indirekte und direkte Stabilisierung (bzw. Horizontierung)

Ein Gerät oder Geschütz wird *indirekt* stabilisiert, wenn die stabilisierende Wirkung von außen her erfolgt, also eine *Fremd*-Stabilisierung ist. Bei der *direkten* oder *Eigen*-Stabilisierung wird die stabilisierende Kraft im Gerät oder Geschütz erzeugt; ihre Richtkraft wirkt sich unmittelbar aus.

Zentralstabilisierung

Werden *mehrere Verbraucher gleichzeitig* von einer Mutterrichtanlage oder einer Komponente stabilisiert, handelt es sich um eine Zentralstabilisierung. Diese Art der Fremdstabilisierung ist die Regel.

Groß- und Klein-Kreisel

Großkreisel sollten in ihrer Richtkraft so stark sein, daß sie ohne zusätzliche Verstärkung die Gerade oder die Ebene stabilisieren. *Kleinkreisel* sind lediglich Indikatoren für Bewegungen, die ein Motor unter Zwischenschalten einer Verstärkung auszuführen hat.

Horizontprüfer

Zu Anfang der Entwicklung wurde die Horizontierarbeit der Mutterrichtanlage nach dem wahren Horizont überprüft. Dazu waren 3 kleine optische Meßinstrumente (D/E-Prüfgeräte) auf dem Achterschiff mit Blickmöglichkeit nach achtern und beiden Schiffsseiten eingebaut. Ihre Meßwerte wurden im Mutterrichtraum mit den Werten der Mutterrichtanlage verglichen. Abweichungen wurden ausgeglichen, indem die Kreiselachsen einseitig belastet wurden, bis der Trägheitsrahmen mit dem wahren Horizont übereinstimmte. Der materielle Aufwand für diese Korrektur war erheblich, da sie ein weitverzweigtes Kabelnetz erforderte. Beschädigungen dieser Prüfanlage hätten im Gefecht andere, schlechtere Richtverfahren erfordert. Zudem war Voraussetzung für den Gebrauch dieser Anlage, daß die Kimm zu sehen war.

Fla: Die Voraussetzung der klaren Kimm mußte auch erfüllt sein, wenn das Stangenfernrohr auf dem Fla-Leitstand für denselben Zweck gebraucht werden sollte. Dieses Sehrohr hatte Ausblicke geradeaus und um 90 Grad nach links und rechts verdreht, um den Stand nach Kippen und Kanten horizontieren zu können. Hierzu wurde ein Lenkschalter betätigt, der im gewünschten Sinne einen Druck auf die Kreiselachsen auslöste.

Nach. Einführung der Korrekturpendel fielen die Horizontprüfer fort, da sie überflüssig geworden waren. Sie wurden allerdings bei den dreiachsigen Geschützen auf der Stirnseite zwischen den Rohren eingebaut und boten so dem Kantwinkelrichtmann die Möglichkeit, bei Ausfall der Kantwinkel-fernsteuerung oder der Kantwinkelübertragung das Geschütz nach der Kimm zu horizontieren. Bei Blick geradeaus verglich der Richtmann einen waage-rechten Strich in seinem Visier mit der Lage der Kimm, zu der er den Strich parallel zu halten hatte.

Für die Lösung des Problems boten sich vier Wege an (Z 33):

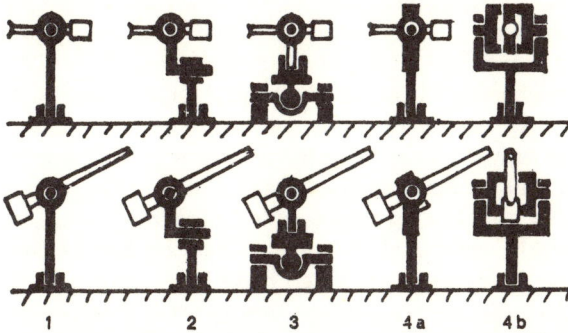

Z 33 *Zwei- und dreiachsige Zielgeräte und Geschütze*

1. Zielgerät und Geschütz bleiben zweiachsig; jedoch werden die Feuerleit-werte auf den Horizont bezogen, dort berechnet und auf die schräg liegende Bettung bezogen ans Geschütz gegeben (Z 33, 1).

2. Zielgerät und Geschütz erhalten als dritte Achse zum Ausgleich der Kant-fehler eine Kantachse (Z 33, 2).

3. Geschütz und Zielgerät werden auf eine horizontierte Plattform gestellt (Z 33,3).

4. Anstelle einer Kantwinkelachse erhält das Geschütz eine Quer-Achse, die als „schwingender Schildzapfen" bezeichnet wird und eine einmalige Konstruktion geblieben ist (Z 33, 4 a, b).

Während es möglich war, Zielgeräte gemäß den vorstehenden vier Lösungen aufzustellen oder einzurichten, schieden Türme und M.P.L. der S.A und M.A. für eine Aufstellung auf horizontierter Plattform und für den Einbau einer dritten Achse aus Gewichtsgründen aus. Für diese blieb daher nur die Verbindung der zweiachsigen Geschütze mit horizontierten, zwei- oder dreiachsigen Zielgeräten als Lösung. Die beiderseits zweiachsige Verbin-dung war das bisherige System. Die Aufstellung des Zielgerätes auf einer horizontierten Plattform wäre gegenüber einem dreiachsigen Gerät kompliziert und schwer geworden. Daher wurde beschlossen, für S.A. und M.A. Zielgeber mit Kantwinkelachse zu entwickeln, die Meßwerte durch einen Koordinatenwandler von der Bettungsebene in den Horizont zu wandeln und die Schußwerte an zweiachsige Geschütze zu übertragen; letzteres verlangte wiederum eine Koordinatenwandlung. Als Bezugsebene für den Rechengang oder die Vorhaltbildung sollte eine nach Schlingern und Stampfen stabilisierte Ebene, ein künstlicher Horizont, die *Mutterrichtanlage*, dienen.

Die anfangs als Krängungsgeräte, später als *Wandler* bezeichneten Geräte (Z 41, hinteres Vorsatzpapier) wandelten die in den Rechengang einfließenden, mit einem zwei- oder dreiachsigen Gerät über der Bettung gemessenen Zielwerte in zweiachsige Horizontwerte und nach Durchführung der Vorhaltbildung zweiachsige Schußwerte vom Horizont auf die Geschützbettung. Die Lösung wurde in einer mechanischen Umwandlung gefunden. Hierbei drehen sich 2 kardanische Systeme um einen gemeinsamen Mittelpunkt, wobei das äußere, größere, das kleinere, innere, umgibt. Beide Systeme können unabhängig voneinander mit ihren Lagern von außen bzw. unten her gedreht werden. Die um 90 Grad zu den beiden Außenlagern versetzten Innenlager tragen je einen Bügel und nicht, wie z. B. beim Peilkompaß, eine Fläche zur Aufnahme des zu stabilisierenden Gerätes. Auf dem Bügel des äußeren Ringes sitzt ein Rohr, dessen Achse genauso auf den gemeinsamen Mittelpunkt zeigt wie die Achse eines Stabes, der auf dem inneren Bügel steht. Dadurch, daß der Stab sich drehbar im Rohr befindet, zeigen beide nicht nur zwangsläufig auf den gemeinsamen Mittelpunkt, sondern auch auf einen — vielleicht als Stern vorstellbaren — festen Punkt im Raum. Jede Änderung der Seiten- und Höhenrichtung des Rohres muß sich auf den Stab übertragen und je nach der Größe der Achsenrichtungsunterschiede zwischen beiden Systemen als ein anderer Seiten- und Höhenwert auswirken. — Grundsätzlich besteht kein Unterschied in der Benutzung des Gerätes darin, ob das angetriebene System das innere oder das äußere ist.

Man war überzeugt, mit diesem *Wandler für die Seezielartillerie* den richtigen Weg gefunden zu haben, wobei die Wertewandlung auf die Schußrichtung bezogen bleiben sollte. Das Vorzündwerk als Entlastung für den G.F. hatte sich bewährt. Daher lag der Gedanke nahe, dieses Gerät mit einer Wertewandlung zu versehen, um das Richten zu vereinfachen und den Zeitpunkt des Abfeuerns zu präzisieren. Aus dieser Absicht entstand das *Krängungsricht- und feuergerät,* kurz „Krag" genannt (Z 34). Das mit einem Krag auszurüstende Geschütz erhielt an der Wiege einen Bügel als Lager für den äußeren Kardanring. Die Verbindungslinie der Lager S-S blieb also parallel zur Seelenachse. Der innere Ring erhielt Lager in Verlängerung der Schildzapfenachse D-D. Um die Achsenteile D und D

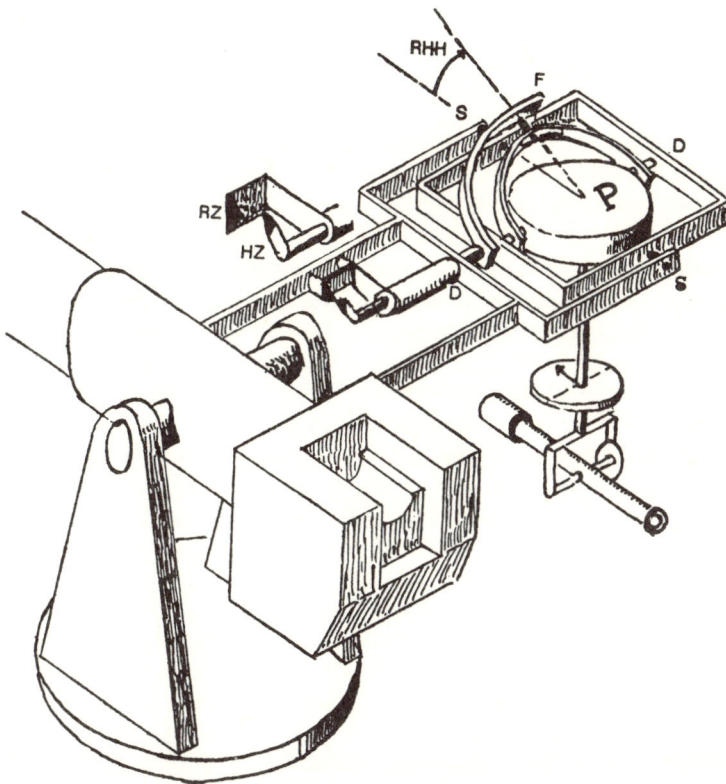

Z 34 *Krängungsabfeuerungsgerät (Krag)*

D-D in Verlängerung der Schildzapfenachse, S-S parallel zur Seelenachse. F = Bügel; RZ = Rohrzeiger; HZ = Horizontzeiger; RHH = Rohrerhöhung über dem Horizont. (Nebenzeichnung RZ, HZ: Rohr zeigt unter den Horizont.)

konnte sich ein Halbkreisbügel frei bewegen, der einen Schlitz trug. In diesem Schlitz spielte ein Kulissenstein hin und her, der von einem Viertelkreisbügel F — auf der Achse D beweglich sitzend — getragen wurde. Die durch äußeren und inneren Kardanring getragene Platte P trug auf der Unterseite das Visier. Der Winkel zwischen diesem Bügel F und der horizontierten Platte P war der Rohrerhöhungswinkel gegenüber dem Horizont. Der Bügel F diente auch zur Übertragung des Rohrerhöhungswinkels in das Vorzündwerk. Bei Einstellen eines Seitenvorhaltes wurde das Visier vom Ziel abgebracht und der Kulissenstein seitlich bewegt. Dadurch senkte sich Bügel F. Durch Nachdrehen mit der Seitenrichtmaschine wurde das Ziel wieder aufgefaßt und der Kulissenstein zurückgebracht. Das Rohr zeigte wieder in die ursprüngliche Richtung über dem Horizont.

Voraussetzung für den Gebrauch des Krag blieb also, daß der G.F. das Ziel sah und anvisieren konnte. Diese Voraussetzung war mit Sicherheit bei schlechter Sicht und großer Entfernung nicht immer gegeben. Deshalb wurde das Krag zwar nicht aufgegeben, doch wurden die Feuerleitanlagen durch eine vollständige Wertewandlung ergänzt, um sich je nach den Umständen (Schußrichtung, Schiffsbewegungen und Schußentfernungen) bei der Wahl des Richt- und Abfeuerverfahrens am zweckmäßigsten entscheiden zu können. Dieser Entschluß war leichter zu fassen, nachdem die *Rohrhöhenfernsteuerung* soweit entwickelt war, daß sie den schärfsten Anforderungen genügte. Um die pendelnden Bewegungen der Türme mit ihren gewaltigen Gewichten zu vermeiden, die für diese Bewegungen entsprechende Kräfte erforderten, wurde das bisherige Höhenvorzündewerk um 90 Grad gedreht und in ein *Seitenvorzündewerk* verwandelt. Dazu wurden die Türme absichtlich seitlich aus der Schußrichtung in die „Lauerstellung" gebracht. Auf den Feuerbefehl hin legten die G.F. das Seitenrichtrad in eine bestimmte Stellung, wodurch die Geschütze mit einer einheitlichen Geschwindigkeit die Abfeuerrichtung passierten und durch das Vorzündewerk abgefeuert wurden (ausgeführt für 38-cm- und 20,3-cm-Türme und die 28-cm-Türme von „*Scharnhorst*" und „*Gneisenau*").

Fla:

Eine ähnliche Entscheidung wie für die Seezielartillerie war für die Flugabwehr nicht ohne weiteres zu treffen. Wegen der möglichen großen Seitenvorhalte war der Unterschied in den Kantwinkeln zwischen Ziel- und Schußwerten so groß, daß er berücksichtigt werden mußte. Die Versuchsanlage auf „*Köln*" half bei der Lösung der Aufgabe.
Die Anlage bestand aus einem Leitstand (Eigenstabilisierung, Schwenkbereich unbegrenzt), einem Rechengerät (Reg C/1 ?) und vier 8,8-cm-Flak C/25 in Doppellafette C/25 (Schwenkbereich von der Nullstellung 360 Grad nach beiden Seiten, Wiege mit schwingenden Schildzapfen als Querrichtachse). 5 Fernsteuerungen verbanden Leitstand mit Reg, 3 Steuersysteme das Reg mit jedem Geschütz. 8 Fernsteuerungen wirkten also auf jedes Geschütz ein. Die Anlage befriedigte steuerungstechnisch nicht, das Geschütz durch seinen Aufbau nicht, weil der besonders große Querabstand der Rohre beim Schuß die Lafette zum Schwingen brachte. Folge war eine erhebliche Streuung. Um die Rohre möglichst eng nebeneinander zu legen, wurde für alle weiteren Flak die Kantwinkelachse eingeführt. Hierdurch war es auch möglich, den Kantwinkel des neuen Leitstandes unmittelbar ans Geschütz zu geben, zunächst noch unter Inkaufnahme des erwähnten Fehlers. Der Leitstand war nach B und C dadurch stabilisiert worden, daß zwei Hebel, einer längs-, der andere querschiffs, im tiefsten Punkt des horizontierten Teiles angriffen und die Meßplattform horizontfest hielten, von einer B- und C-Komponente gesteuert. Diese Horizontierung wurde gleichfalls verworfen. Der erste Zylinder-Flaleitstand SL 1 auf „*Leipzig*" erhielt A/D/E-Komponenten (Äußeres wie ein Zylinder, Schwenkbereich unbegrenzt, horizontiert durch von der B/C-Komponente gesteuerte Laufgewichte unterhalb der Achsen. Kreiseldurchmesser 53 cm. Etwa 20 Motore

116

im Stand. Horizontprüfer als Sehrrohr. Der Stand hatte noch Schwächen, wanderte schnell durch einseitige Belastung (z. B. beim nicht gleichmäßigen Besteigen durch die Bedienung und Winddruck) aus und kippte häufig durch Zusammenfahren der Laufgewichte um. Versuche (1933) zusammen mit dem ersten dreiachsigen Geschütz der Reichsmarine (3,7-cm-S.K. C/30) beim Schießen zeigten aber die Richtigkeit des eingeschlagenen Weges. (Bei diesen Versuchen wurde die Eigenstabilisierung des Geschützes abgeschaltet und durch eine Kantwinkelübertragung vom Leitstand her ersetzt.)

Der auf *„Deutschland"* eingebaute Stand SL 2 zeigte 1934, daß die Verbesserungen sich bewährt hatten, und daß die Kimm aufgrund der Pendelkorrekturen mit 4/16 Grad Genauigkeit gehalten wurde. Damit war der Horizontprüfer hier wie bei den Anlagen der Seezielartillerie überflüssig geworden. Ein Zielauffassen und -halten bei Nacht und das Feuern von Leuchtgranaten über dem künstlichen Horizont war nun mit genügender Genauigkeit möglich. Durch Fortfall der Horizontprüfanlage wurde die Feuerleitanlage um RM 250 000,— billiger.

Der auf den weiteren Panzerschiffen eingebaute Stand SL 4 war technisch ein Fortschritt. Er enthielt jedoch keine Einrichtung zur Parallaxkorrektur, weil man der Ansicht war, daß der Sprengkegel am Ziel durch seine Größe den Parallaxfehler wettmachen würde.

Bei den SL-4-Versuchen auf *„Admiral Graf Spee"* 1936 hatte sich gezeigt, daß die Anlage nur gut arbeitete, wenn das Schiff Kursänderungen nicht zu schnell ausführte. Daher war eine Verbesserung der Stabilisierung um die A-Achse erforderlich, die mit den Kugel-Flaleitständen SL 6 auf den Schlachtschiffen ab *„Scharnhorst"* und den Schweren Kreuzern ab *„Admiral Hipper"* durchgeführt wurde. Die Kugeln boten Wetter- und Splitterschutz. Die auf *„Prinz Eugen"*, *„Bismarck"* und *„Tirpitz"* eingebauten Stände SL 8 unterschieden sich äußerlich nicht von SL 6. Sie hatten jedoch erstmalig und endgültig Kleinkreisel-Horizontierung mit all deren Vorteilen (Z 42, hinteres Vorsatzpapier rechts).

Bei der Lösung des Stabilisierungsproblems *mußte* die Entwicklung der Fla-Feuerleitung wegen der größeren Rohrerhöhungen zwangsläufig einen anderen Weg als die Seezielfeuerleitung gehen. Sie *konnte* einen anderen Weg gehen, weil es möglich war, die relativ leichten Geschütze mit Kantachsen zu versehen. Die bei der Seeziel- wie bei der Fla-Artillerie gewonnenen Erkenntnisse und gesammelten Erfahrungen brachten wechselweise sehr wertvolle Anregungen, die sich als technische Fortschritte auswirkten. Das Bord-Fla-Schießen beruhte von Anfang an auf der Schaffung künstlicher Horizonte. Die dagegen aus Gewichtsgründen an die Schiffsplattform gebundene Seezielartillerie nutzte ihre Mutterrichtanlagen vorwiegend zur Ermittlung von Verbesserungswerten und zu Richterleichterungen aus. Erst als die Stabilisier- und Fernsteuertechnik einen genügend hohen Stand erreicht hatte, wurden bei der S.A. und M.A. Schießen über dem künstlichen Horizont durchgeführt (wie beim „Ziel-verdeckt"-Schießen und beim Z.B.-Schießen. S. 119 und 137).

Bereits 1932 war vom Artillerieversuchskommando für Schiffe (A.V.K.S.) eine Kombination des Geschützes mit Ziel- und E-Meßgerät auf einer Drehscheibenlafette vorgeschlagen worden. Dieser Gedanke hätte verwirklicht viele Vorteile gehabt (einfache, d. h. kurze und störungssichere Verbindungen, nur eine Horizontiereinrichtung, weniger Platz an Deck und auf den Aufbauten, Gewichtsersparnis, zentrale Munitionszuführung, Wetter- und Splitterschutz). Er ist aber zunächst nicht weiter verfolgt worden, da die Schußerschütterungen und der Mündungsqualm ein Zielhalten und Messen häufig beeinträchtigen und eine sichere Leitung ausschließen würden. Mit der durch das Funk-E-Messen gebotenen Möglichkeit, trotz Sichtbehinderung und bei Nacht Fla-Schießen durchführen zu können, wurde der Gedanke wieder aufgegriffen. Der im Jahre 1934 an Rheinmetall gegebene Entwicklungsauftrag wurde sinngemäß erweitert und war als „Flak-Turm 1937" für das Schlachtschiff „H" bestimmt. Die in den Nachkriegsveröffentlichungen gezeigten Projekte „H-N" (Entwurf 1937/39) und „H 44" (Entwurf 1941-1944) mit vier Kugelflakleitständen dürften in dieser Hinsicht nicht ganz zutreffende Rekonstruktionen sein.

Für vorstehende kombinierte Flak-Drehscheibenlafette war die Horizontierung nicht mehr durch Großkreisel, sondern durch Kleinkreisel vorgesehen. Als die Kleinkreisel-Stabilisierungstechnik genügend weit fortgeschritten war, wurde sie für den Einbau frei gegeben. Da für weitere Neubauten die Kugel-Fla-Leitstände schon weitgehend gefertigt waren, wurden die Kleinkreisel-Stabilisierungen nachträglich in SL-6-Stände eingebaut (nun SL 8 bezeichnet). Sie waren wie auch SL 6 nach A, D und E stabilisiert. Durch den nachträglichen Ein- bzw. Umbau ließ es sich nicht vermeiden, daß je Stand ein Ballastgewicht von 5 000 kg eingebaut werden mußte. Demgegenüber stand ein erheblicher Zeitgewinn und die Ausnutzung einer großen, wertvollen Materialmenge. Das nicht mehr ausgeführte Fla-Leitgerät M 42 hätte vorgenannten Schönheitsfehler nicht mehr besessen. Immerhin war aber ein Stand entwickelt, der den schärfsten Anforderungen des Krieges genügt hat. Nachzutragen bleibt, daß die SL-6-Stände nur unvollkommene Parallax-Korrektoren besaßen. Daher erhielten auf „Gneisenau" und „Scharnhorst" die achteren Geschütze zusätzliche Parallax-Rechner, die aber nicht genügten (und nach dem Kriege zum „Schwarzen Peter" wurden, den sich Soldaten und Techniker in den Fachzeitschriften mehrfach zuspielten). Die SL-8-Stände besaßen einwandfreie Parallax-Verbesserungen. Wegen des geringen Abstandes der beiden achteren Doppellafetten jeder Seite war auf „Prinz Eugen" allerdings die Parallaxe auf einen Punkt zwischen beiden Geschützen bezogen. Wegen des z. T. noch geringeren Abstandes zwischen den beiden vorderen und den beiden achteren Lafetten auf *„Bismarck"* und *„Tirpitz"* ist dort eine gleiche Lösung anzunehmen.

Die Kleinkreiselstände hatten gegenüber den Großkreiselständen die Vorteile der größeren Horizontiergenauigkeit, der größeren Unempfindlichkeit bei Kursänderungen und der sehr viel schnelleren Bereitschaft, vor allem, nachdem es gelungen war, mit einer besonderen Hochzieh-Schaltung die Kreisel statt in 20 Minuten in wenigen Minuten (zuletzt 2 Minuten) so auf Umdrehungen zu bringen, daß ihre Richtkraft ausreichte. Je nach dem Bereitschaftszustand des Schiffes konnten die Kleinkreisel abgeschaltet und geschont werden.

Eine Besonderheit der Kugel-Stände war die Rückführung des Seitenvorhaltewinkels aus dem Rechengerät. Eine Steuerung verdrehte den inneren Teil der Plattform (mit Ziel- und E-Gerät) um den Seitenvorhalt gegenüber dem äußeren Teil so, daß der äußere Teil in Schußrichtung stand und somit der Kipp- und Kantwinkel für die Geschütze am Kardangehänge abgegriffen und unmittelbar an die Geschütze geführt werden konnte. Hierdurch fielen für die gesamte Vorhaltbildung und Steuerung der S-Flak die Wandler fort (Z 24).

Eine Besonderheit in der Lösung des Krängungsproblems stellte das dreiachsige Geschütz mit Vorhaltbildung am Visier und eigenen D- und E-Komponenten dar: die bereits erwähnte *3,7-cm-S.K. C/30*, die unabhängig von einem Leitstand sich in der Abwehr der schnell auftauchenden und sich schnell — im Blick auf die Richtbewegungen — bewegenden Tiefflieger ausgezeichnet hat. Bei dem 2-cm-Maschinengewehr, bekannt als *M.G. C/30* (später 2-cm-Flak 30 genannt) und der *2-cm-Flak 29* von Oerlikon sowie bei der *3,7-cm-S.K. C/30* in U-Bootslafette C/39 war die Ausschaltung der Verkantung durch eine Schwingachse möglich, die der Richtschütze durch die Drehung der Schulterstütze ausnutzte. Hierbei folgte er seinem Gleichgewichtsgefühl.

5. Das Kurs-Stabilisierproblem

Schnelle Kursänderungen hatten sich im Kriege für die Artillerieleitung oft sehr störend bemerkbar gemacht. Sie führten dazu, daß ein Ziel verloren oder auf dem neuen Kurs das falsche Ziel angerichtet wurde. Die ständigen Gierbewegungen um die A-Achse hatten zudem das Zielhalten mit den Zielgebern erschwert. Vor allem hatte sich in der Skagerrakschlacht gezeigt, wie häufig das Ziel durch Feindaufschläge in der Visierlinie, durch andere Schiffe und durch Nebel- und Rauchbänke verdeckt worden war. Das Ziel war für eine gewisse Zeit jedoch in der bisherigen geographischen Richtung anzunehmen und hätte noch mit den bisherigen Schußunterlagen weiter beschossen werden können, wenn die Visierlinie stabilisiert gewesen wäre. Zur Erfüllung der Forderung, auch ein *verdecktes Ziel* weiter beschießen zu können, wurde daher die als A-Komponente bezeichnete Kursstabilisierung eingeführt. Zugleich erhielt man dadurch die Möglichkeit, die seitliche Auswanderung des Gegners, den Seitenunterschied in Winkelmaß zu messen, um diesen nach Zuschlag oder Abzug des eigenen Anteiles an der Seitenauswanderung in den Seitenunterschied des Gegners umzuwandeln. Unter Berücksichtigung der Entfernung mußte sich dann aus einem Winkelwert ein *Gegner-SU* in hm ergeben. Gegner-SU und Gegner-EU würden dann Fahrt und Kurs bzw. Lage des Gegners ergeben. Die A-Komponente ist praktisch nichts anderes als ein Kreiselkompaß mit einer Genauigkeit von 1/16 Grad. Wegen der vergleichsweise hohen verlangten Genauigkeit wurde ein Anschluß der Artillerie an die Kreiselkompaßanlage von Anfang an abgelehnt, da dieses nur zu Komplikationen geführt hätte. Die A-Komponente wurde in den Räumen der Mutterrichtanlage untergebracht und steuerte von dort die Verbraucher (Zielgeber der Seezielartillerie und Fla-Leitstände). Später wurde die A-Komponente in die Trägheitsrahmen für D/E eingebaut, wodurch der Rahmen nicht nur horizontiert, sondern auch in einer anfangs eingenommenen geographischen Richtung festgehalten wurde.

B. Die Einzelprobleme der Feuerleitung

1. Führungsprobleme

Im vorletzten Abschnitt ist dargelegt worden, wie sich die Artilleristen bemüht haben, Schiffs- und Verbandsführung von der Rücksichtnahme auf die Artillerie bei Kurs- und Fahrtänderungen zu befreien. Im Gegensatz dazu war die Einstellung der Kommandanten und Befehlshaber zur Artillerieführung so starr geblieben, wie sie in der Hochseeflotte mit 20 eigenen Schiffen und noch mehr Gegnern gewesen war und hatte sein müssen. Der A.O. blieb damit im Gefecht reiner Schießleiter, womit seine taktischen Kenntnisse und Erfahrungen *im* Gefecht häufig unausgenutzt blieben. Diese Einstellung hätte spätestens überprüft werden müssen, als die Entsendung der Panzerschiffe zum Handelskrieg geplant wurde, denn ein Panzerschiffskommandant hätte so im Gefecht nicht auf seinen wichtigsten taktischen Berater verzichten müssen. Mit dem Aufkommen der Kampfgruppentaktik (Entsendung eines schweren Schiffes im Verband mit Zerstörern) nahmen die Aufgaben der führenden Kommandanten noch zu, ohne daß ihnen taktische Gehilfen beigegeben wurden. In diese Aufgabe hätten die Ersten Artillerieoffiziere gehört, da ja die Artillerie die Hauptwaffe der Panzerschiffe und Schlachtschiffe war. Wie verhängnisvoll diese starre Haltung der Führung sein konnte, bewies „Admiral Graf Spee" im Gefecht vor dem La Plata. Der Kommandant, langjähriger Torpedobootsfahrer und kein Artillerist, ließ sich während des ganzen Gefechtes nur durch torpedotaktische Überlegungen leiten, richtete den Gefechtskurs nach möglichen (!) Torpedolaufbahnen und zwang die Artillerie zu immer neuem Einschießen und zur Munitionsvergeudung. Daß der Kommandant sein Schiff vom Vormars aus, d. h. vom Hauptartillerieleitstand aus, führte, bedeutete eine weitere schwere Belästigung und Behinderung der Artillerie. Der I.A.O. hätte bei Schiffen mit mindestens Kreuzergröße im Gefecht entweder neben den Kommandanten oder organisatorisch und räumlich in eine Position gehört, von wo aus er — befreit von der Leitung einer Batterie — den Kommandanten beraten und die einzelnen Batterien einsetzen und überwachen konnte (eine Stellung, die heute der Schiffswaffenoffizier in etwa erhalten hat). Für den I.A.O hätte eine gewisse Selbständigkeit geschaffen werden müssen, wie sie dem Fla. A.O. allmählich unter dem ständig wachsenden Druck urplötzlich erscheinender Flugzeuge zugestanden worden war. Die mangelhafte, überalterte Rolle des I.A.O. hat mehrfach die höchstmögliche Gesamtleistungsfähigkeit der Artillerie an ihrer vollen Entfaltung gehindert. *Fla:* Die Kürze der Zeit zwischen Sichtung feindlicher Flugzeuge und Feuereröffnen hatte dem Fla.A.O. die erwähnte Selbständigkeit gebracht. Der Fla.A.O. mußte selbst über seine Maßnahmen entscheiden, wobei er durch die Luftnachrichtenzentrale (L.N.Z.) aufgrund der Luftlagemeldungen unterstützt wurde. Abschwächungen in der Flugabwehrbereitschaft wurden der Schiffsführung vorgeschlagen. Da anzunehmen war, daß die Zahl der Angreifer und die Richtungen der gleichzeitig erfolgenden Angriffe ständig wachsen würden, entwickelte sich der Fla.A.O. schon im Laufe der letzten Friedensjahre mehr und mehr zu einem Fla-Einsatzleiter, der das eigentliche Schießen seinen Batterieleitern überlassen mußte. Aus dieser Aufgabenverlagerung entstand das Fla-Einsatzpersonal mit den zugehörigen Geräten: den Zielanweisegeräten (ZAG), den Einsatzfernsprechern (zur Verbindung mit den einzelnen schweren Fla-Batterien und den Gruppen der leichten Flak). Die ZAG waren dreiachsige Zielgeräte mit guter Optik und steuerten die Fla-Leitstände auf das zu beschießende Ziel.

2. Die Leitung der Batterie im Gefecht

Der A.O. hatte seine Batterie möglichst lange fest in der Hand zu halten, denn es war immer wieder berichtet worden, daß ein zentral geleitetes Feuer stets wirksamer als ein geschütz- oder turmweises Schießen gewesen war. Dieses blieb immer noch als Notlösung und wurde auch geübt. Bei Sichtbehinderung oder Ausfall des I.A.O. sollten weitere A.O. in anderen Ständen unverzüglich die Leitung übernehmen können und waren daher mit dem I.A.O in ständiger Verbindung. Auch unterstützten sie sich gegenseitig in der Beobachtung des Gegners und der Lage des Schießens.
Wie stark das Schießen — im Gegensatz zu dem heutigen meist reinen *Geräteschießen!* — Aufgabe des A.O. war, konnte man schon an der Art

und Weise erkennen, mit der der A.O. die *einleitenden Kommandos* gab. Die Persönlichkeit des A.O. wirkte sich bis in die letzten Ecken der auf den großen Schiffen weit verzweigten Artillerie und auf den kleineren Einheiten praktisch bis zu jedem Mann der Artillerie aus. Das „Auf in den Kampf, Trocadero!" seines I.A.O. vor dem Gefecht mit „*Hood*" klingt dem Verfasser noch heute in den Ohren. — Die Reihenfolge der Kommandos war in der Geschützvorschrift in ihrer genauen Bedeutung und unter Berücksichtigung der jeweiligen Anlage festgelegt, um sicherzustellen, daß in möglichst kurzer Zeit die Batterie feuerbereit gemeldet oder das Feuer eröffnet werden konnte. Nach einer Ankündigung der Gefechtsseite und der Schußrichtung folgten eine Beschreibung des Zieles, der Haltepunkt, das Richt- und Abfeuerverfahren sowie der leitende Stand mit dem leitenden Offizier. Das alles wurde in einem nur aus Stichworten bestehenden Schaltbefehl ausgedrückt. Spätestens nach Erhalt der ersten E-Messung entschied der A.O. über die Geschoßart und befahl zu laden und zu sichern. Gegnerlage und -fahrt wurden geschätzt und dienten bis zur Ermittlung dieser Werte als Grundlage der Vorhaltbildung. Je nach verfügbarer Zeit wurden EU- und SU-Ausgleich durchgeführt und die Beobachtungen der A.O. über den Gegner ausgetauscht. Mit Spannung wurde dann das Klarmelden der Batterie auf dem „Sicher-Fertig-Schuß-Anzeiger" (SFS-Anzeiger) vom Listenführer verfolgt und dem A.O. laufend gemeldet. Je nach Befehl wurden dann Turmsalven, Teilsalven (z. B. die vordere Turmgruppe bei 4 Türmen) oder eine Vollsalve gefeuert, nachdem die bezeichneten Türme oder Geschütze auf den Befehl „Zentral" des A.O. oder des Offiziers in der Rechenstelle entsichert hatten. Je nach Schaltbefehl wurden die Geschütze vom leitenden Stand oder von der Rechenstelle aus abgefeuert. Für die abzufeuernden Geschütze wurden an der geschalteten SFS-Anlage die zugehörigen Vorkontakte gelegt. Bei Abfeuerung vom leitenden Stand drückte der Höhenrichtmann einen Kontakt am Richthandrad oder blies kurz in seinen Mundkontakt. Bei Abfeuerung aus der Rechenstelle wurde dort an der SFS-Anlage der letzte Kontakt gegeben. Die weitere Führung lief dann ab, wie es im Kriege bereits geschehen war. Bei Schießen mit Seiten- oder Höhen-Vorzündewerk wurde die von den Geschützen einzunehmende Lauerstellung befohlen und auf das Kommando „Durch" die betreffende Richtmaschine gesteuert.

Das vom A.O. benutzte Gerät war der *Zielgeber* zur Messung der Zielseiten- und -höhenrichtung durch die beiden Richthandräder, mit Stabilisierung durch A- und D-Komponente, den Abfeuerkontakten und den Einblicken für den A.O. und die Richtunteroffiziere. Die A.O.-Optik besaß Vergrößerungswechsel zur Wahl der besten Beobachtungsmöglichkeit. Im Stand waren neben dem SFS-Anzeiger und den altbekannten Hilfsgeräten (EU/SV-Anzeiger, E.A.-Uhr) Anzeiger für eigene Fahrt und Ruderlage und eine

Kompaßtochter. Ferner gehörten zur Standausrüstung Fernsprecher und Sprachrohre für die verschiedensten Zwecke und zu den verschiedensten Stellen.

Auf den großen Schiffen befand sich neben dem A.O. auch der *E-Meß-Offizier* (Em.O.), der seine Geräte ansetzte und ihre Meßbedingungen mit Hilfe eines besonderen Sehrohres einzeln überprüfte, um Geräte mit schlechten Meßbedingungen bei der E-Mittelung auszuschalten.

Wegen des beschränkten Gesichtsfeldes der geschlossenen Stände wurde der Zielgeber im Auffassen des Zieles durch *Zielsäulen* unterstützt. Diese standen auf den Außenseiten der Schiffsführungsstände, hatten großen Blickwinkel und gute Optik. Ihre Seitenrichtung übertrug sich auf den Zielgeber, wo sie abgelesen und nachgesteuert werden konnten. Neben den Zielsäulen waren *Befehlsgeber* angebracht, um durch Einstellen von Schußentfernung und Seitenvorhalt unter anfänglicher Umgehung der Rechenstelle die Batterie möglichst schnell zum Feuern zu bringen. Das galt vor allem für nächtliche Torpedobootsabwehr, wo bei den Schießübungen in 1 Minute 50 Sekunden nach dem Alarm der erste Treffer erzielt sein mußte. Andernfalls galt die Aufgabe als nicht gelöst, auch trotz späterer vieler Treffer.

Auf den großen Schiffen mit ihren großen Augeshöhen hoben sich u. U. Torpedoboote schlecht vom Hintergrund ab. Daher hatten diese Schiffe auf jeder Seite ein *Sehrohr* möglichst tief aufgestellt, um die Zielsäulen zu unterstützen. Die Optik dieser Sehrohre war besonders lichtstark. Die Zielsäulen steuerten auch die *Scheinwerferrichtgeräte*, bis diese das Ziel aufgefaßt hatten.

Fla: Die *Fla-Leitstände* waren eine Kombination von Ziel- und E-Meßgerät. Batterieleiter und E-Messer saßen mit Blickrichtung zum Ziel, während Seiten- und Höhenrichtmann diesem den Rücken zuwandten. Wenn das Gerät das Ziel aufgefaßt und der E-Messer sich eingemessen hatte, drückte der Leiter den Feuererlaubnishebel. Die weiteren Feuerbefehle für das Fla-Schießen gab dann die Rechenstelle. Beim Einsatz der schweren Flak (S-Flak) gegen Seeziele wurde je nach Zielart und Entfernung (Schnellboote auf Entfernungen bis 100 hm) das Fla-Verfahren beibehalten. Bei weniger beweglichen und größeren Zielen und vor allem auf große Entfernungen, für die die Zünderlaufzeit nicht mehr einzustellen war, wurde vom Leiter ein freies Schießen oder ein Schießen mit den in der Rechenstelle befindlichen Hilfsgeräten durchgeführt. Dadurch, daß der Leiter genau wie der E-Messer für seine Objektive einen Abstand von 4 Metern hatte, erhielt er einen guten räumlichen Eindruck von der Lage seiner Sprengpunkte zum Ziel und konnte durch Stand-, Schieber- und Reglerverbesserungen eingreifen. Auch war es ihm dank der vorzüglichen Optik möglich, Bewegungen des Gegners, die dessen Absichten verrieten, früher zu erkennen als dem

Tangentenleger am Rechengerät. Entsprechend griff er durch Verbesserungen dem Gerät vor.

Die Leitung der Leichten Flak (L-Flak) hatten Unteroffiziere oder ältere Mannschaften, die in der Nähe des Geschützes standen. Sie waren mit einem 0,70- oder einem 1,25-m-E-Meßgerät mit festen Meßmarken ausgerüstet. Die für das jeweilige Visier erforderlichen Werte wurden geschätzt, die Entfernung gemessen. Im übrigen beobachteten sie durch das Gerät den Durchgang der Leuchtspuren durch die Zielebene und verbesserten entsprechend (Zielebene ist die Ebene, die senkrecht auf der Visierlinie steht und in der sich das Ziel augenblicklich befindet). Stolz auf ihre verantwortungsvolle Tätigkeit bezeichneten sich vor allem die guten Obergefreiten als „Abkomm-A.O.", womit sie gar nicht so unrecht hatten! (Abkommschießen dienen der Ausbildung der G.F. im „Abkommen", d. h. im Abfeuern bei bester Zielhaltung. Auf nahe Entfernung ausgeführt, reichen Gewehre oder kleine „Abkommkanonen", die in die eigentlichen Rohre gesetzt werden, zur Übung und zum Erkennen der Güte des Abkommens. Der Seemann übertrug den Zusatz für alles, was kleiner als normal war.)

3. *Die Entfernungsmessung*
Geräte, Stände und Mittelung der Messung

Schon vor dem 1. Weltkriege war der Mindestfehler (= 10 Winkelsekunden) bekannt. Dieser Winkel ist der kleinste, den ein Mensch bei Benutzung eines räumlichen E-Gerätes in der Auswirkung auf die Entfernung eines Meßobjektes gegenüber einem anderen Objekt mit seinem Augenpaar als Differenz empfinden kann. Die Auswirkung des Mindestfehlers hängt von der Basislänge und von der Entfernung ab. Er beträgt bei 3 m Basis und bei 25facher Vergrößerung auf 20 hm 2,6 m, auf 100 hm = 65 m und auf 160 hm = 165 m. Bei doppelter Basislänge betragen die Fehlerstrecken die Hälfte.

Die Firma Zeiss hatte sich von Anfang an um höchste Präzision bemüht. Dennoch konnte nicht verhindert werden, daß die Geräte durch die ständigen, häufig rhythmischen Erschütterungen (durch Maschinen- und insbesondere Getriebeschwingungen), durch den rauhen Bordbetrieb und vor allem durch starke, in vielen Fällen einseitige Erwärmung (ein Ende des Gerätes z. B. durch Schornsteingase und Abluft aus den Räumen) verstimmt wurden. Bei „landfestem" Schiff konnten die Geräte nach Zielen mit bekannter Entfernung justiert, „abgestimmt" werden. Kleine tragbare Handgeräte konnten mit einer Berichtigungslatte abgestimmt werden (eine Latte erhielt in möglichst genau gleichem Abstand wie die Objektive Marken. Das Gerät wurde auf diese Latte gerichtet. Die Lattenmarkierung mußte bei abgestimmtem Gerät unendlich weit erscheinen). Für die großen

Geräte wurde als Lösung die „Innenberichtigung" gefunden und bis 1918 bei allen Geräten eingeführt. Hierbei wurde durch Zwischenschalten zusätzlicher optischer Elemente der Strahlengang des einen Auges in das andere Auge zurückgeführt. Ein in beiden Strahlengängen eingeschaltetes Meßmarkenpaar mußte nach der Abstimmung unendlich weit erscheinen. In der technischen Durchführung unterschied man die gegenläufige und die absolute Innenjustierung. Doch befriedigten beide Verfahren noch nicht restlos.

Vor Beginn der Neuentwicklung wurden die Meßfehler systematisch untersucht und in 3 Gruppen eingeteilt, in

im Gerät begründete Fehler,

durch die atmosphärischen Verhältnisse verursachte, unabwendbare Fehler (Lichtverhältnisse, Luftschichtungen durch Temperatur- und Feuchtigkeitsunterschiede) und in

die dem E-Messer anhaftenden persönlichen Fehler.

Durch Vergrößerung der Basis (von bisher 3 und 6 m auf 4, 5, 6, 7 und 10 m) wurde der Meßbereich außerordentlich erweitert und die Meßgenauigkeit gesteigert. Unter den Verbesserungen der optischen Eigenschaften war der „Blaubelag" besonders wirkungsvoll. Dieser bestand aus einer patentrechtlich geschützten Schicht, die auf alle Linsen- und Spiegelflächen aufgedampft wurde und anfangs „T-Schutz" genannt wurde. Sie steigerte die Helligkeit und Klarheit des Bildes. — Gegenüber den atmosphärischen Fehlerquellen wurden erhebliche Erfolge u. a. durch Wärmeisolierung des gesamten Gerätes, durch Verwendung des weitgehend temperaturunempfindlichen Sl-Glases, durch Einbau von Lufttrocknern und Gebläsen erzielt. Die letzteren wurden ebenso wie rotierende Klarsichtscheiben an den optischen Teilen der Zielgeber und Zielsäulen angebracht. Die entscheidende Verbesserung der Geräte geschah jedoch durch die Einführung eines neuen Abstimmverfahrens, des „Umschlages", so genannt, weil der E-Messer nichts anderes zu tun hatte als mit einem Hebel die im Basisrohr gelagerten optischen Elemente „umzuschlagen". Vor und nach dem Umschlagen sah der E-Messer in sein Gerät. Beim ersten Einblick stellte er mit dem Handrad die Meßmarken so, daß er den Eindruck hatte, als ob sie unendlich weit entfernt wären. Wenn er nach dem Umschlag denselben Eindruck hatte, war das Gerät in Ordnung. Andernfalls wurde die Hälfte der Handradbewegung, die erforderlich war, um die Meßmarke auf Unendlich zu stellen, als Verbesserungs- oder Abstimmwert vor dem zweiten Umschlagen eingestellt. Schon im Verlauf der Erprobungen der ersten E-Geräte „mit Umschlag" (R.U.Em.) mit 5 m Basis auf *„Schlesien"* und *„Emden"* 1926 stellte sich heraus, daß auch die Form der Meßmarke die Güte der Messung beeinflußte. Die Meßmarken konnten stufenlos verschieden stark beleuchtet werden, so daß der E-Messer die Lichtverhältnisse dem gesehenen Zielbild anpassen konnte. Auswechselbare Farbgläser dienten dem Blendschutz. Außerdem wurde dem E-Messer das Seitenrichten durch einen zusätzlichen Mann abgenommen, bei Fla-Geräten durch einen weiteren auch das Höhenrichten. Seezielgeräte wurden der Höhe nach stabilisiert.

Man erkannte in diesen Jahren auch die psychischen Einflüsse, die in der Wesensart des E-Messers begründet waren. Die innere Einstellung zur Aufgabe und das Bewußtsein von der entscheidenden Wichtigkeit der Messung für den Schießerfolg wurden planmäßig gefördert, das E-Meß-Personal sehr sorgfältig ausgewählt und ausgebildet. Nach eingehenden ärztlichen Untersuchungen wurden die E-Meß-Schüler auch psychologisch streng überwacht, was auch während der ganzen Bordverwendung geschah. Ein Prüf- und Ausbildungsgerät (P.A.G.) wurde entwickelt und den Geräteobjektiven vorgeschaltet. Es simulierte sich nähernde und entfernende Ziele. Der simulierte und der gemessene Wert wurden verglichen. Der Ausbildung dienten auch die E-Meß- und Koppelübungen. In der Ausbildung der Seeziel- und Fla-E-Messer schälte sich ein sehr wesentlicher Unterschied heraus: Die Seezielmesser wurden zu sogenannten „ehrlichen Messungen" erzogen. Die Messer drehten sehr häufig die Marke vom Ziel fort und maßen sich neu ein. Dann legten sie den Punktkontakt und lieferten damit einen Meßwert an die E-Mittelung. Die Fla-Messer dagegen mußten wegen des großen EU laufend messen, ständig am Ziel bleiben und legten in der Regel einen Dauerkontakt. Ihre Meßfehler wirkten sich dabei wegen der meist geringeren Entfernungen nicht so stark aus.

Torpedoboote und andere Kleinfahrzeuge erhielten je nach Platz und Bedarf ein oder zwei Geräte, Zerstörer und alle Schiffe zwei und mehr Geräte für die Seezielartillerie (Vorderer Stand, Vormars und achterer Stand mit 4, 6 bzw. 10 m Basis). Dazu kamen in den oberen 20,3-cm-Türmen Geräte mit 7 m Basis, in allen 28- und 38-cm-Türmen mit 10 m Basis. Aufgrund der Kriegserfahrungen wurden jedoch in den unteren Türmen die Geräte ausgebaut bzw. nicht eingebaut, da in großen Mengen Seewasser in die großen Öffnungen für die Objektive eingedrungen war und die Türme gefährdete.

Da die Türme in Schußrichtung, die in ihnen untergebrachten E-Geräte jedoch in Zielrichtung standen, mußten die Geräte gegenüber den Türmen um den Maximalwert des Schiebers verdreht werden können. Der Höhe nach durften die Geräte durch zu kleine Öffnungen in den seitlichen Ausbauten der Turmpanzer nicht beeinträchtigt werden. Diese Forderungen führten zu den bereits erwähnten Öffnungen.

Die Leichten Kreuzer und alle kleineren Fahrzeuge erhielten, soweit ihre 10,5- und 8,8-cm-Geschütze zum Fla-Schießen verwendet werden konnten, ein Fla-Em, Panzerschiffe zwei, Schwere Kreuzer und Schlachtschiffe vier Geräte. Die Geräte erhielten die Zielseitenrichtung elektrisch angezeigt.

126

Die gemessenen Entfernungen übertrugen sich entweder fallweise oder laufend, je nachdem, ob der E-Messer einen Handgriff „Gute Messung" auf Punkt- oder Dauerkontakt gelegt hatte, elektrisch in die Rechenstelle. Bis Kriegsende 1918 war die Gewinnung der Durchschnittsmessung, die „E-Mittelung", Aufgabe des B.G.-Offiziers gewesen. Er beurteilte die ihm telegraphisch angezeigten Werte und schloß stark herausfallende Werte von der folgenden, elektrisch durchgeführten Mittelung aus. Mit der Weiterentwicklung ab 1926 setzte das Bestreben ein, die erhaltenen Werte auch zur EU-Bestimmung auszunutzen. Hierzu wurde mit den ankommenden Werten — mathematisch ausgedrückt — die erste Ableitung nach der Zeit, eine Differentiation graphisch durchgeführt. Weil das Verfahren sich in gleicher Weise für den SU und bei den Fla-Rechengeräten auch für den Höhenunterschied, den HU, wiederholt, und das Verfahren bis zum Kriegsende gebraucht wurde, wird es nachstehend ausführlicher beschrieben (Z 35).

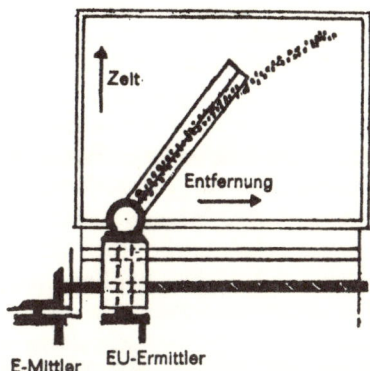

Z 35 *Die graphische Bestimmung des EU*

In einem Gehäuse befand sich ein rechteckiges Fenster, hinter dem sich auf der ganzen Breite ein Papierstreifen mit gleichbleibender Geschwindigkeit aufwärts bewegte. Die Ordinate der Darstellung war also die Zeit. Von der linken unteren Ecke bewegte sich nach rechts, also auf der Abszisse, entsprechend der gemessenen Entfernung ein Schreibstift, der bei jedem Punktkontakt bzw. bei Dauerkontakt in regelmäßigen Abständen einen Punkt zeichnete. Die sich hieraus ergebende Punktreihe ergab durch die Richtung und Stärke ihrer Neigung Tendenz und Größe des EU. Diese beiden Größen wurden dadurch gemessen und zwangsläufig in den weiteren Rechengang gegeben, daß eine sich um den Stift drehende Tangente an die Punktreihe gelegt wurde. Bei mehreren Geräten und entsprechend mehreren Messungen fiel der Stift fort und wurde durch Drucktypen (bis zu 5) mit den Ziffern 1 bis 5 ersetzt. Der Drehpunkt der Tangente wurde dann mit einem Handrad in den Schwerpunkt der letzten Messungen ge-

127

dreht. Hierdurch wurde der Schwerpunkt der Messungen bestimmt, wurden die Meßwerte gemittelt. Durch die Handraddrehung wurde zugleich der gemittelte Wert weitergegeben. Mit einem 2. Handrad wurde wie bisher die Tangente gelegt (Aussteuerung des EU). — Die Drucktypen wurden den einzelnen Geräten zugeteilt.

Fla: Neben der bereits erwähnten Möglichkeit, durch Höhenwinkel und Entfernung auch die Flughöhe zu bestimmen, erhielten die Geräte auch einen vierten Einblick für den Batterieleiter.

4. Das Funk-E-Meß- oder Radarproblem

Neben den vorstehend beschriebenen Wegen zur Steigerung der Genauigkeit bei der Bestimmung der Entfernung zum Gegner betrat die Artillerie noch einen weiteren Weg: die Messung der Strecken zum Gegner durch die Messung der Zeit, die ausgesandte elektromagnetische Wellen für den Weg zum Gegner und für den Rückweg benötigen, heute allgemein als Radar bezeichnet. Erst die seit Anfang der dreißiger Jahre mögliche Messung extrem kurzer Zeiten mit genügender Genauigkeit erlaubte es, diesen Weg zu beschreiten. Das Referat BW III im Marinewaffenamt der Marineleitung stellte zusätzliche Mittel bereit, die seit 1933 laufenden Versuche zu beschleunigen und auf die Forderungen der Artillerie zu erweitern. (Am 20. März 1934 hatten die ersten gelungenen Versuche, — die ersten Radarversuche der Welt! — zwischen dem Gebäude der Nachrichtenmittelversuchsanstalt der Marine, heute ein Nebengebäude des Schleswig-Holsteinischen Landtages in Kiel, gegen das dort zufällig vor Anker liegende Zielschiff „Hessen" mit 48-cm-Wellenlänge stattgefunden.) Die Artillerie stellte folgende Forderungen: Kontinuierliche Entfernungsmessung, Seiten- und später auch Höhenwinkelmessung als Schießgrundlage, Übermittelung der erhaltenen Werte mit den bereits üblich gewordenen Systemen in die Feuerleitung. Diese Forderungen konnten mit der damaligen Radartechnik nicht erfüllt werden, denn es waren nur Einzel-E-Meßwerte mit sprungweiser Bereichsschaltung möglich. Eine unmittelbare Übertragung der gemessenen Kurzzeit war wegen der hierzu benutzten Geräte ausgeschlossen. Bei der Seitenwinkelmessung wurde die Lage des stärksten Echos, des Maximums durch Hin- und Herpendeln der Empfangsantenne festgestellt und festgehalten. Da die Stärke der Rückstrahlung und damit das Maximum von der Form der Schiffe und insbesondere ihrer Aufbauten und deren augenblicklichen Lage zum Meßstrahl abhing, schwankte die Lage des Maximums über die ganze Ausdehnung des Zieles. Gleiches galt und gilt für die Messung des Höhenwinkels. Die stark pendelnde Seitenwinkelkurve war ohne eine — heute in jedem Feuerleitradar vorhandene — Glättung in der Seitengraphik der Ortungsgeräte bzw. Schußwertrechner unbrauchbar. Der Umbau der vorhandenen oder im Bau befindlichen Geräte durch einen Glät-

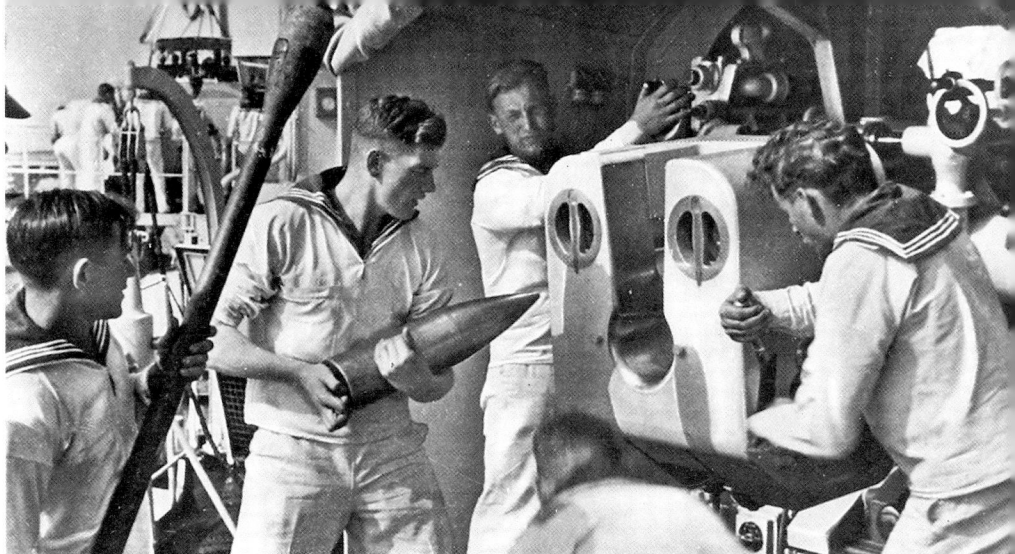

Abb. 29: 12,7-cm-Schnelladekanone in Mittelpivotlafette auf einem Zerstörer.

Abb. 30: 10,5-cm-Schnellfeuerkanone C/32 U in 10,5-cm-Utof-Lafette C/36 auf U-Boot Typ IX.

Abb. 31: 10,5-cm-Schnellfeuerkanone mit Schutzschild, Einsatz u.a. auf Minensuchbooten.

Abb. 34: 10,5-cm-Utof
auf *Leopard* zur
Reichsmarinezeit.

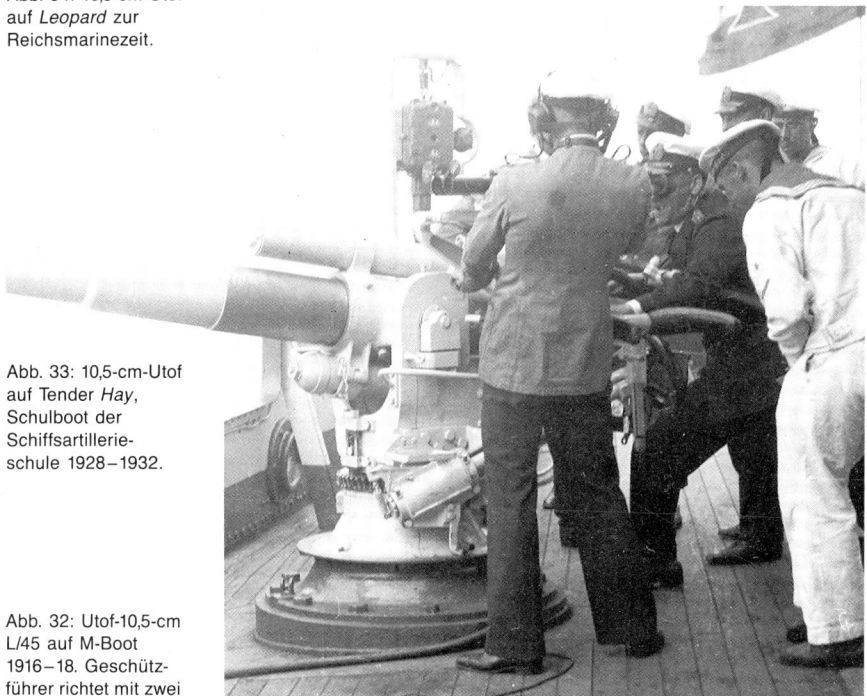

Abb. 33: 10,5-cm-Utof
auf Tender *Hay*,
Schulboot der
Schiffsartillerie-
schule 1928–1932.

Abb. 32: Utof-10,5-cm
L/45 auf M-Boot
1916–18. Geschütz-
führer richtet mit zwei
Handrädern.

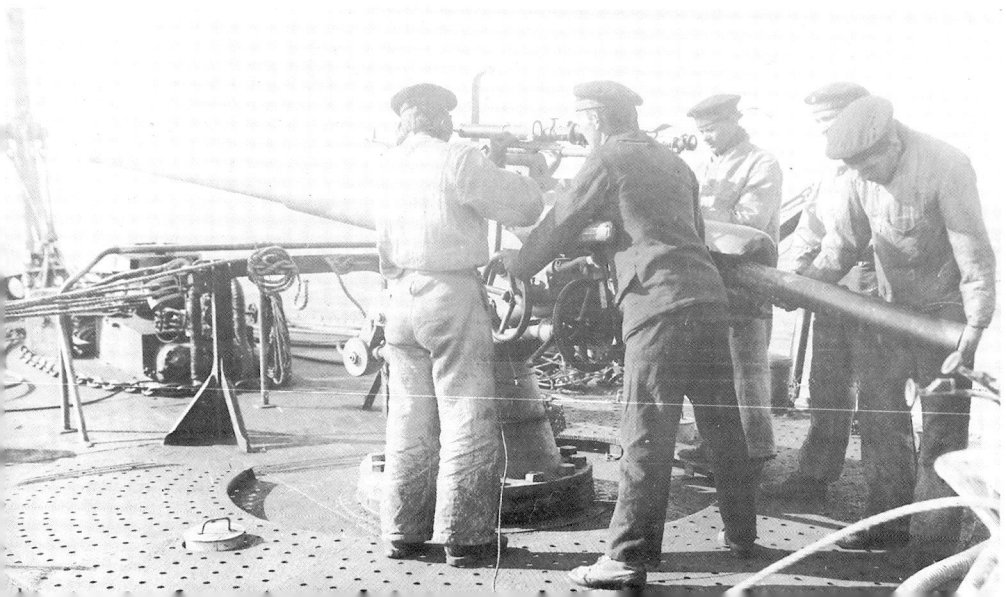

Abb. 35: Versuchsanlage auf Leichtem Kreuzer *Köln*: 4–8,8 cm-Flak C/25 in Doppellafette C/25. Wiege mit schwingenden Schildzapfen als Querrichtachse. Aufnahme vom 4. April 1930.

Abb. 36: Flak auf *Prinz Eugen* 1941, Steuerbord vorn 2-cm-Flak, dahinter 10,5-cm-Flak-Zwilling, darüber 3,7-cm-Zwilling.

Abb. 40: 8,8-cm-Schnellfeuerkanone C/35 in 8,8-cm-U-Bootslafette C/35.

Abb. 37 (mitte links): 8,8-cm-
Sk auf dem Großen Kreuzer
Gneisenau.

Abb. 38 (mitte rechts): Zwei
8,8-cm Flak L/45 in 8,8-cm in
Mittelpivotlafette C/13 auf
Leichtem Kreuzer *Leipzig*,
1933.

Abb. 39: 8,8-cm-Flak L/76 in
Zwillingslafette auf Leichtem
Kreuzer *Nürnberg*.

Abb. 41: 10,5-cm-Utof L/45.

Abb. 42: 8,8 Sk C/35 in 8,8 U-Boots-Lafette C/35.

Abb. 43: 8,8 Sk C/35 auf Pionierlandungsfähre, Mai 1944.

Abb. 44, 46: Abb. links oben und links zeigen die 3,7-cm-Schnellfeuerkanone C/30 in Doppellafette auf dem Flugzeugträger *Graf Zeppelin*.

Abb. 45 (oben rechts): Ansicht der 3,7-cm-Sk von oben auf *Prinz Eugen*.

Abb. 47 (unten links): 4-cm-Bofors-Flak, hier auf U 505.

Abb. 48: 4-cm-Bofors-Flak, wie sie recht häufig auf Schiffen eingesetzt wurde.

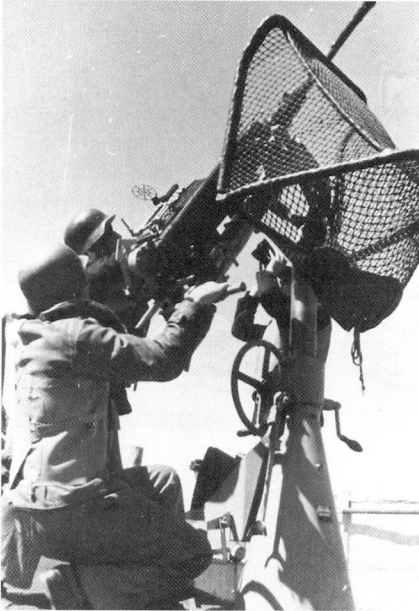

Abb. 54: 2-cm-MG 30 auf Sockellafette.

Abb. 55: 2-cm-MG 30 mit Bedienung einschließlich Geschützführer mit 0,7 m Entfernungsmesser.

Abb. 56, 57: 2-cm-Flak in Zwillingslafette, hier auf U 505. Bei der Abb. links ist deutlich zu erkennen,
daß das rechte Rohr um 90° gedreht ist, um das Magazin ansetzen zu können.

Abb. 49, 50, 51, 52: 2-cm-Flak-Vierling, dreiachsig gelagert. Die beiden oberen Aufnahmen sind auf *Graf Zeppelin*. Unten links ist das Handrad zu beachten, zum Einstellen des Kantwinkels.

Abb. 53 (unten rechts): Im Gegensatz zum Marine-Vierling zeigt diese Aufnahme einen 2-cm-Vierling in zweiachsiger Heereslafette, wie er sehr viel vor allem auf kleineren Einheiten – hier auf einem Minensuchboot – zum Einsatz kam, da er auch vom Gesicht her leichter war als die Marine-Version.

tungszusatz oder durch zusätzliche Seitenpunktkontakte hätte umfangreiche Änderungen verursacht und die Fertigstellung der großen Schiffe erheblich verzögert. Die vom Waffenamt des Oberkommandos der Marine (O.K.M.) geforderten Geräte mit kürzeren Wellenlängen zur Verkleinerung der Sende- und Empfangsantennen, die auch zur Aufschlagbeobachtung geeignet sein würden, konnten aus kriegsbedingten Umständen nicht entwickelt werden. Eine Zwischen-, besser „Not"-Lösung war ein auf *„Tirpitz"* an einem achteren Fla-Leitstand angebautes Würzburg-Gerät, dessen Bestreichungswinkel durch den Spiegel merklich verkleinert wurde.

Die ersten Radargeräte (damals aus Geheimhaltungsgründen als DeTe-Geräte = Dezimeter-Telegraphie, als Funk-E-Meßgeräte oder Em-II-Geräte bezeichnet) kamen 1938 auf die Panzerschiffe. Die Geräte wurden in die Stufe der höchsten Geheimhaltung eingereiht. Die Sicherung dieses Geheimnisses war für den Kommandanten des Panzerschiffes *„Admiral Graf Spee"* der ausschlaggebende Grund, die geheimzuhaltenden Einrichtungen zu sprengen und das Schiff zu versenken. Bei der angenommenen Feindlage mußte der Kommandant damit rechnen, daß das Schiff noch vor Erreichen genügend tiefen Wassers vernichtet würde, ohne daß er die Sicherheit hätte, daß das Geheimnis gewahrt bliebe.

In diesem Zusammenhang muß auf den Führerbefehl Nr. 1 hingewiesen werden, der bestimmte, daß niemand mehr über Geheimnisse erfahren dürfte, als es zur Erfüllung seiner Aufgaben erforderlich war. So kam es, daß Kommandanten, Artillerie- und Torpedooffiziere, aber auch Seebefehlshaber die Möglichkeiten des geheimnisumwitterten Gerätes und seine Grenzen und Gefahren nur unvollkommen kannten, kennen durften! Und das, obwohl sie den Einsatz des Gerätes zu entscheiden und zu verantworten hatten (z. B. als Kriegswachleiter). Eine vom Waffenamt des O.K.M. erstmals ausgesprochene Warnung vor hemmungslosem Gebrauch des Gerätes wies auf die Gefahr hin, daß ein Schiff bei Radargebrauch wie eine Funkbake zur See führe und eingepeilt werden könne. Diese Warnung wurde vom Chef des Marinenachrichtendienstes mit dem Hinweis darauf, daß die ausländische Funktechnik noch nicht soweit wäre, als gegenstandslos erklärt. Nur so ist die Überraschung des Flottenchefs zu erklären, der in seinem Gefechtsbericht nach Versenkung der *„Hood"* das Vorhandensein von *„EM-II"*-Geräten beim Gegner ausdrücklich meldete. Eine psychologisch vielleicht verständliche, sich daraus ergebende falsche Einschätzung des feindlichen Gerätes führte dazu, daß die gelegentlichen Überstreichungen durch das Gegner-Radar als Kontakte der Fühlungshalter überbewertet wurden und zur Abgabe des folgenschweren, langen Funkspruches führten, der dem Gegner das Wiederauffinden der *„Bismarck"* ermöglichte. Es dürfte kein Zweifel darüber bestehen, daß der Führerbefehl sich hier verhängnisvoll ausgewirkt hat. Daneben bestand die grundsätzliche

Weisung des O.K.M., kein eingebautes Gerät eigenmächtig zu ändern. Aus der Not der Lage heraus haben wohl alle Schiffe versucht, Radarwerte in die Feuerleitung zu übernehmen. Das geschah für die Entfernung durch Fernsprecher oder ein Gebersystem, das eine Type an der E-Graphik der Schußwertrechner steuerte. Es ist denkbar, daß ohne diese Weisung ein Weg zur Übernahme auch der Seitenwinkelmessung gesucht und gefunden worden wäre, zugegebenermaßen nicht ohne technische Schwierigkeiten. Diesem Fehler dürfte der Verlust des Schlachtschiffes „Scharnhorst" zuzuschreiben sein. Die damalige Seitenpeilgenauigkeit betrug 1 Grad. Bei der Zielausdehnung des Gegners (Schlachtschiff „Duke of York" 227 m) und der Gefechtsentfernung von rund 100 hm mußte ein Springen des Echomaximums um etwa 20/16 Grad angenommen werden. Damit betrug die Gesamtseitengenauigkeit etwa 2 Grad, ein Maß, das für ein aussichtsreiches Artilleriegefecht völlig ungenügend war. Dazu kam dann noch die mechanische Lose im Schwenkwerk der Drehhauben.

Entsprechend der Keulenform der Ausstrahlung waren die an sich nur gegen Ziele im Horizont bestimmten Geräte auch in der Lage, Flugzeuge in geringen Höhen oder bei großen Entfernungen auch in größeren Höhen aufzufassen. Durch unmittelbare Zusammenarbeit zwischen Gerät und Fla-Einsatzleiter wurden die Entfernungs- und rohen Seitenwerte an die Fla-Leitstände übermittelt. Dadurch konnten angreifende Flugzeuge schon auf der Sichtgrenze aufgefaßt werden, wodurch die Flugabwehr einen wesentlichen Vorsprung gewann.

Übertriebene Geheimniswahrung und der Zeitdruck, unter dem die Aufrüstung stand, sowie die kriegsbedingten Schwierigkeiten lassen das Kapitel der Radar-Entwicklung in der Kriegsmarine als das am wenigsten erfreuliche aus der ganzen Zeit von 1925 bis 1945 erscheinen.

5. Die Wärmepeilung

Wie vorstehend geschildert war die Seitenpeilgenauigkeit der Funk-E-Meßgeräte zu schlecht, als daß sie ohne Glättung für eine Feuerleitung genügt hätte. Außerdem hatte diese Einrichtung den Nachteil, daß der Angestrahlte die Anstrahlung — wie auch auf „Bismarck" geschehen — feststellen konnte. Das Gerät war also — um den heutigen Fachausdruck zu gebrauchen — „aktiv", weil die Voraussetzung eine eigene Ausstrahlung war, die beobachtet werden konnte. Daher wurde ein „passives" Verfahren gesucht, das eine Ausstrahlung des Gegners benutzte. Als aussichtsreich wurde daher die Entwicklung eines Wärmepeilgerätes begonnen. Es benutzte die Tatsache, daß bestimmte Elemente ihren elektrischen Widerstand verändern, wenn ihre Temperatur sich ändert. Versuchsweise wurden in den Brennpunkt eines Scheinwerfer-Hohlspiegels anstelle der Lichtquelle ein Bolometer (Selenzelle) eingebaut. Bei Anstrahlung durch eine Licht- oder

130

Wärmequelle war — je nach technischer Ausführung — der Widerstand am kleinsten oder größten, wenn das Maximum der Einstrahlung erreicht war, d. h. wenn die Scheinwerferachse genau auf das Ziel zeigt. Der Widerstandsverlauf wurde, für Seite und Höhe getrennt, in einer Braunschen Röhre angezeigt. Die beiden Richtmänner hatten also nichts weiter zu tun, als durch Drehen der Handräder die Spitzen der Kurven in die Mitte der Röhre zu verlegen, womit das Scheinwerferrichtgerät zum Zielgeber wurde. Die beiden A.V.K. führten 1942 Versuche mit einem Landscheinwerfer auf Wangerooge und im Sommer und Herbst 1943 auf „Prinz Eugen" gegen Luft- und Seeziele durch. Die erzielten Reichweiten waren beachtlich und ließen erkennen, daß der eingeschlagene Weg zum Ziel führen würde. Die Versuche gegen Luft- und Seeziele wurden vermessen, so daß die Auswertung einwandfreie Ergebnisse liefern mußte. Leider konnten gegen Luftziele keine Schießen durchgeführt werden, da eine fliegende Wärmequelle ohne Personalgefährdung nicht aufzutreiben war. Ein Kaliberschießen mit 20,3-cm-Geschützen gegen „Hessen" verlief trotz erheblicher Fahrt- und Kursänderungen bis zum Gegenkurs absolut erfolgreich. Hierbei wurde die Entfernung zum unbeleuchteten und optisch nicht erfaßbaren Ziel mit Funkmeß gemessen, die Höhe nach dem künstlichen Horizont genommen, da diese Art der Höhenmessung noch genauer als mit dem Bolometer war. Die Entfernung betrug, wenn recht erinnert, 140 bis 180 hm. — Im Sommer 1945 wurden im Blick auf diese Versuche von Engländern und Amerikanern und vor allem von den Sowjets die hartnäckigsten Fragen nach den letzten Einzelheiten gestellt, wobei die Engländer und Amerikaner versuchten, den Sowjets die Antworten falsch zu erklären. Der russische Fragesteller, ein weiblicher Kapitänleutnant, ließ sich aber nicht irreführen.

6. Die Ortung

Schon seit vielen Jahrzehnten war es eine Selbstverständlichkeit, daß das Steuermannspersonal nicht nur das eigene Schiff „koppelte", d. h. auf der Seekarte oder bzw. und auf Gitterpapier die eigenen Bewegungen während eines Gefechtes möglichst genau festhielt, sondern auch die Schußrichtungen und Entfernungen zum Gegner einzeichnete. Durch die Verbindungslinie der Gegnerstandorte ließ sich dessen Kurs und Fahrt bestimmen, allerdings mit einer gewissen Verzögerung oder Verspätung. Dieses zeichnerische Verfahren wurde als Gegnerortung bezeichnet und diente als Vorbild für die von der Torpedowaffe entwickelten Geräte: den Gefechtsbildzeichner und den Gefechtskoppler. Bei beiden Geräten handelte es sich um die zeichnerische Darstellung der Gefechtslage, wobei das erste Gerät mit Polarkoordinaten (wie bisher der Steuermann) und das zweite mit rechtwinkligen Koordinaten (Z 36) arbeitete. Zweck dieser Geräte war neben der Bestimmung von Gegnerfahrt und -lage die Beurteilung des Schneidungswin-

kels, also des Winkels, unter dem die Torpedos die gegnerische Kurslinie —
je nach abzulaufender Strecke in bis zu 20 Minuten — schneiden würden.
Dieser Winkel war für das Ansprechen der Torpedozündung, der „Gefechts-
pistolen" ausschlaggebend. Das Bild ließ auch gewisse Schlüsse für die
weitere Entwicklung des Gefechtes zu und gab zu erkennen, wann und wie
sich torpedotaktisch günstige Lagen ergeben könnten oder würden. Die
beiden Geräte dienten also zur Vorbereitung auf mögliche torpedotaktische
Aufgaben.

Demgegenüber verlangte die Artillerie eine laufende und möglichst verzuglose Ortung des Gegners und ein Erkennen seiner Bewegungsänderun-
gen in wenigen Sekunden, um mit den Aufschlägen möglichst schnell ans

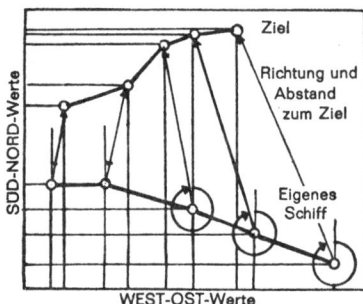

Z 36   *Rechtwinkelige und Polar-*
koordinaten

Ziel zu kommen bzw. es erfaßt zu halten. Die Genauigkeit der E-Messung
war hierbei von entscheidender Bedeutung. Das galt insbesondere bei der
Flugabwehr, die ein ausgesprochenes E-Meß-Schießen war, und wo Verbesserungen aufgrund der Sprengpunktlage höchst selten möglich waren.
Die Ermittelung des EU war bereits beschrieben. In ähnlicher Weise wie
die Entfernungen wurde die seitliche Auswanderung zum Ziel, d. h. die
Änderung der geographischen Richtung graphisch differentiert, woraus sich
der Gesamt-Seitenunterschied, *der Gesamt-SU,* zunächst als Winkelwert
ergab. Unter Berücksichtigung der Meßentfernung wurde dieser Wert in
rechtwinkelige Koordinaten umgewandelt. Hiervon wurden die Anteile
für die eigene Fahrt und die Schußrichtung abgezogen. Das Ergebnis war
in rechtwinkligen Koordinaten der Gegner-SU, in Polarkoordinaten des
Gegners Fahrt und Kurs oder — für die Vorhaltbildung bedeutsamer —
des Gegners Lage. Durch Anordnung des E-Mittlers, des EU-Ermittlers und
des vorstehend beschriebenen *SU-Ermittlers* in einem Gehäuse entstand
das *Ortungsgerät.* Wenn dieses Gerät später nicht mehr erschien, so war
es nur scheinbar verschwunden, denn es wurde mit dem Schußwertrechner
vereinigt.

Fla: In gleicher Weise wurde in der Fla-Feuerleitung der zusätzliche *Höhen-*
unterschied (HU) ermittelt. Die Kombination der drei Differentiationen,

Entfernung, Seiten- und Höhenwinkel, war zuerst beim *Dreiwalzengerät* der Marineartillerie an Land durchgeführt worden. Das Gerät war verhältnismäßig schwer und eignete sich daher nicht für einen mobilen Einsatz, dagegen ausgezeichnet für die Luftverteidigung der Marinebefestigungen (etwa ab 1934 in der Front). Für eine Verwendung an Bord hätte das Gerät einer umfangreichen Änderung bedurft. Vor allem hätten die Auswirkungen der Schiffsbewegungen und von Kurs und Fahrt in den Graphiken beseitigt werden müssen. Außerdem empfahl sich aus Schutzgründen eine Trennung von Ziel- und Rechenteil; letzterer hätte unter Deck gehört. — Ein Vorläufer des Dreiwag, das Gerät mit nur einer Walze für die Entfernung (EWA), ist überall dort an Bord gekommen, wo die 10,5- und 8,8-cm-Geschütze zum Fla-Schießen eingesetzt werden konnten und die Raum- und Gewichtsverhältnisse die Aufstellung zuließen.

Es ist hier Gelegenheit auf die bedeutsame Rolle der Marineartillerie für die Luftverteidigung und die Entwicklung ihrer Geräte und Geschütze hinzuweisen. Dem Reichsheer waren durch den Vertrag von Versailles nur einige Fla-Geschütze in der Festung Königsberg zugestanden worden. Eine Schießübung war mit den Geschützen wegen der Gefährdung der Umgebung ausgeschlossen. So bürgerte es sich ein, daß die Königsberger Artilleristen an die Küste nach Pillau fuhren, um mit Geschützen, die im Bereich der V. Marineartillerieabteilung (V.M.A.A.) aufgestellt waren, zu schießen. In ähnlicher Weise erschienen andere Heereseinheiten bei den restlichen 5 Marineartillerieabteilungen in Swinemünde (III.), Kiel (I.), Wilhelmshaven (II.), Cuxhaven (IV.) und Emden (VI.), um mit den mitgebrachten Geschützen und Geräten zu üben. Daraus ergab sich ein sehr ausgedehnter Gedankenaustausch, der für Heer und Marine in gleicher Weise fruchtbar und anregend war. Da der Marine ein relativ großer Bestand an Geschützen bis zur 30,5-cm-Küstenhaubitze in den zugestandenen Festungen belassen worden war, selbstverständlich mit den zugehörigen Feuerleitgeräten, Scheinwerfern und Artilleriezeugämtern, war die Marine sowieso in einer besseren Ausgangslage als das Heer. Vor allem aber, und das war das ausschlaggebende für die Entwicklungsarbeit und die Erprobungen, hatte die Marine einen größeren Bestand an Übungsmunition für Fla-Schießen zur Verfügung. Deshalb übernahm die Marineleitung die führende Rolle in der Entwicklung der Fla-Artillerie. Selbstverständlich waren die A.I. und die ihr unterstehende Küstenartillerieschule (K.A.S., später in Küstenartillerie- und Marine-Flugabwehrschule — K.A.S. bzw. M.Fla.S. — aufgeteilt) und das „Artillerieversuchskommando Land" (A.V.K.L.) in hervorragendem Maße an der Lösung der grundlegenden Flugabwehrprobleme sowie am Aufbau der Marine-*Küsten*-Flugabwehr beteiligt. Die Ergebnisse kamen dem Heer und später der Flakartillerie der Luftwaffe zugute. — Für die besonderen Probleme der *Bord*-Flugabwehr war das A.V.K.S. (S = Schiffe) zuständig. Alle Fortschritte waren ohne die verständnisvolle Mitarbeit der beteiligten Firmen nur schwer möglich.

Höhepunkte der Ausbildung und der Entwicklungsarbeiten sowie der Erprobungen waren die jährlich stattfindenden „Flakbörsen". Neben Besprechungen und dem Gedankenaustausch mit dem Heer wurden Versuchs- und Ausbildungsschießen durchgeführt. Mit dem Aufbau der selbständigen Flakartillerie ging leider die vertrauensvolle Zusammenarbeit mit der Marine zu Ende.

7. Die Vorhaltbildung

Die Vorhaltbildung besteht in der Zusammenführung aller Faktoren, die den Geschoßflug bestimmen. Im einzelnen waren diese Faktoren bis zum Kriegsende 1918 bekannt. Sie wurden bereits bei früheren Erwähnungen erklärt. Ihr Grundwert ist die Mündungsgeschwindigkeit. Alle anderen Faktoren werden in innenballistische (innerhalb des Rohres) und außenballistische (Einwirkung auf das Geschoß nach Verlassen der Mündung) eingeteilt.

Innenballistische Einflüsse sind:

a) Pulverstand
b) Pulvertemperatur
c) Pulverfeuchtigkeit
d) Geschoßgewicht
e) Rohrabnutzung
f) Verkupferung der Seele
g) Ungleichmäßigkeit des inneren Verzuges
h) „kalte" und „warme" Rohre

a) *Pulverstand* ist der Unterschied in der Treibkraft des Pulvers aufgrund von Unterschieden in der Fertigung. Er ist an den Munitionspackgefäßen angegeben.

b) *Pulvertemperatur* ist die augenblickliche Temperatur des Pulvers, verursacht durch die Temperatur der Umgebung (Kammer). Pulver, das wärmer als die Normaltemperatur ist (+10 bzw. 15° C), verursacht eine größere V_0.

c) *Pulverfeuchtigkeit* ist das Maß für die enthaltene Feuchtigkeit, die die chemische Zusammensetzung und damit die Verbrennungsgeschwindigkeit beeinflußt. Diese steigt mit abnehmender Feuchtigkeit.

d) *Geschoßgewichts*unterschiede sind fertigungsbedingt. Die Geschosse werden in Gewichtsklassen eingeteilt und nur klassenweise auf ein Schiff gegeben. Das Gewicht ist vermerkt.

e) *Rohrabnutzung* ist der Sammelbegriff für die Erweiterung des Verbrennungsraumes durch mechanische, thermische und chemische Abnutzung der Seele.

f) *Verkupferung* der Seele entsteht durch Niederschlagen des beim Schuß flüssig werdenden Führungsbandmaterials. Sie bedeutet eine Verengung, die am stärksten etwa auf der halben Rohrlänge ist. Durch Zugabe eines Zinn-Blei-Ringes zu den Führungsringen wird die Verkupferung vermieden, da sich Blei und Zinn gasförmig mit dem Kupfer verbinden und ausgeblasen werden.

g) *Innerer Verzug* (S. 84).

h) Als *„kalte" Rohre* werden Rohre bezeichnet, die lange Zeit nicht beschossen worden sind. Man nahm bis zum Ende des 2. Weltkrieges an, daß das Rohrinnere sich nach dem Schuß ungleichmäßig zusammenzöge und zu einem Kurzschuß bei dem 1. Schuß führte. Diese Erscheinung trat aber nicht bei allen Rohren auf. Nach dem 1. Schuß waren die Rohre wieder „warm", und die Granaten erreichten die vorgeschriebene Entfernung. Diese Erklärung dürfte ein Trugschluß gewesen sein, denn heute wird die Kurzlage einzelner Rohre mit dem Durchhängen der Mündung, aufgrund von unzähligen Schwingungen erklärt, die an der einen Stelle des Schiffes stärker als an der anderen sind, und die bei Resonanz mit der Länge des frei hängenden Rohres diese Erscheinung verursachen. Sie verschwindet, weil das Rohr durch die erste Granate gestreckt wird.

Außenballistische Einflüsse sind:

i) Aufsatz- und Zielhöhenwinkel

j) Luftgewicht

k) Wechsel von Geschoßgewicht, Geschoßform und Treibladung

l) Drall

m) Wind

n) Schiffsbewegungen

o) Abkommfehler

i) *Aufsatzwinkel* (S. 13), *Zielhöhenwinkel* (S. 89).

j) Das *Luftgewicht* hängt von Luftdruck, Feuchtigkeit und Temperatur ab. Der dem Geschoß entgegengesetzte Widerstand ist dem Luftgewicht proportional. Da Luftdruck und Temperatur in der Regel mit zunehmender Höhe sinken, ist es wichtig zu wissen, wie das Luftgewicht in den oberen Luftschichten ist. Mit einer gewissen Genauigkeit kann man auf die Verhältnisse in der Höhe aufgrund der Bodenwerte schließen. Beim Schießen gegen Ziele in großen Höhen oder auf große Horizontalentfernung und bei anormalen Wetterverhältnissen reichen die Bodenwerte nicht aus. Wetterflüge oder Ballonaufstiege müssen dann die Unterlagen liefern. Da beim Seezielbeschuß das Geschoß bis zum Treffpunkt jede Luftschicht zweimal durcheilt, sind die Verbesserungen zweimal anzubringen, beim Luftzielschießen in der Regel nur einmal.

k) *Wechsel von Geschoßgewicht, Geschoßform und Treibladung.* Beim Übergang zu einer anderen Munitionsart mit anderem Gewicht und anderer Form (z. B. von Sprenggranate zur Panzersprenggranate mit Haube) oder auch in Sonderfällen (z. B. beim Landzielschießen mit verringerter Ladung zum Überschießen der Deckung) muß die veränderte Ballistik berücksichtigt werden. Die Ballistiken sind durch Kurven oder Kurvenkörper in den Rechengang eingegeben und können durch Austausch oder Umschalten zur Wirkung gebracht werden.

m) *Wind.* Die bisherige Berechnung des Windeinflusses aufgrund einer Bodenwindmessung reicht gegen Luftziele und auch gegen Seeziele auf große Entfernung nicht aus. Wenn auch gewisse Gesetzmäßigkeiten für die Änderung von Windrichtung und -stärke im Vergleich zum Bodenwind gelten, so müssen dennoch die Windwerte für die oberen Luftschichten gemessen werden. Hierzu wird die Abtrift eines Ballons, dessen Steiggeschwindigkeit bekannt ist, in einem bestimmten Takt gemessen.

Die Einflüsse, mit Ausnahme der „kalten Rohre", waren bereits bei Kriegsende 1918 erfaßt und in den „Tagesverbesserungstafeln" zum Bordgebrauch niedergelegt. Die Meßmethoden für Luftgewicht und Wind wurden ausgebaut, vor allem für die höheren Luftschichten. Anfangs wurden die Verbesserungen auf einem gemeinsamen Vordruck für die erwartete Gefechtslage ausgerechnet. Änderte sich die Gefechtslage vor Feuereröffnen oder mußte das Feuer unterbrochen und unter anderen Verhältnissen fortgeführt werden, stimmten die Verbesserungen für den Wind nicht mehr. Daher wurden die Verbesserungen gem. Punkte 1 bis 12, soweit möglich, als V_0-Korrekturwert ausgerechnet und zusammengefaßt. Die Windwerte blieben jedoch getrennt und wurden am Rechner gesondert eingestellt. Der Einfluß der „kalten" Rohre wurde nach längerer Schießpause (d. h. mindestens nach mehreren Tagen) durch eine Vollsalve, deren Lage am Ziel nicht ausgewertet wurde, ausgeschaltet.

Aus diesen Überlegungen entstanden die *Vorhaltrechner* C/27, C/30, C/32 und C/34 Z, letztere für die Zerstörer. Sie waren in der Form eines waagerechten oder geneigten Rechentisches gebaut und vereinigten Schritt für Schritt in sich den E-Mittler, den EU- und SU-Ermittler, das Ortungsgerät, den Gangrechner und den Windrechner sowie die Einstellmöglichkeiten für

Stand-, Gang- und Schieberkommandos. Der Hauptbedienungsmann (ein Waffenleitunteroffizier) sah von seinem Platz aus in Schußrichtung über das Gerät und hatte anhand der sich relativ zur festen Schußrichtung bewegenden Scheiben, die das eigene Schiff und den Gegner darstellten und bei denen auch die Fahrt eingestellt wurde, eine sinnfällige Vorstellung des Gefechtes. Die aufgezählten Werte liefen anfangs durch Handkurbeln, später durch Fernsteuerungen in die Geräte ein. Ergebnis waren die Vorhalte, die den Zielwerten überlagert und durch die Geber (RW, SchieW, AW bzw. HW) an die Geschütze und an sonstige Stellen gegeben wurden.

Die *Schußwertrechner* C/35 und C/38 waren der Abschluß dieser Entwicklungsreihe. Sie waren schrankähnliche Gehäuse und vereinigten alle Einzelgeräte. Bei ihnen lief die Schußrichtung an der Stirnwand von links nach rechts, so daß auch die Entfernungseinstellung der Graphiken sinngemäß verlief. Die Übersichtlichkeit der Gesamtanlage für den Waffenleitoffizier wurde dadurch verbessert (B 16).

Alle 6 genannten Rechner boten die Möglichkeit zum Schießen gegen ein verdecktes Ziel, zum Landzielschießen und zum schnellen Übergang von einer Ballistik auf die andere. Darüber hinaus waren alle Anlagen geeignet, *besondere Schießverfahren* oder *Schießarten* durchzuführen. Hierbei handelte es sich um

8. Schießen mit Fremdbeobachtung
9. Landzielschießen
10. Schießen mit Leuchtgranaten
11. Übungsschießen mit verlegtem Treffpunkt sowie um neu entwickelte Schießverfahren wie
12. Schnell-Einschießen
13. Seitengruppen-Schießen
14. Neues freies und E-Meß-Schießen.

8. Das Schießen mit Fremdbeobachtung

Der A.O. konnte in seinem Schießverfahren durch Fremdbeobachtung unterstützt werden, womit die Beobachtung des Schießens von einem Platz außerhalb des eigenen Schiffes gemeint war, also von einem anderen Schiff oder von einem Flugzeug aus. Konnte der A.O. die Seitenlage selbst beobachten, wurde er am stärksten durch eine Längenbeobachtung unterstützt, bei der die Blickrichtung möglichst quer zur Schußrichtung liegen sollte. Eine unmittelbare und verzuglose Verständigung mit dem Fremdbeobachter war die Voraussetzung dafür, daß die ankommenden Beobachtungen auf die richtige Salve bezogen wurden. Deutsche Beispiele für die Verwendung von Beobachtungen anderer Schiffe sind nicht bekannt. Dagegen haben die

Engländer dieses Verfahren mehrfach angewandt (Beschießung des Waffenschiffes „Marie" an der ostafrikanischen Küste am 11. 4. 1915. Leitung des Feuers der Monitore gegen die Flandernküste durch Zerstörer 1916/18. Gegenseitige Beobachtung des Feuers der drei Kreuzer im Gefecht mit „Admiral Graf Spee" am 13. 12. 1939).

Die Beobachtung durch Flugzeuge war beim Entwurf der Kreuzer ab „Karlsruhe" und der Panzerschiffe insofern bereits vorgesehen, als Platz und Gewichtsreserve für ein oder mehrere Bordflugzeuge mit Schleuder und sonstigem Zubehör eingeplant wurden. Beobachterlehrgänge liefen seit 1929 an der Schiffsartillerieschule. In Frage kam hierbei die Verwendung des Fliegers als Ziel-Hilfsbeobachter (Z.H.B.), dessen Lagemeldung vom A.O. in Kommandos umzusetzen waren, oder als Zielbeobachter (Z.B.), der praktisch ein fliegender A.O. war und das gesamte Schießen leitete. Beide Verfahren sind geübt worden. Soweit feststellbar, ist nur ein Z.H.B.-Schießen von „Prinz Eugen" am 20. 8. 1944 mit den eigenen Bordflugzeugen gegen Landziele in Tukkum, Kurland, durchgeführt worden.

9. Das Landzielschießen

Das vorstehend erwähnte Schießen war zeitlich gesehen der Auftakt zu einer langen Reihe von Landzielschießen vieler Kreuzer, Zerstörer und großer Torpedoboote in der östlichen Ostsee ab Herbst 1944. Dieses Schießen wurde mit Hilfe eines Landbeobachters, eines „vorgeschobenen Beobachters" (V.B.) des Heeres durchgeführt. Da hierfür kein Verfahren vorlag, wurde es ab 1943 von der II. Kampfgruppe entwickelt, erprobt und durch die Vorschrift „Nußknacker" bei Heer und Marine verbreitet. Dieses Verfahren hat sich bewährt und dürfte eine ausschlaggebende Rolle bei der Bildung der Feuerglocken gespielt haben, unter deren Schutz Tausende von Flüchtlingen und Soldaten in Ost- und Westpreußen und Pommern eingeschifft worden sind. Im einzelnen wurde ein Landzielschießen folgendermaßen durchgeführt: Wenn ein von Bord sichtbares Landziel beschossen werden sollte, wurde es genau wie ein Seeziel, jedoch mit der Fahrt „Null" behandelt. Der Geländewinkel wurde berücksichtigt. Mit diesem direkten Anrichten haben die vielen kleinen Artillerieträger ebenfalls geschossen. Die Schießunterlagen gegen ein unsichtbares Ziel hätten mit genügender Genauigkeit ermittelt werden können, wenn sich Ziel und Schiffsort nach Richtung und Abstand ebenfalls genügend genau hätten feststellen lassen. Mit Hilfe der A-Komponente und des Rechners wäre es möglich gewesen, auch bei sich änderndem Schiffsort am Ziel zu bleiben. Die Schwierigkeit war also die Anfangsstellung des Schiffes, ausgedrückt als Richtung und Entfernung zum Gegner. Sie wurde durch die Benutzung eines Hilfszieles beseitigt (Z 37). Das Schiff maß Richtung und Entfernung zu einem gut meßbaren Punkt an Land (Kirchturm usw.), dessen Abstand und Richtung zum Ziel der Karte entnommen werden konnten. In dem durch Peilung zum Hilfsziel und durch dessen Peilung zum Ziel entstehenden Dreieck waren somit zwei Seiten und der eingeschlossene Winkel bekannt. Der am Schiff zu bildende Verschwenkungswinkel wurde auf einer Landzielrechenscheibe, später mit dem Landzielrechengerät bestimmt und die Batterie um diesen Winkel von der Hilfszielpeilung zum Ziel verschwenkt. Der V.B. meldete seinen Standort, so daß seine Blickrichtung zum Ziel an Bord bekannt wurde. Mit Hilfe einer einfachen Koordinatenwandlung wurden die V.B.-Beobachtungen in Stand- und Schieberkommandos umgesetzt. — Bewegte sich ein Ziel, wie z. B. ein Panzerangriff, wurde dessen Vormarschrichtung und -geschwindigkeit am Schußwertrechner eingestellt. Die Richtigkeit dieser Maßnahme wurde am 23. 3. 1945 bestätigt, als beim Verschuß von 33 20,3-cm-Granaten gegen einen Panzerverband bei Burggraben westlich Danzig der V.B. meldete: „Erster Panzer brennt... Zweiter Panzer brennt!... Feuer lag gut im Angriff!"

10. Das Schießen mit Leuchtgranaten

Leuchtgranaten (Lg) enthalten einen Leuchtsatz, der nach einer am Zünder eingestellten Zeit aus dem Geschoßboden ausgestoßen und hierbei entzündet wird. Der Leuchtsatz hängt an einem Fallschirm. Die Ausstoßhöhe soll so bemessen sein, daß die ganze Leuchtdauer ausgenutzt ist, bevor der Leuchtsatz ins Wasser fällt. Leuchtgranaten wurden ab etwa 1907 eingeführt. Sie waren für alle Kaliber zwischen 8,8 cm und 20,3 cm vorhanden. Die Leuchtkraft stieg mit dem Kaliber.

Aufgrund vieler Friedens- und Kriegserfahrungen war die Beleuchtung am wirkungsvollsten, wenn das Ziel sich als dunkle Silhouette von der beleuchteten Meeresoberfläche abhob. Die Ausstoßpunkte mußten also jenseits des Zieles liegen. Der mit der Leitung der Leuchtbatterie beauftragte A.O. hatte dafür zu sorgen, daß die Beleuchtung nicht unterbrochen wurde und daß sie der Seite nach gut lag und entsprechend dem SU mitwanderte, eine Aufgabe, die viel Geschick und auch einiges Glück erforderte. Das ist zu verstehen, wenn man bedenkt, daß a) die Leuchtsätze während der Fallzeit von 50 Sekunden durch Wind erheblich abgetrieben wurden, b) durch die Fahrt des eigenen Schiffes und des Gegners sich das Bild dauernd u. U. sehr schnell änderte und c) der Gegner versuchte, sich der Beleuchtung zu entziehen. Bei den Lehrgängen war die Aufgabe des „Beleuchters" anläßlich der Abschlußschießen verständlicherweise nicht „sehr gefragt", denn der andere Mitschüler konnte seine Aufgabe als Leiter der Kampfbatterie nicht erfüllen, wenn die Beleuchtung versagte. Um den Erfolg sicherzustellen, wurden daher anfangs 3 oder 5 Lg möglichst schnell und mit einem Seitenabstand von 5 Grad gefeuert. Entsprechend der Lage zum Ziel wurden weitere Lg der Seite nach verbessert und in einem festen Salventakt verschossen. Ein Lg-

Leitgerät und später ein Lg-Rechner ersetzten die Kopfarbeit des A.O. — Nach Einführung der Zünderstellmaschinen an den Flak wurden die Lg-Zünder dort eingestellt, wobei es möglich war, die Zünderstellzeit je nach Lage zu verändern. Bis dahin war das Einstellen der Zünderstellung mit einem Handschlüssel bei Dunkelheit auch vom Glück abhängig.

11. Das Schießen mit verlegtem Treffpunkt

Um bei Schießübungen (!) auch mal ein sich gefechtsmäßig verhaltendes Ziel zu haben, wurde das Schießen mit verlegtem Treffpunkt entwickelt. Der Zielgeber wurde auf das Ziel gerichtet, aber bei der Übertragung der Zielseitenrichtung eine bestimmte Dejustierung eingedreht, so daß die Batterie um diesen Betrag am Ziel vorbeischoß. Der Ausblick des A.O. im Zielgeber wurde geteilt. Ein Objektiv wurde um denselben Betrag verschwenkt, so daß der A.O. Ziel und Aufschläge sah. Entsprechend seiner Beobachtung hatte er seine Seite zu behandeln, während das Zielschiff die Längenlage meldete. Das Verfahren erlaubte zwar gefechtsmäßige Fahrt- und Kursänderungen bis zum Gegenkurs und mehr, litt aber doch unter der unzuverlässigen Beobachtung, da sie senkrecht zur Schußrichtung gemacht werden mußte, was häufig nicht gelang. Daher blieben Schießen gegen Zielschiff und Schleppschwimmer die wichtigeren Übungsschießen.

12. Das Schnell-Einschießen

In dem Bestreben, die Zeit bis zum ersten Treffer möglichst abzukürzen, wurde das Schnell-Einschießen geübt. Unter der Voraussetzung „warmer" Rohre und guter Gegnerwerte wurde das Einschlagen der ersten Salve nicht abgewartet, sondern es wurde eine Gabelgruppe, meist „von unten", mit höchster Feuergeschwindigkeit „in die Luft gelegt". Bei größerer Flugzeit waren also alle drei Salven gleichzeitig in der Luft und die Zeitersparnis erheblich. Das weitere Längenverfahren ging dann wie bei einer normalen Gabelgruppe weiter.

13. Das Schießen von Seitengruppen

Analog zum Schnell-Einschießen mit einer Längengabel wurde in der Front ein Seitengabel-Verfahren entwickelt und nach Einführung mit „Seitengruppenschießen" bezeichnet. Urheber ist der A.O. des Zerstörers „Z 24", der es am 1. und 2. Mai 1942 im Gefecht mit britischen Zerstörern und dem Kreuzer „Edingburgh" mit Erfolg anwandte. Das Verfahren wurde im November 1942 von der Inspektion der Marineartillerie unter Herausgabe eines Merkblattes eingeführt. — Der A.O. hatte sich überlegt, wie er mit seiner schnell feuernden Batterie mit vier 12,7-cm-Geschützen in kürzerer Zeit und mit größerer Wahrscheinlichkeit als mit dem bisherigen Verfahren beobachtungsfähig ans Ziel gelangen könnte. Bei einem schnell beweglichen Gegner war zudem das Feuer mit geschätzten Werten zu eröffnen. Entsprechend der Zielausdehnung im Winkelmaß wurde links und rechts vom errechneten Wert je 1 Salve gefeuert, deren seitlicher Unterschied etwa 2/3 der Zielausdehnung betrug. Bei dem einen Gefecht hatte der A.O. das Glück, mit der linken, zuerst gefeuerten Salve beobachtungsfähig zu fallen, so daß er die rechte Salve noch abstoppen konnte! Schneller Entschluß!

14. *Neues freies und E-Meßschießen*

Das freie Schießen in der hergebrachten Form kannte nur eine Hilfe für den A.O.: eine Anfangs-E-Messung. Aufsatz und Schieber hatte der A.O. im Kopf zu bilden, unter Umständen hierbei durch einen EU/SV-Anzeiger unterstützt. Die Zuschläge bzw. Abzüge für den EU bei den verschiedenen Zeiten zwischen den Salven zu bilden war naturgemäß schwer. Die Ausbildung hierin kostete viel Zeit und Munition. Daher wurde 1938 bei der S.A.S. das *neue freie Schießen* entwickelt und gelehrt. Es bestand aus einer anfänglichen Übernahme der E-Messung und dem Feuern einer Gabel oder auch einer Doppelgabel (fünf statt drei Salven mit verschiedenem Aufsatz), sobald eine Salve beobachtungsfähig gefallen war. Der Gabel bzw. Doppelgabel schloß sich ein normales oder abgekürztes Strichschießen an. Kam der Gegner vorübergehend außer Sicht, mußte das Schießen neu begonnen werden. Es war vor allem für Kleinboote bei schnell wechselnden Gefechtslagen gedacht, außerdem als letzte Leitmöglichkeit bei Ausfall der Feuerleitgeräte. Legte es der Gegner darauf an, bei spitzem Heranliegen durch schnelle Kursänderungen die Seitenbehandlung und durch Rauch und Nebel die Beobachtung zu erschweren, wurde die E-Messung laufend als Aufsatz kommandiert. Bei diesem als *E-Meßschießen* bezeichneten Verfahren übernahm der E-Messer praktisch die Längenbehandlung und der A.O. konzentrierte sich auf die Seitenlage, wie z. B. bei der Vernichtung des britischen Zerstörers „Glowworm" durch den Schweren Kreuzer „Admiral Hipper" am 9. 4. 1940 (31 Schuß 20,3 cm, 132 Schuß 10,5 cm).

Abschließend seien noch einige Besonderheiten kurz dargestellt:

16. Das Feuervereinigen
17. Scheinwerfer und ihre Richtgeräte

und aus dem Gebiet der Ausbildung:

18. E-Meß- und Koppelübungen
19. Schußaufnahme durch Langbasisvermessung und
20. Schießübungen, Übungsmunition und Übungsziele.

16. *Das Feuervereinigen*

Zum Vereinigen des Feuers zweier Schiffe oder zweier Batterien eines Schiffes auf ein Ziel war, wenn das Kaliber beider Batterien gleich war, eine Feuer-Erlaubnis-Regelung erforderlich, denn die Aufschläge hätte man sonst nicht unterscheiden können. Es wurden zwar Versuche mit Farbzusätzen gemacht, um die Aufschlagsäulen zu färben. Aber diese Zusätze bedeuteten eine Verringerung der Sprengladung. Zudem war die Färbung bei schlechten Sichtverhältnissen nicht einwandfrei zu erkennen. Die Lösung war der *Feuererlaubnisregler*. Er arbeitete durch die Zusammenführung der Aufschlagmelduhren beider Batterien eines Schiffes. Durch Kontakte wurde das Feuern der Nebenbatterie so lange aufgehalten, bis sichergestellt war, daß deren Aufschläge 2 Sekunden verzögert einschlugen. Diese Zeitspanne konnte vergrößert werden. Beim Schießen zweier Schiffe wurden die Aufsatzentfernungen und das Abfeuern des angehängten Schiffes an das leitende Schiff funktelefonisch übermittelt und dann entsprechend berücksichtigt. In jedem Falle bedeutete dieses Verfahren aber ein Sinken der Feuergeschwindigkeit.

17. Scheinwerfer und ihre Richtgeräte

Aufgrund der Fortschritte in der Fernsteuertechnik war es möglich, die Scheinwerfer von Richtgeräten aus zu lenken, ihre Lichtquellen an- und abzustellen sowie die Blenden zu öffnen und zu schließen. Da man die Scheinwerfer auch gegen Luftziele und bei stark bewegtem Schiff einzusetzen beabsichtigte, wurde für sie eine Wertewandlung wie in der Feuerleitung der Geschütze erforderlich. Sie war jedoch einfacher, weil der Aufsatzwinkel nicht zu berücksichtigen war. Die Scheinwerfer erhielten daher auch eine Kantachse und wurden in ihrer Leistung entsprechend dem Fortschritt der Technik laufend verbessert. Im Laufe des Krieges verschwanden sie mehr und mehr von den Schlachtschiffen und Kreuzern, da eine Nachtverwendung gegen Luftziele Selbstmord bedeutet hätte. Zur Torpedobootsabwehr blieben die achtersten Scheinwerfer an Bord.

18. E-Meß- und Koppelübungen

Zur Ausbildung der gesamten Feuerleitmannschaft einschließlich der E-Messer dienten E-Meß- und Koppelübungen. Hierzu standen sich 2 Schiffe gegenüber und fuhren entweder mit vorgeschriebenen Kursen und Fahrtstufen oder nach eigenem Ermessen. Die eigenen Bewegungen wurden genau aufgezeichnet und dienten dem Gegenüber als Vergleichsgrundlage für die Ergebnisse der Feuerleitmannschaft. Die Ergebnisse der E-Messung, E-Mittelung und Ortung wurden in bestimmten Zeitabständen, meist alle Minute, registriert. Beide Schiffe konnten auch von Land her vermessen werden. Die Auswertung schloß dann jeden Zweifel an den Ergebnissen aus (siehe Nr. 19). Hing eine Batterie nicht an den E-Meß- und Zielgeräten oder hatte die Übung einen besonderen Erprobungszweck, sprach man von einer „optischen Erprobung".

19. Schußaufnahme durch Langbasisvermessung

Ab 1926 wurde auf Veranlassung der Artillerie-Inspektion zur Vorbereitung der kommenden Versuche ein System entwickelt, welches zur möglichst genauen Festlegung des Schiffsortes, des Zieles und der Aufschläge am Ziel diente. Das Problem wurde durch eine Langbasisvermessung gelöst (Z 38). Schießendes Schiff und Ziel wurden durch je 2 Theodoliten angeschnitten. Die Lage der Aufschläge wurde an einer Strichleiste im Objektiv bezogen auf das Ziel abgelesen. Das Verfahren wurde für Fla-Schießen in der dritten Dimension ausgebaut und war bis zu Entfernungen zwischen Schiff und Ziel bis zu 400 hm durchzuführen. — Die Auswertung verlangte eine umfangreiche Umrechnung und lieferte einwandfreie Ergeb-

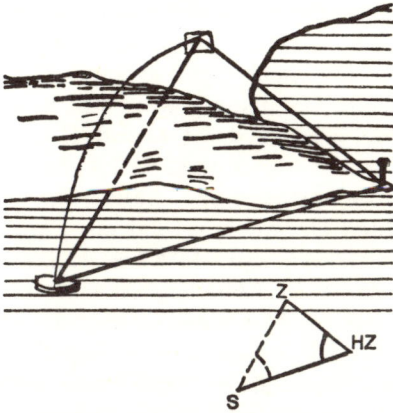

Z 37 Landzielschießen mit
Hilfsziel

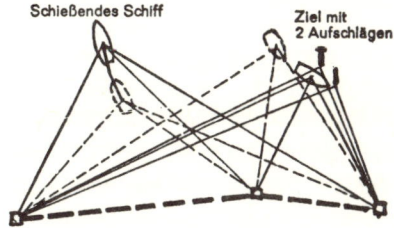

Z 38 Schußaufnahme durch
Langbasisvermessung

nisse, auch bei den erwähnten Koppelübungen einschl. dargestellter Angriffe von Flugzeugen und Schnellbooten gegen das übende Schiff. Die meist nur kurz als „Vermessung" bezeichnete Einrichtung war eine sehr wesentliche Voraussetzung für den Erfolg der unzählbaren Versuche, Erprobungen und Schießübungen und der Leistungen der Schiffsartillerie im Kriege.

20. Schießübungen, Übungsmunition und Übungsziele

Wie in der Kaiserlichen Marine spielten auch in der Reichs- und Kriegsmarine Schießübungen eine sehr wesentliche Rolle bei der Ausbildung nicht nur der Artillerie eines Schiffes, sondern der ganzen Besatzung, da die Abschlußschießen jeden Ausbildungsjahres soweit wie möglich als Gefechtsübung für das ganze Schiff angelegt wurden. Schußerschütterungen,

143

Mündungsgasdruck, unerwartete Energieverbrauchsspitzen, Eindringen von Mündungsgaswolken in die Zulüfter und örtlich bedingte Wechselwirkungen zwischen Artillerie und dem übrigen Schiff wurden in ihren Folgen bekannt. Die Besatzung wurde hiermit vertraut, und manche Störung konnte in Zukunft vermieden werden.

Um die Rohre zu schonen und dennoch auf verhältnismäßig kriegsmäßige Entfernungen zu schießen, wurde neben der Übungstreibladung die kleine Gefechtsladung eingeführt. Diese war auch für Schießen gegen verdeckte Landziele auf mittleren Entfernungen bestimmt. Gegen die beibehaltenen Floßscheiben und auch gegen das auf dem Stoller Grund verankerte Zielschiff „Baden" wurden nach wie vor Vollgeschosse gefeuert, bei Nacht gegen Scheiben allerdings mit einem Zünder und einer geringen Sprengladung, um dem A.O. das Erkennen der Lage zu erleichtern (im Ernstfall hätte er den Feuerschein der vollen Sprengladung ja auch gesehen). Die Vollgeschosse wurden von den Granatfischern der Kieler Bucht geborgen.

Die „Baden" war nur ein Behelf und keine Darstellung eines sich kriegsmäßig verhaltenden Zieles. Daher wurde 1926/27 das Linienschiff „Zähringen" (1901 von Stapel, 12 798 t, 18 Knoten) zum ferngelenkten Zielschiff umgebaut (Ausbau der Waffen und der Inneneinrichtung, Abbau fast aller Aufbauten, Verstärkung der wasserdichten Unterteilung und des Panzers an wichtigen Stellen, Korkfüllung in schwer zugänglichen Räumen, Einbau einer Regelanlage für den Betrieb der Kessel in Abhängigkeit von Funkbefehlen und Umsetzen der Funkbefehle in Maschinenkommandos für Fahrtstufen und in Ruderkommandos für Ruderlage oder zu steuernden Kurs. Ferner Einbau einer automatischen Anlage, die das Schiff zum Stehen und vor Anker brachte, wenn für eine bestimmte Zeit kein Funkkommando aufgenommen war). Die Lenkung erfolgte vom Fernlenker „Blitz" aus, einem umgebauten Torpedoboot. Wegen der wachsenden Anforderungen hinsichtlich Schwierigkeitsgrad und Anzahl der Gestellungen eines Zielschiffes wurde 1935 das Linienschiff „Hessen" (1903, 14 394 t, 18 Knoten) in ähnlicher Weise hergerichtet (u. a. Ausbau der Mittelmaschine, Verlängerung des Vorschiffes). Beide Zielschiffe konnten sich einnebeln, Abschüsse der Artillerie durch Böllerschüsse darstellen (wodurch der A.O. zu Fehlbeobachtungen verleitet werden sollte) und bewährten sich glänzend. Der Fernlenkverband hat eine sehr wesentliche Rolle in der kriegsmäßigen Ausbildung der Artillerie gespielt. — Um die Zielschiffe zu schonen, durften gegen sie nur bestimmte Granaten verschossen werden, die mit empfindlichen Kopfzündern und kleinen Sprengladungen versehen sich beim geringsten Auftreffen zerlegten.

Für die Darstellung von Schnellbootszielen waren die Zielschiffe zu groß und zu langsam. Daher wurden Schleppschwimmer entwickelt (etwa 10 m lange spindelförmige Hohlkörper mit etwa 2 m Durchmesser und einer

Gleitstufe im Vorderteil), die von Schwimmerflugzeugen geschleppt wurden. Alle Versuche, kleine Boote fernzulenken und zu beschießen, waren an der Empfindlichkeit der Boote und der Empfangsanlagen gegen Treffer gescheitert. Zum Landzielschießen wurde ein Zielgerät im Schwansener See südlich Schleimünde aufgebaut.

Für Fla-Schießen wurden die normalen Luftscheiben (Stoffzylinder von 3 bis 5 m Länge) oder Flächenscheiben (Trapez mit etwa 6 qm Fläche aus Stoff) durch Flugzeuge geschleppt. Zur Darstellung eines Sturzangriffes auf die schießende Batterie bzw. das Schiff wurden Sturzflugscheiben (Lattengestell in Kastenform, mit Stoff bespannt und mit einem Gewicht beschwert) abgeworfen. Durch die Rücksichtnahme auf das schleppende bzw. abwerfende Flugzeug und die durch die Scheiben bedingte sehr geringe Zielgeschwindigkeit litt jedes Fla-Schießen insofern, als es wenig kriegsmäßig war. Der Gegner bot dann hinreichend Gelegenheit, die Flugabwehr auf den höchstmöglichen Stand zu bringen.

C. Einzelprobleme der Waffen und der Munition

Eine große Zahl von Erfahrungen aus dem 1. Weltkriege, zu denen nicht nur die der Flotte, sondern auch die des Marinekorps gehörten, konnte in artillerietechnischer Hinsicht zusammengestellt und beim Entwurf der neuen Geschütze verwertet werden. Die einengenden Bestimmungen des Vertrages von Versailles zwangen dazu, durch neue Konstruktionen auch auf dem Gebiet der Geschütze Gewicht zu sparen. Da die Gewichte der Rohre, Verschlüsse, Bodenstücke, Wiegen, Lafetten und Richtmittel sich gegenseitig bedingten und beeinflußten, erscheint es bei der rückblickenden Betrachtung richtig zu sein, die Geschütze nebst allen Einrichtungen zu schildern und wegen der politischen Einflüsse chronologisch vorzugehen. Eine ergänzende Bestimmung des Friedensvertrages besagte, daß die 28-cm-Geschütze von Krupp, alle Geschütze mit 17 cm und geringerem Kaliber bis einschließlich 3 Zoll (7,6 cm) bei Rheinmetall herzustellen wären, um die Arbeit der Interalliierten Kontrollkommission zu erleichtern. Für Geschütze unter 3 Zoll kamen auch andere Firmen in Frage.

Vermutlich schon im Jahre 1920 erhielt Rheinmetall den Auftrag zur Konstruktion eines 15-cm-Geschützes, bei dem 2 Rohre in einer gemeinsamen Wiege gelagert sein sollten. Geplant war, 8 Rohre in 4 leichten Lafetten mit ausgedehntem Schutz durch nach hinten offene Schilde paarweise vorn und achtern auf dem ersten Neubau-Kreuzer aufzustellen. Auf eine zentrale Munitionszufuhr mußte aus Gewichtsgründen verzichtet werden, da diese einen Turm mit angehängten Munitionsschächten verlangt hätte. Die Munition für die 4 Doppellafetten sollte daher mit elektrischen Winden in Körben gefördert werden. Die dazu benutzten runden Schächte sollten oben in unmittelbarer Nähe der Geschütze unter Wetterschutz münden. Der kurze Horizontaltransport war durch Munitionsmanner zu bewältigen. Die Besetzung des Rheinlandes durch die Franzosen verhinderte jedoch die Herstellung des weitgehend durchkonstruierten Geschützes, so daß die Marineleitung sich zu einer Notlösung entschließen mußte, nachdem der erste Neubau, der Kreuzer „Emden", sich dem Stapellauf (7. 1. 1925) näherte. Man griff auf noch vorhandene Geschütze des letzten Kriegstyps, die 15-cm-S.K. L./45 in M.P.L. C/16, zurück. Um 8 Geschütze aufstellen zu können, mußten 4 weitere Plätze auf der Achterback und dem Mitteldeck gefunden werden. Damit glich die „Emden" viel stärker als beabsichtigt den letzten, während des Krieges gebauten Kreuzern. Die Munitionsversorgung dieser 4 zusätzlichen Lafetten war ähnlich wie bei den ursprünglich geplanten, verlangte jedoch einen verhältnismäßig langen Transportweg an Deck, eine wenig befriedigende Lösung. — Die Batterie mit 8 Einzellafetten war ideal für die Ausbildung der Seekadetten, da das klar aufgebaute Geschütz und die Platzverhältnisse die praktische Einführung in die Artillerie begünstigten. Zudem reichte die Kadettenkorporalschaft von 10 Mann gerade aus, das Geschütz zu besetzen. Die Kadettenkorporäle nutzten diese Möglichkeiten zur körperlichen und geistigen Belastung ihrer Schützlinge in jeder Richtung aus.

Die allgemeinen Fortschritte im Schiffbau durch leichtere Bauweise, durch Verwendung des Schweißens statt des Nietens und auch von Leichtmetallen sowie die geänderte Berechnungsgrundlage für das Schiffsgewicht ermöglichten den Einbau von 15-cm-Türmen in die weiteren Kreuzerneubauten. Neun Geschütze in Drillingstürmen konnten durch Mittschiffsaufstellung nach beiden Seiten ins Gefecht gebracht werden. Die Bestreichungswinkel waren groß, nicht zuletzt dadurch, daß die beiden achteren Türme (B und C) auf den ersten drei Kreuzern („Karlsruhe", „Königsberg", „Köln") um etwa 2 m nach Steuerbord bzw. Backbord heraus aufgestellt wurden. Bei großen Rohrerhöhungen konnte Turm C voraus über Turm B hinwegschießen, beide Türme über Schornsteine und Vormars. Damit war für große Entfernungen auch ein Bugfeuer mit 100 % der Batterie möglich. Aus schiffbaulichen Gründen wurden auf „Leipzig" und „Nürnberg" die beiden achteren Türme wieder mittschiffs aufgestellt, ohne daß die Bestreichungswinkel litten. — Die Türme waren als Lafetten für Rheinmetall zwar Neuland, jedoch geglückte Konstruktionen. Sie wurden elektrisch geschwenkt, die Rohre — einzeln oder gekuppelt — hydraulisch gerichtet. (Hydraulische Munitionsförderung in Fahrstühlen, in denen Kartusche und Geschoß hinten etwas gesenkt befördert wurden. In der obersten Stellung Ausstoß von Granate und Kartusche in 2 Rutschen bis neben die Bodenstücke, dann mit der Hand geladen. Dieses hatte den Vorteil, daß die Rohre nur bei Erhöhungen über 20° in eine Ladestellung gefahren werden mußten.

Daher volle Feuergeschwindigkeit auf kleine und mittlere Entfernungen.) Aus Platzgründen konnte nur ein Fallblockverschluß verwendet werden. Die Türme besaßen handbetriebene Reserve-Einrichtungen zum Schwenken und Höhenrichten sowie eine elektrische Hilfsheißvorrichtung für die Munition. Peilfernrohre in der Turmdecke gestatteten dem Turmkommandeur und dem Turmführer einen Rundblick zur selbständigen Führung des Schießens bei Ausfällen in der Feuerleitung. Der Turm hat sich in allen Gefechten bewährt, zuletzt auf der *Köln* im Mai 1945. Der Kreuzer war durch

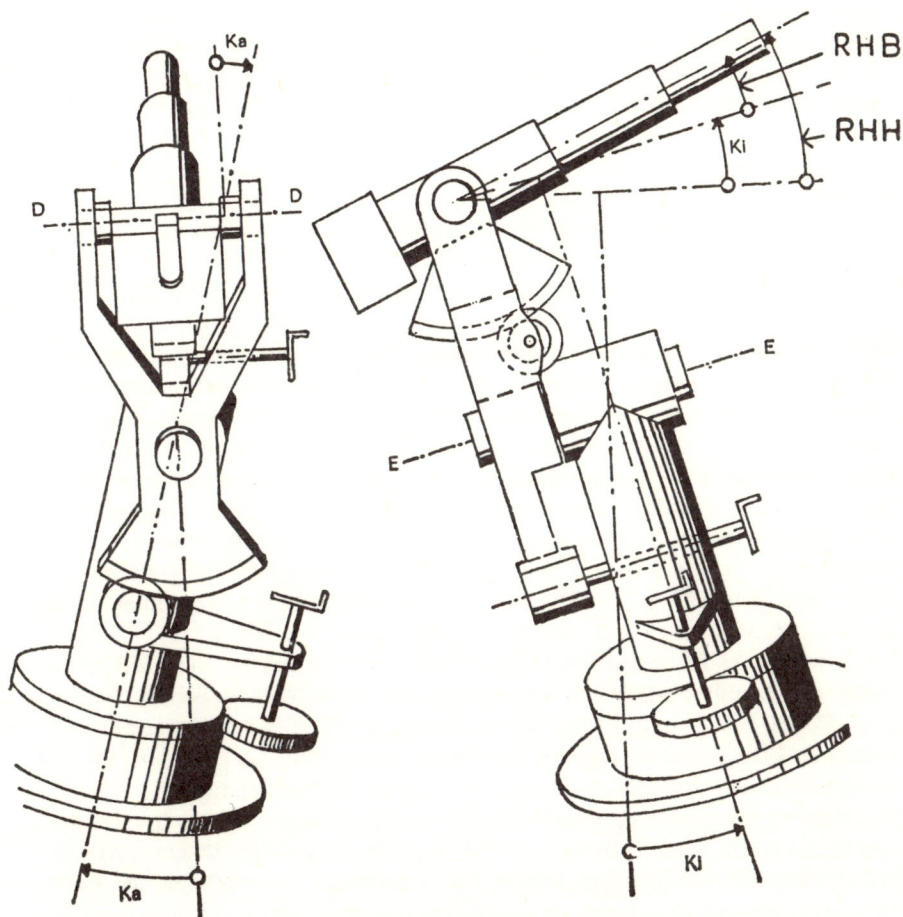

Z 39 *Dreiachsiges Geschütz*
Ka = Kantwinkel; Ki = Kippwinkel; RHB = Rohrerhöhung über der Bettung;
RHH = Rohrerhöhung über dem Horizont.

Bombentreffer auf ebenem Kiel in Wilhelmshaven gesunken. Mit Notkabeln an das Stromnetz der Werft angeschlossen und durch eine Trägerkolonne von Land her mit Munition versorgt, feuerten die Türme gegen die anrückenden britischen Truppen.

Neben der Konstruktion des Hauptkalibers lief für die Kreuzer die Entwicklung einer 8,8-cm-Flak C/25 in einer Doppellafette C/25, die auf „Köln" eingebaut wurde, sich aber nicht bewährte. Die Ausführung C/32 in Doppellafette C/32, wo die schwingenden Schildzapfen durch eine Kantachse ersetzt wurden (Z 39), kam dann endgültig auf „Köln" und alle Schwesterschiffe. Ein Vorläufer dieser Lafettenart war die ebenfalls erwähnte 3,7-cm-S.K. C/30, bei der erstmals die V_0 bis auf 1 000 m/sec gebracht wurde. Dieses Geschütz war wie die beiden 8,8-cm-Typen halbautomatisch. Beim Vorlauf öffnete sich der Verschluß und warf die Hülse aus. Die Feuergeschwindigkeit dieses sehr genau schießenden, lokal stabilisierten Geschützes war leider geringer als die der späteren vollautomatischen Waffen. Die Wirkung am Ziel war, verglichen mit der später eingeführten 4-cm-Flak, kleiner. Daher verschwand dieses Geschütz im Laufe des Krieges mehr und mehr von Bord.

Das 8,8- und das 3,7-cm-Kaliber wurde nach unten hin durch das „M.G. C/30", die später als „2-cm-Flak 30" bezeichnete Kanone ergänzt. Sie sollte vor allem große Beweglichkeit besitzen, um auf geringen Entfernungen die gegen Tiefflieger erforderliche Richtgeschwindigkeit zu gewährleisten. Auf Kleinfahrzeugen war sie die einzige Flak. Diese Waffe war vollautomatisch. Die Munition lag zu 20 Schuß in Magazinen bereit, die Magazine wurden an die Waffe herangeklappt. Diese Kanone ist später geringfügig geändert worden (2-cm-Flak 38) und kam in Einzel-, Doppel- und Vierlingslafetten an Bord, letztere mit Seiten- und Höhenrichtwerk.

Einen ähnlichen Aufbau wie die 2-cm-Flak 30 mit Säulenlafette hatte die 2-cm-Flak 29 von Oerlikon, die in einigen Teilen aptiert wurde. Hier wurde die Munition durch eine Trommel mit 60 Schuß zugeführt.

Die theoretische Feuergeschwindigkeit (d. h. die Schußfolge bei nicht unterbrochener Munitionszufuhr) betrug bei der Flak 30 280 Schuß, bei der Flak 38 480 Schuß und bei der Flak 29 600 Schuß in der Minute. Bei sachkundiger Pflege haben alle Waffen den namentlich auf der Unzahl der Kleinfahrzeuge schweren Anforderungen des Betriebes genügt.

Als erstes und, wie man damals annehmen mußte, einziges schweres Geschütz kam für die Linienschiffs-Ersatzbauten nur die 28-cm-S.K. C/28 in 2 Drillingstürmen in Frage. Gewichtsbeschränkung und Platzmangel zwangen dazu, die vor 20 Jahren aufgestellten Gründe, die zur Ablehnung des Drillingturmes geführt hatten, beiseite zu schieben und durch neue Konstruktionen soweit wie möglich seine Nachteile gegenüber dem Doppelturm wettzumachen. Die Feuergeschwindigkeit wäre gegenüber dem Doppelturm

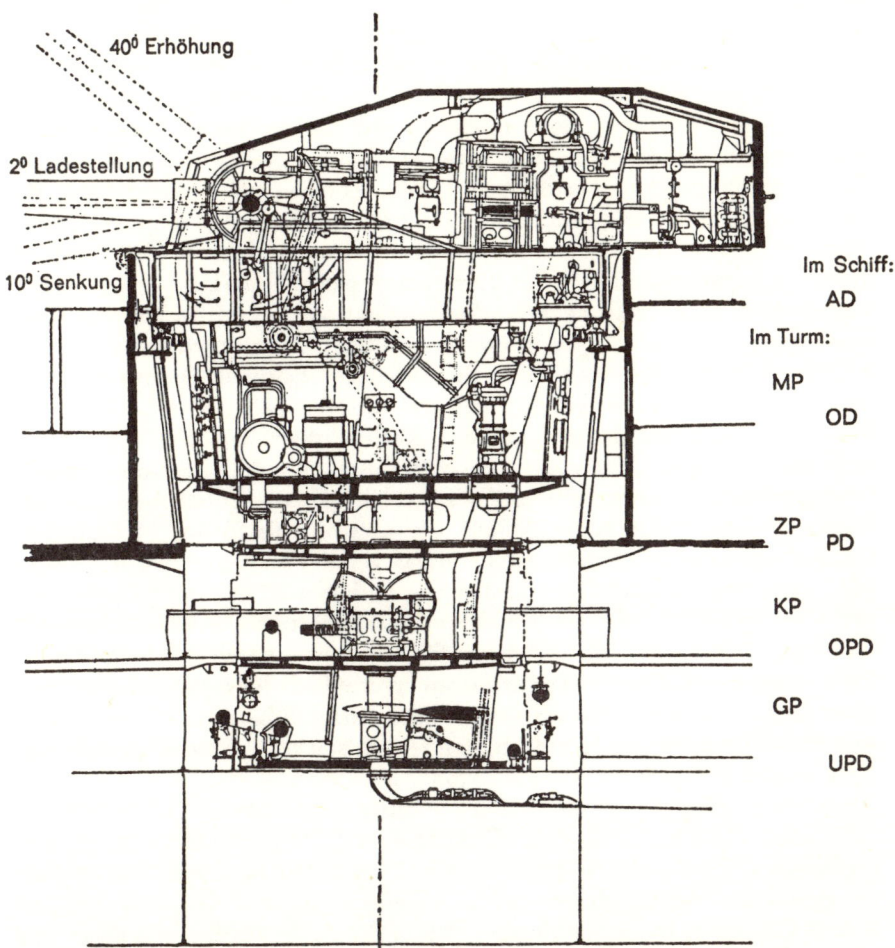

Labels in figure:
40° Erhöhung
2° Ladestellung
10° Senkung

Im Schiff:
AD

Im Turm:
MP
OD

ZP
PD

KP
OPD

GP
UPD

Z 40   *28-cm-S.K. C/28 in 28-cm-Drh.L. C/28* (Turmlängsschnitt)
Im Turm: MP = Maschinenplattform; ZP = Zwischenplattform; KP = Kartuschplattform;
GP = Geschoßplattform. Im Schiff: AD = Aufbaudeck; OD = Oberdeck; PD = Panzerdeck;
OPD = Oberes Plattformdeck; UPD = Unteres Plattformdeck.

gesunken, wenn es nicht gelang, das mittlere Rohr ebensoschnell wie die Außenrohre mit Munition zu versorgen. Das Problem wurde durch den Drehtisch gelöst (Z 40). Bisher war die schwere Munition vom schiffsfesten Teil auf einen Ringwagen geladen worden, der sich konzentrisch um den Spurzapfen des Turmes drehte, hinter dem Turm her in die Schußrichtung fuhr und dann mit dem drehbaren Teil verriegelt wurde. Erst dann war die Übergabe der Geschosse durch Überrollen in die Fahrstühle möglich. Nun wurde innerhalb des Ringwagens ein Wagen eingebaut, der die für das mittlere Rohr bestimmte Granate übernahm und in einem sehr engen Viertelkreis dem mittleren Aufzug zuführte. Diese Lösung war möglich, da der Innendurchmesser des Ringwagens 5,2 m betrug. Diese Einrichtung ist — wenn recht unterrichtet — nie ausländischen Besuchern gezeigt worden, auch nicht bei größtem Entgegenkommen. Daher mußte und sollte im Ausland angenommen werden, daß der Drillingsturm dieselben Schwierigkeiten in der Munitionsversorgung wie die ausländischen Türme hätte und seine Feuergeschwindigkeit im ganzen nicht allzu groß sein würde. Das berechtigte Interesse britischer Offiziere, die den Panzerschiffen während des spanischen Bürgerkrieges manchen Besuch abstatteten, war für den Unterteil des Turmes auffällig groß. Das Einlegen der Vor- und Hauptkartuschen aus der Kartuschplattform ein Deck höher geschah von Hand. Der elektrisch betriebene, mit der Granate beladene Schleppfahrstuhl nahm bei der Aufwärtsfahrt den Kartuschstuhl mit und führte die drei Munitionsteile auf die Geschützplattform. Hydraulische Stempel schoben die Munitionsteile etwas geneigt nach hinten auf Schwingen, mit denen sie laderecht hinter das in Ladestellung befindliche Rohr gebracht wurde, von wo sie mit einem teleskopartigen, hydraulischen Ansetzer geladen wurde. Alle sonstigen Einrichtungen waren wie beim 15-cm-Turm vorhanden. Die Türme erhielten hydraulisch bewegte E-Geräte von 10 m Basis. Die 28-cm-Türme der Schlachtschiffe „Scharnhorst" und „Gneisenau" waren im Innern gleich, hatten jedoch stärkeren Panzer (28-cm-S.K. C/28 in Drh.L. C/34).

Als Mittelartillerie erhielten die Panzerschiffe die 15-cm-S.K. C/28 in 8 Einzellafetten (M.P.L. C/28). Aus Gewichts- und Platzgründen war es ausgeschlossen, die Geschütze paarweise in Türmen aufzustellen, wie es dann bei einem Teil der Geschütze auf „Scharnhorst" und „Gneisenau" möglich war (8 Geschütze in Doppeltürmen Drh.L. C/34), die restlichen 4 Geschütze wurden wie auf den Panzerschiffen in M.P.L. C/28 aufgestellt. Erst „Bismarck" und „Tirpitz" erhielten alle 12 Geschütze in Doppeltürmen. Die Doppeltürme waren den früheren Drillingstürmen im Gesamtaufbau sehr ähnlich. Sie besaßen jedoch nur ein Peilfernrohr hinten in der Mitte.

Neben den Geschützneukonstruktionen für die Kreuzer und Panzerschiffe, die auch z. T. für die Schlachtschiffe übernommen wurden, lief auch die Aufgabe, die Torpedobootsneubauten mit modernen Geschützen auszurüsten. Die ersten 6 Boote der *Möwe*-Klasse erhielten zunächst die aus dem Krieg stammende 10,5-cm-U-Boots- und Torpedoboots-Flak C/16. Die folgenden 6 Boote der *Wolf*-Klasse wurden mit dem neuen Geschütz 10,5-cm-S.K. C/28 bewaffnet, das auch später auf die *Möwe*-Klasse kam.

Jedes Boot erhielt 3 Geschütze, von denen das erste und das letzte einen Wetterschutzschild bekam. Das Geschütz war nach ballistischer Leistung und Lafette als Seezielgeschütz gedacht. Zur Luftverteidigung erhielten die 12 Boote je vier 3,7-cm-S.K. in Doppellafetten. Die Fla-Bewaffnung wurde während des Krieges laufend verstärkt.

Die 10,5-cm-S.K. C/32 war im Gegensatz zum vorherigen Typ als kombiniertes See- und Luftzielgerät konstruiert. Sie kam in 5 verschiedenen Lafetten an Bord, wobei Gewichts- und Platzverhältnisse den Lafettentyp bestimmten; auch richtete sich die Auswahl nach der Möglichkeit, das Geschütz an eine Feuerleitanlage anzuschließen. (Einzelgeschütz in M.P.L. C/32 auf Torpedobooten T 1 bis 21, mit Schutzschild oder mit Schutzwand in M.P.L. C/32 g.E. = große Erhöhung als Einzelgeschütz auf Minensuchbooten Typ 1935 und 1943 und zu je 4 Stück auf Torpedobooten T 22 bis 36 und weiteren nicht fertiggestellten Booten.) Für die U-Bootsverhältnisse leicht verändert und daher mit dem Zusatz „U" versehen wurde es auf den U-Booten Typ IA (U 25 und 26) mit der U-Bootslafette C/36 aufgestellt sowie auf vielen späteren Booten, sofern diese nicht die 8,8-cm-S.K. C/35 in U-Bootslafette C/35 erhielten. Aus dem gleichen Jahr 1935 stammte die dreiachsige Flaklafette für das Artillerieschulboot „Brummer" mit Großkreiselstabilisierung, die sich nicht bewährte. Die vielleicht wichtigste Rolle hat dieses Geschütz in der leicht abgewandelten Form C/33 jedoch als *die* schwere Flak schlechthin an Bord gespielt, als dreiachsige Doppellafette auf allen Panzerschiffen, Schlachtschiffen und Schweren Kreuzern. Eine Abart der Lafette C/37 besaß schwingende Richtkreise (vermutlich auf „Bismarck" und „Tirpitz").

Das Jahr 1934 bezeichnete den Arbeitsbeginn an einer Serie von Geschützen, verursacht und begründet durch die Hoffnung, die einengenden Bestimmungen des Friedensvertrages lockern zu können; begonnen wurden die 38-cm-S.K. für die Schlachtschiffe, die 20,3-cm-S.K. für die Schweren Kreuzer, die 12,7-cm-S.K. für die Zerstörer und die 7,5-cm-S.K. für leichte Seestreitkräfte.

Die beiden schweren Türme 38 cm und 20,3 cm ähnelten sich untereinander wie auch den aus dem gleichen Hause stammenden 28-cm-Drillingstürmen. Durch Fortfall des mittleren Rohres mit all seinen Folgen, von der Granatbis zur Geschützplattform, waren die Türme sehr übersichtlich und leicht zu führen, vor allem bei Störungen und Ausfällen. — Die Türme erhielten E-Geräte von 10 bzw. 7 m Basis.

Zur Beschleunigung der Zerstörerentwürfe war um 1930 ein 12,7-cmGeschütz in Auftrag gegeben worden, das ab etwa 1932 auf den Torpedobooten „Jaguar" und „Luchs" in die dort vorhandenen 10,5-cm-Lafetten C/28 eingelegt wurde. Die ballistischen Leistungen und die Wirkung am Ziel entsprachen den Erwartungen, so daß das Geschütz als 12,7-cm-S.K.

C/34 in M.P.L. C/34 eingeführt wurde. So erhielten die Zerstörer ein ausgereiftes Geschütz, das bereits weithin erprobt und bekannt war. Dennoch entschloß man sich nach Fortfall der vertraglichen Bindungen zur Kalibersteigerung auf 15 cm. Die 15-cm-Torpedobootskanone C/36 entstand und wurde in der M.P.L. C/36 H (mit dünnem Splitterschutz) und C/36 M (mit stärkerem Splitterschutz) sowie in der leichten Drehscheibenlafette C/38 für 2 Geschütze an Bord gegeben. Für diese Turmlafette sind folgende Gewichte bekannt geblieben:

2 Rohre und Verschlüsse	kg	17 050
2 Wiegen	kg	4 300
Lafette	kg	23 900
Schild	kg	14 200
Zieleinrichtung	kg	650
Elektrische Einrichtungen	kg	2 400
Gesamtgewicht	kg	62 500

Die 7,5-cm-S.K. C/34 in Einheitslafette C/34 war entwickelt worden, weil alle Geschütze unter 7,6 cm zahlenmäßig unbegrenzt an Bord gegeben werden konnten. Es war zur Selbstverteidigung von Hilfsschiffen aller Art gedacht und besaß eine Höhenrichtmöglichkeit bis 80°.
Durch die stetig wachsende Luftbedrohung gezwungen, erhielt die Kriegsmarine im Laufe des Krieges noch eine Reihe von mittleren und leichten Geschützen. Vorgesehen war auch ein neues Kaliber: die 12,8-cmK.M. 41 (= Kanone Marine) in Drh.L.M. 41 (Doppellafette). Dieses Kaliber ist offensichtlich gewählt worden, weil es bei der Flakartillerie eingeführt war und Rohre mit allem Zubehör und Munition in großen Mengen gefertigt werden sollten. Mangelnder Nachschub war also nicht zu befürchten. Die Kanone war für die Zerstörer Z 46 bis 50 und weitere ab 52 vorgesehen, wurde aber nie eingebaut.
Eine 10,5-cm-K.M. in Flak L 44 (mit Kommandovisier zur Einzelaufstellung auf Minensuch- und Geleitbooten), in Flak L 44 B (mit erweitertem Seezielvisier zur batterieweisen Aufstellung auf Flottentorpedobooten) und in Doppellafette M 44 (für die geplanten Flottentorpedoboote Typ 1944 und Minensuchboote Typ 43) ist, soweit festgestellt, nicht mehr an Bord gelangt. Ähnlich wie für 12,8- und 10,5-cm-Kaliber wurde ein 8,8-cm-Geschütz als Neukonstruktion K.M. 41 geliefert. Es kam in der L.M. 41 als Einzelgeschütz, in der Lafette M 41 B batterieweise auf leichte Seestreitkräfte. Eine U-Bootsausführung war durch die Änderung des U-Bootskrieges überholt und wurde nicht fertig entwickelt.
Alle vorgenannten Türme erhielten *Zieleinrichtungen* nach dem neuesten Stand und an die jeweiligen Feuerleitgeräte angepaßt. Empfänger und

Quittungsgeber für alle Richtwerte waren links und rechts angebracht, bei Drillingstürmen für die Höhe des mittleren Rohres zusätzlich in der Mitte. Die Rohre konnten einzeln und gekuppelt gefahren werden. Mit Fußkontakten wurden die Rohre in die Ladestellung und wieder in die Schußstellung gefahren. Abfeuerungen, Abfeuergeräte wie Vorzündewerke und Krags entsprachen den Möglichkeiten der Feuerleitung. Auf der Rückseite der Geschützplattform befand sich der Turmführerstand, von wo aus der Turmführer das Arbeiten auf der Plattform unmittelbar überwachen konnte. Eine große Zahl von Signaleinrichtungen ließ ihn die Vorgänge auf den unteren Plattformen verfolgen, in die er mit einer Turmlautsprecheranlage eingreifen konnte. Fernsprecher verbanden ihn mit den Munitionskammern, der nächsten Schiffssicherungsgruppe, mit den Artillerie-Schalt- und Rechenstellen. Die wichtigste, ständig durch einen Befehlsübermittler besetzte Verbindung war die mit dem das Schießen leitenden A.O., der Leiterfernsprecher. — Je nach Kaliber und Rohrzahl bildeten 30 bis 80 Mann eine Turmbesatzung, darunter je nach Anzahl der Richteinrichtungen Unteroffiziere (Obermaate und Maate) als Geschützführer, Mannschaften als Befehlsübermittler und Werteeinsteller, bewährte Obergefreite als Verschlußnummern, als Vorhandsleute zum Laden und als Verantwortliche in den Munitionskammern, dort unter Aufsicht eines Feuerwerksmaaten, der sich gewöhnlich in der Granat- oder Kartuschplattform aufhielt. Mechanikermaate und -gasten führten in der Maschinen- und Zwischenplattform die befohlenen Schaltungen für Richt- und Abfeuerverfahren durch, überwachten die Stromversorgung, die Schwenkwerke, die hydraulischen Pumpen, kurz: den gesamten Ablauf des riesigen, technischen Werkes, den ein Turm darstellte. Mit 12,5 m Höhe vom Spurzapfen bis zur Turmdecke und mit einem Durchmesser der Kugelbahn von 5,330 m stellte ein 20,3-cm-Turm schon äußerlich ein beachtliches Bauwerk dar. Die Gewichte lassen erkennen, welche Kräfte erforderlich waren, die Einzelteile (Rohr 20,700 t, Wiege 8,600 t, Lafette 125,0 t, Schild 78,3 t) und den gesamten Turm (262,0 t) zu bewegen. Man muß eigentlich erlebt haben, wenn auf das Kommando des Turmführers „Grundstellung" die Besatzung auf ihre Stationen eilte, die vorgeschriebenen Tätigkeiten ausführte (Einnehmen der Richtsitze, Umnehmen der Fernsprecher, Hände an die Richt- oder Einstellräder, Visierklappen geöffnet) und bei absoluter Stille auf das nächste Kommando wartete. „Maschinen anstellen" löste auf der Maschinenplattform einige Bewegungen aus, bis die Vollzugsmeldung kam: „Maschinen sind angestellt und laufen!" Dann wurde der Turm abschnittsweise mit allen Richt- und Abfeuerverfahren durchgefahren, bis er klar gemeldet werden konnte. Man muß erlebt haben, wie sich der Turm unhörbar bewegte, die Rohre sich hoben und senkten, aber dann urplötzlich sich polternd die Aufzugschachtklappen öffneten und Granaten und Kartuschen ausstießen, die Schwingen hinter das Rohr klappten, der Ansetzer ratternd die Granate ansetzte, die Kartusche in das Ladeloch schob und der Verschluß sich zischend schloß. Wieder gebannte Stille, bis das Ankündigungskommando für den Feuerbefehl ertönte, z. B. „Vordere Turmgruppe fertig!", worauf die Rohre entsichert wurden, und dann das erwartete „Feuern!", das unvorstellbar schnell zurücklaufende Rohr, dessen Bewegung man nur in sich aufnehmen konnte, wenn man genau darauf achtete.

Die Türme waren unter Auswertung aller, z. T. bitteren Kriegserfahrungen entworfen worden. Automatische Klappen schützten gegen Feuersgefahr, Rauchabsauger hinter den Bodenstücken gegen Gasgefahr durch Pulvergase, die dem geöffneten Rohr entströmten. Die aus Panzermaterial gefertigten Schartendichtungen sicherten gegen von vorn eindringende Geschosse, Splitter und Wasser. Die Dichtungen des Turmes gegenüber der schiffsfesten Barbette waren verbessert worden, doch reichten sie gelegentlich bei schwerstem Wetter im Atlantik dennoch nicht aus. Die leeren Hülsen wurden rückwärts oder aus dem überhängenden Teil des Turmes ausgeworfen. Auch hier bestand die Gefahr des Eindringens von Splittern und Wasser. Grundsätzlich wurden Kartuschen nicht innerhalb des Turmes in Bereitschaft gehalten, was bei der gesteigerten Fördergeschwindigkeit auch nicht erforderlich war. Dagegen standen oder lagen einige Granaten jeden Typs (Panzerspreng- oder Sprenggranaten, bei 20,3 cm auch Leuchtgranaten) an der Rückwand des Turmes auf der Geschützplattform, um je nach befohlener Munitionsart laden zu können. Im Laufe des Krieges wurden dort einige Sprenggranaten mit Zeitzündern gelagert, deren Laufzeit bereits eingestellt war, um bei früh erkannten Tieffliegerangriffen als Sperrfeuerzone verschossen zu werden. Frühere Forderungen an das Material wurden nie aufgegeben, wie z. B. Sprengsicherheit der Rohre und die Wiederspannmöglichkeit bei geschlossenem Verschluß.

Es bestand keine Möglichkeit, unterhalb des Panzerdecks von einem Turm in den Nachbarturm zu gelangen. Um einmal kurz in allen Räumen zu weilen, benötigte der A.O. auf einem Schweren Kreuzer mindestens zwei Stunden! Die Munitionskammern waren bei „Klarschiff zum Gefecht" untereinander und gegen den Turm hin fest verschlossen. Die Munition rollte auf Rollenbahnen durch kaliberstarke Öffnungen in die Granat- bzw. Kartuschplattform. Die Öffnungen wurden durch unter Federdruck stehende Falltüren blitzschnell verschlossen, wenn Gefahr drohte. Innerhalb der Munitionskammern hatte sich gegenüber dem Zustand bei Ende des 1. Weltkrieges nichts wesentlich verändert. Die Geschwindigkeit der Hub- und Fahrwinden, um die Munitionsteile aus den Staugerüsten zu nehmen und auf die Rollenbahnen zu setzen, hatte sich gesteigert. Ab 28 cm war das Geschoßgewicht so groß, daß man die Granate nicht mehr ungeführt und ungesichert sich bewegen lassen konnte, denn der u. U. durch ein sich selbständig bewegendes Geschoß verursachte Schaden konnte unabsehbar groß werden. Daher wurden die 38-cm-Granaten auf dem ganzen Wege von ihrem Stauplatz mit Hub- und Fahrwinden bis zum Ringwagen und von dort in die Einlademulden der Aufzüge zwangsläufig geführt, wobei statt der bisherigen Geschoßzangen Magnete verwendet wurden. Dadurch konnte die Feuergeschwindigkeit gegenüber dem 28-cm-Turm um 5 Sekunden (von 30 auf 25) gesteigert werden. Magnete dienten auch als Förderkraft von den Aufzügen bis hinter die Bodenstücke.

Aufgrund der vielen Kriegserfahrungen mit Unterwassertreffern (Kreuzer „Danzig" und „Stralsund", Linienschiff „Bayern" Minentreffer, Großer Kreuzer „Prinz Adalbert" Torpedotreffer), bei denen das Verhalten der Munition und insbesondere der Zünder nachträglich bestimmt und ausgewertet werden konnte, wurde nun grundsätzlich Munition nur noch in Längsschiffsrichtung liegend gestaut, transportiert und gefördert. Da die Forderung nach Förderung in waagerechter Lage oft wegen des vermehrten Platzbedarfes nicht zu erfüllen war, wurden erhöhte Anforderungen an die Schocksicherheit der Zünder gestellt. Neben der allgemeinen Verbesserung des Geschoßmaterials und der Steigerung der Sprengladungskraft dürfte die gesteigerte Unempfindlichkeit der Zünder in den Geschossen und Treibladungen die wichtigste Verbesserung gewesen sein.

Die Munitionsarten, bisher Sprenggranaten mit Kopfzünder und Panzersprenggranaten mit Bodenzünder neben Leuchtgranaten, war um die Sprenggranate mit Bodenzünder vermehrt worden. Sie war ein Mittelding zwischen beiden Arten und sollte gegen leicht gepanzerte Ziele wie Kreuzer verschossen werden. Je nach der Art der Ziele, die bei einer Operation erwartet wurde, kamen die Geschoßarten aufgeteilt an Bord. Daher bestand die Gefahr, daß bei Gefechtsbeginn und noch nicht klar erkanntem Gegner die falsche Munition befohlen wurde oder daß von der richtigen Munition nicht ausreichende Bestände an Bord waren. Hier wäre eine Typenbereinigung sicher angebracht gewesen.

Vorstehende Ausführungen über die Türme und ihre Einrichtungen einschließlich der Munitionskammern und der Munition galten auch sinngemäß übertragen für die Geschütze in M.P.L., also für die M.A. und L.A. mit Ausnahme der 15-cm-Türme. Zur Erleichterung der Richtarbeit und zwecks Steigerung der Richtgeschwindigkeiten erhielten die 15-cm-, 12,7-cm- und 10,5-cm-Geschütze Motoren für das Seiten- und Höhenrichten und, soweit es dreiachsige Lafetten waren, auch für das Kantrichten. Diese Motoren waren auch die Voraussetzung für die Fernsteuerung dieser Geschütze. Der Handbetrieb blieb als Notlösung überall bestehen. Wo besonders feine Richtbewegungen auszuführen waren, wurde ein Flüssigkeitsgetriebe zwischengeschaltet (z. B. das Pittler-Thoma-Getriebe mit Taumelscheiben, bei dem der Antriebsmotor eine feste Drehzahl hatte und der Abtrieb stufenlos geregelt werden konnte: Seitenrichtwerk der 10,5-cm-Flak 33 auf den großen Schiffen).

Wegen der großen Richtgeschwindigkeiten der Flak der Höhe nach erforderte die Fernsteuerung des Höhenwinkels besondere Lösungen, die auch für die Kantwinkelsteuerung im Prinzip übernommen wurde. Eingeführt und im Kriege gebraucht sind die II., IV. bis VI. Art, die von Stufe zu Stufe eine Verbesserung darstellten. Die Verbesserungen bestanden in der Bereinigung des Werteflusses in nur *einer* Richtung, in einer Verringerung des materiellen Aufwandes sowie in einer Verfeinerung der Richtbewegungen.

Eine Besonderheit der Fla-Geschütze war — neben der Übertragung bzw. Einstellung des Reglerwertes und der Kantachse — die Ausrüstung mit Zünderstellmaschinen. Das sehr zeitraubende Einstellen des Zünders mit einem Handschlüssel fiel fort, als die Drei-Topf-Zünderstellmaschine eingeführt wurde. Sie bestand aus einem kastenförmigen Wagen, der auf konzentrischen Schienen um das Geschütz herum gefahren werden mußte. Ein Kabel übertrug die Einstellzeit an die drei Töpfe, in die von oben her je eine Patrone eingesetzt wurde. Um die Zünder einzustellen, wurden die Patronen im Uhrzeigersinn um ihre Längsachse gedreht, bis ein Schauzeichen an der Maschine die durchgeführte Einstellung erkennen ließ. Änderte sich die Zeit, verdrehten sich die Zünder mit, so daß einmal eingedrehte Patronen jederzeit entnommen und geladen werden konnten. Da das Laden eine Mindestzeit von unterschiedlicher Länge beanspruchte, hätte ein sofortiges Abfeuern nach dem Laden eine unterschiedliche Lage des Sprengpunktes am Ziel bedeutet. Daher wurde eine einheitliche Ladeverzugzeit nach dem Ausbildungsstand der Geschützmannschaft festgelegt und das Entnehmen der Patronen durch ein Hupsignal, das Abfeuern durch ein Klingelsignal befohlen. Diese Signale wurden von der Rechenstelle aus durch die Salventaktuhr gegeben. Eine Verbesserung wurde durch die Ein-Topf-Zünderstellmaschine erreicht, von denen je eine links und rechts am Schutzschild angebracht wurde. Die Patrone wurde waagerecht eingelegt und mit einem Hebeldruck gegen den Patronenboden in die Stellmaschine eingepreßt. Darauf ergriffen mehrere gummibewehrte Hebel das Geschoß tangential von allen Seiten, drehten die Patrone im Uhrzeigersinn, bis die drehbare Zünderspitze gegenüber dem restlichen Zünderkörper und dem Geschoß verdreht und somit die ferngesteuerte Zeit eingestellt war. Darauf konnte die Patrone auf das Hupsignal hin entnommen werden, nachdem der Hebel am Patronenboden gelöst worden war. Diese Art der Zünderstellung hatte die Vorteile, daß die Maschinen fest am Geschütz waren, die Ladeverzugszeiten verkürzt wurden (weil die Ladenummer innerhalb des Schildes blieb und einen kürzeren Weg zum Bodenstück hatte) und die Munitionsversorgung reibungsloser verlief.

Die Munitionsversorgung geschah aus Bereitschaftsspinden in größtmöglicher Nähe zum Geschütz und durch vertikale endlose Ketten mit Klinken, die unter die Patronenböden griffen. Die Schächte waren kaum stärker als der Patronenboden, beanspruchten also wenig Platz. Die geförderten Patronen stellten sich am oberen Schachtende in einem Ring auf. War der Ring gefüllt, schaltete sich das Förderwerk ab. Daneben bestanden Hilfsheißvorrichtungen, in denen 5 Patronen in einem Korb gefördert wurden. Die zugehörigen Schächte dienten auch als Notausgang. Wenn aus Platzmangel diese wesentlich stärkeren Schächte nicht untergebracht werden konnten, wurden elektrisch betriebene Wippen eingebaut, wie sie schon im Kriege bestanden hatten, jetzt allerdings verbessert als Demag- bzw. Diekmann-Winde (mit automatischer Geschwindigkeitsregelung und Ausschaltung in den Endlagen).

Soweit die Fla-Geschütze als Einzelgeschütze aufgestellt und nicht mit einer Fla-Feuerleitanlage verbunden waren, mußten die Vorhalte am Geschütz gebildet werden. Die Lösung dieser Aufgabe galt zunächst den kleinkalibrigen Maschinenwaffen (2-cm-Flak 30 bzw. 38 bzw. 29 und 29 apt.). Sie erhielten ein Kreiskornvisier, bei dem der Schütze nach geschätzter Flugzeuggeschwindigkeit einen der das Visier bildenden Kreise (besser gesagt: Ellipsen) auswählte und dann an diesem Kreis entlang entsprechend dem geschätzten Flugwinkel (= Lagewinkel beim Seeziel) den Haltepunkt suchte. Er wurde durch einen Geschützführer oder Beobachter im Richten dadurch unterstützt, daß dieser ihm zurief, in welche Richtung er seinen Haltepunkt zu verschieben hatte. Der Beobachter wurde hierzu durch ein 0,7-m-Em-Gerät befähigt, mit dem er den Durchgang der mit Leuchtspur versehenen Geschosse am Ziel beobachtete. Dem gleichen Zweck diente ein 1,25-m-Gerät für die 3,7-cm-S.K. bis zur Einführung des Flak-Visiers C/33 für dieses Geschütz. Bei diesem Visier wurde, ähnlich wie beim EU/SV-Anzeiger gegen Seeziele, das Gefechtsbild durch Einstellen des Flugwinkels und der Gegnergeschwindigkeit nachgebildet. Auch konnte die Neigung des Flugweges eingestellt werden. Der Beobachter konnte entweder selbst die gemessene Entfernung und einen geschätzten Schieber einstellen oder durch Zuruf einstellen lassen. Die eigene Schiffsgeschwindigkeit, die Schußrichtung und der Wind wurden nicht berücksichtigt. Ihr Einfluß wurde praktisch erschossen. Der vom Richtschützen zu haltende Haltepunkt wurde als Lichtpunkt auf eine schräg zur Visierlinie stehende Glasplatte geworfen. Dieser Punkt und ein Korn waren mit dem Flugzeug in Deckung zu bringen. Nach ähnlichen Gedankengängen war das spätere Flak-Visier „Z" entwickelt worden. — Ein sehr einfaches Kreiskornvisier war das „U-Boots-Visier", das wie die Waffen, an denen es angebracht war, unempfindlich gegen Seewasser und nach dem Auftauchen sofort gebrauchsfähig war. Es konnte gegen See-, Luft- und Landziele verwendet werden.

Für die unabhängig von einer Fla-Feuerleitanlage aufgestellten Einzelgeschütze von 7,5- bis 10,5-cm-Kaliber genügten vorstehende als „Kommando-Visiere" bezeichnete Geräte bei weitem nicht. Diese Geschütze erhielten das Flak-Visier 38/40, bei dem die einzustellenden Werte (Aufsatz, Regler, Schieber, Flugwinkel und Windwerte) durch Widerstände dargestellt und elektrisch verrechnet wurden. Die Ergebnisse gingen unmittelbar ans Geschütz. Eine Besonderheit des Rechenganges war, daß der Seitenvorhalt nicht wie bei den Visieren C/33 und Z in der Horizontalebene gebildet wurden, sondern in der Schrägebene. Sie wird durch die Verbindungslinie vom derzeitigen Ort des Zieles über das Geschütz und den errechneten Treffpunkt zurück zum Ausgangspunkt begrenzt.

D. Die einzelnen Artillerieanlagen und ihre Bewährung

Bevor begonnen werden kann, die modernen Artillerieanlagen schiffsgattungsweise unter gelegentlichen Rückgriffen auf die vorhergehenden Kapitel zu behandeln und zu beurteilen, ist die Anfangszeit der Entwicklung von 1920 (Planung der „Emden III") bis 1926/27 (Indienststellung der ersten Torpedobootsneubauten und K-Kreuzer) zu schildern. Diese Zeit galt der Modernisierung des Bestandes unter Verwendung bereits vorhandener oder noch zu entwickelnder Teilanlagen.

Die Geschützfrage für die „Emden" war bereits durch den Behelf mit den Einzellafetten beantwortet worden. Als Flak kamen 2, später 3 der im Kriege entwickelten 8,8-cm-Flak an Bord. Die Feuerleitanlage entsprach dem Stande bei Kriegsende, allerdings durch den Vorhaltrechner C/27 ergänzt, der ab 1926 auf „Schlesien" erprobt worden war. Äußerlich bestand der auffälligste Unterschied gegenüber den Vorläufern in dem Röhrenmast, der als Beobachtungsposten für einen Hilfsbeobachter gedacht war und ein 3-m-Em-Gerät trug. Als Gewichts- und Momentenausgleich für einen Zielgeber und ein größeres, schwereres Em-Gerät wurde der Mast um 5 m verkürzt, der Vormarsstand allerdings zur Aufnahme der Geräte erweitert. 1942 erhielt „Emden" 15-cm-Torpedobootsgeschütze C/36. Der Kreuzer hat keine Gefechtsberührung mit Seestreitkräften gehabt, sondern hauptsächlich der Kadettenausbildung gedient.

Die Modernisierung der alten Linienschiffe begann 1923 mit „Braunschweig", griff dann auf „Elsaß" (1925), „Hessen" (1925) und schließlich auf „Schlesien" (1926) und „Schleswig-Holstein" (1927) über. „Hannover" folgte 1929. Die Modernisierung bestand äußerlich in weitgehenden Änderungen der vorderen Aufbauten zur Aufnahme zusätzlicher Zielgeber, Zielsäulen und vergrößerter Em-Geräte. Einige 17- bzw. 15-cm-Geschütze wurden ausgebaut, um Platz und Gewichtsreserven für Flak und Röhrenmasten

zu gewinnen. Im Inneren wurden alle Feuerleiteinrichtungen eingebaut, die mindestens bis Kriegsende 1918 auf den Schlachtschiffen vorhanden, aber auf den ab 1916 außer Dienst gestellten oder aus der Front gezogenen Linienschiffen, die nun wieder in Dienst gestellt wurden, nicht mehr eingebaut worden waren. Dazu kam dann der erwähnte Vorhaltrechner C/27. In diesem Ausrüstungsstand haben die Schiffe eine gute Grundlage für die taktischen und technischen Fortschritte der Reichs- und Kriegsmarine gelegt, da auch sie weitgehend zu Versuchen, Erprobungsschießen und zu Lehrgangsschießen herangezogen wurden. „Schleswig-Holstein" und „Schlesien" gaben 1939 die gesamte Mittelartillerie ab und erhielten dafür, und während des Krieges, mittlere und leichte Flak.
Die *drei Panzerschiffe* sind zwar nach einem Grundgedanken gebaut und ähneln sich sehr stark. Artilleristisch sind sie jedoch insofern verschieden, als „Deutschland" einen Röhrenmast wie die Leichten Kreuzer und die Feuerleitanlageteile wie die K-Kreuzer einschl. „Leipzig" (Vorhaltrechner C/30, Krängungsgerät C/32) erhielt, „Admiral Scheer" und „Admiral Graf Spee" dagegen einen Turmmast und die Anlagenteile wie „Nürnberg" (Vorhaltrechner C/32, Krängungsgerät C/33). Auch bestanden bei den Zielgebern, Zielsäulen, Scheinwerferrichtgeräten, Landzielrechengeräten und Leuchtgranatenleitgeräten Verbesserungen bei der *Scheer*-Gruppe gegenüber der *Deutschland*-Gruppe, die auf den sehr umfangreichen und langwierigen Versuchen und Erprobungen auf den Kreuzern und der „Deutschland" beruhten. Das Bild dieser Schiffe wurde weniger durch die 28-cm-Türme als durch das 10-m-Em-Gerät im Vormars bestimmt. Dieser Eindruck stimmte, denn die Feuerleitung dieser Schiffe war schon auf einem beachtlich hohen Stande angelangt. — Daß „Admiral Graf Spee" das Gefecht vor der La Plata-Mündung nicht eindeutig als Sieger beenden konnte, lag einerseits an der vorbildlichen Führung der britischen Kreuzergruppe und andererseits bestimmt *nicht* an der Artillerieanlage und ihrer Leitung. Wie sehr die Panzerschiffe als Typ gelungen waren, haben alle 3 Schiffe bewiesen, wenn auch der „Deutschland" wegen der vielen politisch bedingten Rücksichtnahmen auf Neutrale und erhoffte Freunde nur ein geringer Erfolg im herbstlich-stürmischen Nordatlantik 1939 beschieden war. „Admiral Scheer" dagegen hatte beträchtliche Erfolge auf seiner Unternehmung (27. 10. 1940 - 1. 4. 1941), versenkte 14 Schiffe und sandte 2 Prisen heim. Das Gefecht mit dem Hilfskreuzer „Jervis Bay", der einen Geleitzug tapfer, aber erfolglos verteidigte, und das nachfolgende Zerschlagen des Geleitzuges haben die Richtigkeit der beim Entwurf der Waffen und Anlagen herrschenden Ansichten bewiesen. „Admiral Scheer" und „Deutschland" (seit 15. 11. 1939 bei der Heimkehr vom Handelskrieg zur Geheimhaltung ihrer Ankunft in „Lützow" umbenannt) beendeten den Krieg mit Landzielschießen in der Ostsee. „Lützow" griff am 30. 12. 1942 im Nordmeer

in das Gefecht mit britischen Kreuzern und Zerstörern ein, ohne Treffer zu erhalten.

Die beiden *Schlachtschiffe „Scharnhorst" und „Gneisenau"*, heute auch häufig wegen ihrer großen Geschwindigkeit als Schlachtkreuzer bezeichnet, obwohl sie für den Einsatz in einer Schlacht im Sinne des 1. Weltkrieges nie gedacht waren, stellten die Verbesserung der Panzerschiffsidee dar. Mit einer wohlausgewogenen S.A. und M.A. und einer starken Flak einschl. der neuesten Feuerleitgeräte (Alle C/35: Zielsäule und -geber, Schußwertrechner, Krängungsgerät, RW/HW- Geber usw.) fehlte ihnen nur noch wenig an der Ideallösung des Jahres 1926. Doch waren Waffen und Geräte bereits derart weit entwickelt, daß die Schiffe mit einer Ausnahme alle Operationen gegen Seestreitkräfte bestanden haben, sei es die „Weserübung" (Besetzung Norwegens mit dem Gefecht gegen den Schlachtkreuzer „Renown" April 1940), sei es das Unternehmen „Juno" (Versenkung des Flugzeugträgers „Glorious" und zweier Zerstörer Juni 1940), sei es die Unternehmung in den Nordatlantik (Angriffsversuch auf Geleitzug, bei Insichtkommen des Schlachtschiffes „Ramillies" bzw. 1 Monat später „Malaya" bzw. eine Woche später „Rodney" abgebrochen, aber dabei 22 Schiffe mit 115 600 BRT versenkt). Gerade diese 2 Monate dauernde Unternehmung bewies die Standfestigkeit und Zuverlässigkeit von Waffen und Gerät, die Güte der Ausbildung von Offizier, Unteroffizier und Mann und erneut die Richtigkeit des einstigen Panzerschiffsplanes. Der Kanaldurchbruch bewies, daß die Flugabwehrplanung folgerichtig durchgeführt war. Ohne jeden Treffer durch Flugzeugwaffen passierten die beiden Schlachtschiffe ein Seegebiet, das der Gegner für Schiffe dieser Größe für unpassierbar gehalten hatte. — Nur „Scharnhorst" hatte später noch eine Gefechtsberührung mit Seestreitkräften, die zu seinem Untergang am 25. 12. 1943 führte, führen mußte.

Die *Schlachtschiffe „Bismarck" und „Tirpitz"* sind in jeder Hinsicht der Höhepunkt deutschen Kriegsschiffbaues und deutscher Schiffsartillerie. Gewiß, die Schiffe des Typs H wären nach stärker geworden, aber sie wären noch mehr *zuspät* gekommen. Diese Feststellung trifft sicher zu, denn beide Schiffe sind unter entscheidender Mitwirkung der Luftwaffe gesunken. Die Zeit des bisherigen Schlachtschiffes war durch das Flugzeug beendet worden. Zum Schluß dieser Epoche konnte „Bismarck" der Welt noch einmal alle Möglichkeiten der schlachtentscheidenden Artillerie in einer nicht vorauszusehenden, überzeugenden Art mit der Vernichtung des Schlachtkreuzers „Hood", der schweren Beschädigung des ebenbürtigen Schlachtschiffes „Prince of Wales" und mit der Abwehr sämtlicher Angriffe der 5 Zerstörer gegen das bereits steuerunfähige Schiff in der Nacht zum 27. 5. 1941 vor Augen führen. Die Verleihung des Ritterkreuzes zum Eisernen Kreuz an den I.A.O. der „Bismarck", Korvettenkapitän Adalbert Schneider, ist das sichtbare Zeugnis für die hervorragende Leistung, die nicht möglich war ohne die Arbeit der Männer, die in vielen Jahrzehnten für die Schiffsartillerie gefordert, erdacht, konstruiert, gebaut, montiert, erprobt und gelehrt hatten, und ohne die Mitarbeit der ganzen Artilleriemannschaft an Bord. Es ist das einzige Ritterkreuz, das für ausschließlich artilleristische Leistungen in der Kriegsmarine verliehen worden ist. Nach Verschuß aller Munition war das in seinem Unterwasserschiff intakte Schlachtschiff wehrlos. Der Gegner hätte längsseit kommen können, um es einzuschleppen! Um dieses zu verhindern, ist das Schiff auf Befehl des Kommandanten, Kapitän zur See Lindemann (1939/1940 Kommandeur der Schiffsartillerieschule) versenkt worden.

„Bismarck" und „Tirpitz" hatten die letzten Gerätetypen an Bord, alle C/38 in der Ausfertigung „S" (= Schlachtschiff). Man darf aus voller Überzeugung feststellen, daß diese Geräte und die angeschlossenen Waffen das Ideal verwirklicht haben, was als Ziel des langen Entwicklungsweges angestrebt worden war und nun die Feuerprobe bestanden hatte. Was diese Fla-Anlage leisten konnte, zeigte sie am 9. 3. 1942 bei der Abwehr eines erfolglosen Torpedoangriffes durch 22 britische Trägerflugzeuge auf „Tirpitz".

Kaum ein anderes Schiff hat wie „Tirpitz" den englischen Ausdruck von der „fleet in being" — von der Flotte, die nur durch ihr Vorhandensein wirkt — gerechtfertigt. Gibt es aber eine „Seemacht" in des Wortes engerer Bedeutung, also als Sammelbegriff für bewaffnete Schiffe, wenn die Schiffe nicht bewaffnet, nicht ausreichend, nicht überlegen bewaffnet sind? Der Gegner äußerte sich über „Tirpitz":

„Unter Beachtung der Tatsache, daß sie nur einmal ihre Bewaffnung im Ernstfall gebraucht hat, kann man bezweifeln, ob ein Einzelschiff durch sein Vorhandensein je solch großen Einfluß auf die maritime Strategie ausgeübt hat. Wir hatten allen Grund, aufgrund eigener Erfahrungen, der Erfahrungen mit ihrem Schwesterschiff, der „Bismarck", daß, wenn sie einmal in See ging, sie bei ihrer Übergröße und Stärke, ihrer mächtigen Bewaffnung und hohen Geschwindigkeit, zu schwer zu fassen und zu versenken wäre . . . Da kein einziges britisches Schiff in der Lage war, sich mit ihr unter gleichen Bedingungen zu messen, sind wir immer gezwungen gewesen, eine machtvolle Kombination von Trägern, Schlachtschiffen und kleineren Fahrzeugen bereit zu halten, um ihr entgegenzutreten; und wäre Hitler geneigter gewesen, sie aufs Spiel zu setzen, würde sie vermutlich schweren Schaden verursacht haben, selbst wenn sie am Ende in eine Ecke getrieben und versenkt worden wäre wie „Bismarck" und „Scharnhorst".

Die Schweren Kreuzer „Admiral Hipper", „Blücher" und „Prinz Eugen" waren sich äußerlich sehr ähnlich. Ihre Bewaffnung stimmte hinsichtlich der

Geschütze auch überein. Während aber die beiden ersten gerätemäßig wie „Scharnhorst" ausgerüstet waren, war das letzte Schiff wie „Bismarck" mit den Typen C/38 in der Ausfertigung „K" (= Kreuzer) ausgestattet. In der Seezielartillerie machte sich das nicht so stark bemerkbar wie bei der Luftabwehr. „Blücher" hat bis zu seinem Untergang bei der Besetzung von Oslo keinen kriegerischen Einsatz gehabt. „Admiral Hipper" war dagegen ein sehr vielseitiger Einsatz beschieden. Die Vernichtung des Zerstörers „Glowworm" ist bereits erwähnt. Sein Gefecht mit dem gleichwertigen Kreuzer „Berwick" am 25. 12. 1940 endete mit dessen schwerer Beschädigung, dem Verlust eines Dampfers und leichten Schäden auf „Hipper". Der Angriff auf ein ungesichertes Geleit am 12. 2. 1941 kostete den Gegner mindestens 7 Schiffe. Auch hier hatte sich die Möglichkeit der Batterieteilung und des Einsatzes der schweren Flak gegen Seeziele bewährt. Am 31. 12. 1942 war „Admiral Hipper" Flaggschiff der Kampfgruppe, die im Nordmeer einen durch Kreuzer und Zerstörer gesicherten Geleitzug angriff. Heftige, stark wechselnde Gefechte entspannen sich, in denen „Hipper" einen Minensucher versenkte und einen Zerstörer so schwer beschädigte, daß er später sank. „Hipper" erhielt einen Treffer, durch den ein Kesselraum ausfiel. Gegner waren die 15-cm-Kreuzer „Sheffield" und „Jamaica" gewesen. — „Prinz Eugen" wurde durch die Bismarck-Unternehmung zuerst bekannt. Auf den noch vor „Bismarck" erzielten Treffer auf „Hood" war das Schiff mit Recht stolz, ebenso auf die drei Treffer auf „Prince of Wales", die u. a. etwa 500 ts Wasser ins Schiff hatten eindringen lassen, darunter auch in einen Wellentunnel. Die Leitung der Artillerie hatte bei Gefechtsende Oberleutnant zur See der Reserve Dipl.-Ing. Dieter Albrecht im achteren Stand, der einen sehr wesentlichen Anteil an der Entwicklung der Feuerleitgeräte ab 1926 gehabt hat, der — vermutlich als einziger Zivilist — den großen Artillerieoffizierlehrgang auch als Schießender mitgemacht hatte und nun selbst — wie er sich ausdrückte — „auf dem von mir gebauten Klavier spielen" konnte. Sein allzufrüher Tod verhinderte, daß er selbst den Waffenleitteil für die „Geschichte der Deutschen Schiffsartillerie" schrieb. — So, wie „Bismarck" mit allen verfügbaren Mitteln gejagt und kampfunfähig geschossen war, richtete der Gegner seine Aufmerksamkeit auf den Augenzeugen der Vernichtung von „Hood". Mit dem ausdrücklichen Befehl, „Prinz Eugen" anzugreifen, starteten während des Kanaldurchbruches am 12. 2. 1942 die 6 Swordfish-Torpedoflugzeuge, von denen keines heimkehrt; nur 2 von den 18 Mann Flugzeugbesatzung wurden gerettet. Wie hätten diese 6 Flugzeuge auch das Feuer aus 22—10,5-cm-Flak durchbrechen können, das ihnen von der Backbordseite der drei großen Schiffe entgegenschlug. Insgesamt starteten 242 Bomber. 39 Bomber warfen ihre Last auf die Schiffe ab. 15 wurden abgeschossen, 20 beschädigt. Nur auf „Prinz Eugen" fiel ein Mann durch Bordwaffenbeschuß. In der Dämmerung angesetzte Torpedoangriffe durch Beaufort- und Hudson-Flugzeuge brachten ebenfalls keinen Erfolg. Den besten Beweis für die Beweglichkeit und Feuerkraft der Fla-Bewaffnung in ihrer letzten Ausfertigung dürfte *„Prinz Eugen"* auf dem Rückmarsch von Norwegen am 17. 5. 1942 geliefert haben. Mit zwei Notrudern steuernd und geleitet von je 2 beschädigten bzw. werftreifen Zerstörern und Torpedobooten wurde der Kreuzer von 27 Torpedoflugzeugen, 8 Jägern und 19 Bombern gleichzeitig im Torpedo-Zangenangriff, im Tiefflug und im Hochangriff angegriffen. Von den 54 Flugzeugen kehrten bestimmt 7 nicht zurück (die englische Quelle schweigt sich über die Verluste aus). Der Kreuzer und die Boote blieben unbeschädigt. — *„Prinz Eugen"* erlitt später noch 2 Treffer und Mannschaftsverluste durch sowjetische Raketenbomben. Im übrigen verschoß er ab August 1944 gegen Landziele 4 871 Schuß 20,3-cm- und 2 644 Schuß 10,5-cm-Munition. Damit dürfte dieses Schiff den höchsten Verbrauch an schwerer Munition gehabt haben, den je ein deutsches Schiff im Kriege gehabt hat.

Zusammenfassend wird festgestellt, daß die Schlachtschiffe und die Schweren Kreuzer artilleristisch gesehen für ihre ozeanische Verwendung hervorragend geeignet waren. Hinsichtlich der Feuerleitanlagen gegen See- und Luftziele wären sie auch heute noch modern, wenn ihnen die Funkmeßanlage eingebaut gewesen wäre. Der erste Schritt in dieser Richtung war der Einbau auf einem Leitstand der *„Tirpitz"*. — *„Prinz Eugen"* überlebte als einzige „schwere Einheit" den Krieg und stand daher begreiflicherweise im Mittelpunkt des Interesses vieler militärischer und ziviler Besucher aus Ost und West. Unter ihnen befand sich auch ein sehr hoher Konstrukteur der Royal Navy, der 2 Wochen lang im Schiff herum kroch und sich alles erklären ließ. Bei der Verabschiedung vom Kommandanten äußerte er: „Nun liegt die schwierigste Aufgabe noch vor mir. Ich muß nämlich der Admiralität klarmachen, daß wir nicht in der Lage sind, solch ein Schiff zu bauen!" Und damit meinte er nicht zuletzt auch die Artillerie.
Die *fünf Leichten Kreuzer* haben nur eine vergleichsweise geringe Rolle gespielt. *„Königsberg"* sank durch Fliegerbomben in Bergen, ohne je Feindberührung mit Seestreitkräften gehabt zu haben (10. 4. 1940). Am Vortage war *„Karlsruhe"* durch Torpedotreffer eines U-Bootes so schwer beschädigt worden, daß sie aufgegeben werden mußte. Auch *„Köln"* hatte keine Feindberührung, so daß über ihre Artillerieanlage nichts gesagt werden kann, es sei denn, man wolle die Landzielschießen auf den Baltischen Inseln und in Wilhelmshaven heranziehen. Ähnlich erging es *„Leipzig"*, die in Gotenhafen, an der Pier liegend, im März 1945 in die Landkämpfe eingriff. *„Nürnberg"* wehrte 1943 den Angriff von 2 britischen Schnellbooten vor Südnorwegen ab. Einzelheiten sind unbekannt. Daher kann über die Kriegsbrauchbarkeit der Artillerie dieser Kreuzer nichts gesagt werden. Man darf aber

annehmen, daß auch sie ihre Aufgaben gelöst hätten, wären ihnen artilleristische Aufgaben gestellt worden. Durch Torpedotreffer mehrfach für längere Zeit ausgefallen oder – mit Ausnahme der „Nürnberg" – für Ausbildungszwecke eingesetzt, erschienen sie dem Gegner offensichtlich auch nicht besonders wichtig, denn erst gegen Kriegsende richtete er Luftangriffe gegen sie. „Köln" sank durch Bombenteppich in Wilhelmshaven.

Die Entwicklung der Torpedobootsgeschütze für Zerstörer und Torpedoboote ist bereits geschildert worden. Die Zerstörer erhielten für die Waffenleitanlage Geräte, die in der Entwicklungsreihe zwischen die Geräte C/32 („Admiral Scheer" usw.) und C/35 („Scharnhorst" usw.) gehörten und unter der Bezeichnung C/34 Z (= Zerstörer) liefen. Soweit feststellbar wurde die Leitanlage auch später nicht geändert oder ergänzt. Sie kam auch auf die Flottentorpedoboote mit 4–10,5-cm-Geschützen und umfaßte dieselben Gerätearten wie auf den großen Schiffen. Eine Besonderheit bestand darin, daß die Befehlsgeberanlage umfangreicher als auf den großen Einheiten war, um bei schnell wechselnden oder plötzlich erscheinenden Zielen unverzüglich feuern zu können. Rein stückzahlmäßig waren die Anlagen selbstredend kleiner, da die Zerstörer und größeren Torpedoboote nur einen vorderen und achteren Leitstand und 2 Rechenstellen besaßen.

Die Beurteilung der Zerstörer-Artillerie ist schwer, da die schnell wechselnden Lagen und die nur lückenhaften Unterlagen über die Seegefechte ein gerechtes Urteil vermutlich nicht entstehen lassen. Dennoch soll versucht werden, zu einem Ergebnis zu kommen. Die Verteidigung von Narvik brachte für 6 Zerstörer die Selbstversenkung nach Verbrauch des Heizöles und der Munition und für 4 Zerstörer die Versenkung durch Feindeinwirkung, darunter für zwei an der Pier liegende und mangels Öl bewegungsunfähige. Von den fünf angreifenden britischen Zerstörern sanken zwei, einer entkam beschädigt. Man kann hier nicht von einem Gefecht unter gleichen Bedingungen sprechen. Bei den meisten aller späteren Gefechte hatten die deutschen Zerstörer von Anfang an einen schlechten Stand, weil der Gegner entweder in erdrückender Übermacht oder durch Kreuzer verstärkt angriff. So sank „Hermann Schoemann", ins Gefecht begleitet von 2 Zerstörern, im Gefecht mit dem Kreuzer „Edinburgh" und 2 Zerstörern (2. 5. 1942), „Friedrich Eckoldt" im Artilleriefeuer der Kreuzer „Sheffield" und „Jamaica" und dreier Zerstörer, selbst durch „Admiral Hipper" und 2 Kameraden unterstützt. Der Verlust wurde durch den Untergang eines Briten ausgeglichen (31. 12. 1942). „Z 27" und die Torpedoboote „T 25" und „T 26" sanken in der Biskaya, von den Kreuzern „Glasgow" und „Enterprise" zusammengeschossen (28. 12. 1942), „Z 32" und „ZH 1" durch Artillerie- und Torpedotreffer seitens 4 britischer, 2 kanadischer und 2 polnischer Zerstörer im Kanal (9. 6. 1944). „T 29" sank im Gefecht mit dem Kreuzer „Black Prince" und Zerstörern (26. 4. 1944). Die meisten der verlorenen kleineren Torpedoboote und die älteren Boote der *Möwe-* und *Wolf*-Klasse sanken durch Bombenteppiche in den Häfen, zu einem kleinen Teil durch Schnellbootsangriffe im Kanal. Es ist heute noch unmöglich, festzustellen, wie viele Angriffe die einzelnen Boote erfolgreich abwehrten und welche Schäden sie dem Gegner beibrachten, bis sie selbst sanken. Es ist auch schwer zu schätzen, wieviel wichtiger Geleit- als Angriffsaufgaben waren, wo also die Beurteilung sich weniger nach der Zahl der versenkten Gegner als nach der Menge der geschützten Tonnage richten muß. Es mag aller Wahrscheinlichkeit nach Unterschiede im technischen Stand, im Bereitschaftszustand und in der Ausbildung bei den Flottillen und Booten gegeben haben. Sicher sind Kommandanten und Artillerieoffiziere im Ansatz und in der Leitung der Artillerie ihres Zerstörers oder Torpedobootes verschieden gewesen. Das wirkte sich im Erfassen der Lage, im Entscheiden und Entschließen und in der Befehls- und Kommandobildung stark aus. Daher wurde ja auch nicht jeder Seeoffizier A.O. und später Kommandant eines derartigen Bootes. Man darf deshalb hier von einem gewissen Gleichmaß sprechen und muß es ablehnen, etwa die „Schuld" für einen vergleichsweise frühen Untergang eines Bootes beim Personal und Material der Artillerie zu suchen. Dieser Gedanke ließe sich auch auf alle anderen Schiffsgattungen sinngemäß übertragen. Wer darf überhaupt von Schuld sprechen, wenn nicht nachweisbare Verstöße gegen die Pflicht vorliegen? Schließlich spielte der Gegner mit seinen Überlegungen, seinen Seestreitkräften und deren Waffen auch eine wesentliche Rolle bei der Beurteilung der Erfolge unserer Zerstörer und Torpedoboote und ihrer Artillerie. Leider konnten keine Urteile aus dem Munde oder der Feder des einstigen Gegners hierüber gefunden werden. Aller Wahrscheinlichkeit nach sind sie nicht schlechter als die über die „dicken Schiffe", wie die Zerstörer- und Torpedobootsfahrer etwas abfällig und mitleidig alles bezeichneten, was ein Meter länger oder breiter als der eigene „Untersatz" war. Da nie Klagen oder Beschwerden über das Material und die Ausbildung bekanntgeworden sind, muß die Zufriedenheit der Bootskommandanten angenommen werden, allerdings mit einer Ausnahme: der ständige Ruf nach Verstärkung der Luftabwehrkraft. Diesem Ruf wurde nach Kräften nachgekommen, soweit es die Platz- und Gewichtsverhältnisse an Bord und der Zufluß neuer Waffen und Geräte gestatteten.

Zusammenfassung: Mit Ausnahme der nicht erfüllbaren Forderung nach Verstärkung der Flugabwehr haben sich die Artillerieanlagen der Zerstörer und Torpedoboote, ihr Material und Personal bewährt. Ähnliche Gedankengänge sind durchzuführen, wenn man sich bemüht, ein Urteil über die Artillerie der vielen hundert Hilfs- und Kleinfahrzeuge abzugeben, begonnen beim 6000-Tonner als Sperrbrecher und beendet beim kleinen Motorboot als Hilfsminensucher auf der Donau, erneut begonnen bei den Flottenbegleitern, den Minensuchbooten und Räumbooten bis hin zu den Schnellbooten. Mit Ausnahme der Schnellboote, die ihre Torpedos angriffsweise tragen sollten, hatten alle anderen Schiffsgattungen Aufgaben, die mehr defensiver oder arbeitsmäßiger Natur waren. Ihnen diente die Artillerie zur Verteidigung, entweder für sich selbst oder für anvertraute Geleite. Daher war ihre Artillerie in erster Linie zur Abwehr von Kleinfahrzeugen und dann mehr und mehr zur Luftabwehr bestimmt, bis schließlich die Abwehr von Flugzeugen die wesentliche und oft einzige Aufgabe wurde. Es muß zugegeben werden, daß die materielle Ausrüstung der Tausende von Fahrzeugen den berechtigten Forderungen nicht immer entsprochen hat, obwohl viele Beutegeschütze, Munition und Geräte eingesetzt wurden, nicht zuletzt auf den im Ausland vorgefundenen fertigen oder halbfertigen Booten. Es ist unmöglich, hier jeden Schußwechsel, jeden Flugzeugabschuß und jeden Schiffsverlust im Blick auf den Einsatz der verschiedenen Waffen und ihre Leistung und Bewährung zu untersuchen. Dazu würde auch die Feststellung gehören, wie lange ein Fahrzeug schon in See war, wieviel Gefechte es bereits hinter sich hatte und wieviel Munition noch vorhanden war, und wie lange dann der Gegner mit immer neuen Kräften pausenlos angriff, um nach Erschöpfung aller Munition ein leichtes Spiel mit dem nun wehrlosen Boot zu haben. Unzählbare kleine und große Heldentaten bei Tag und bei Nacht und viele Tragödien haben sich in dieser Art zwischen Nordkap und Nordafrika, zwischen Biskaya und Asowschem Meer abgespielt, die zum großen Teil immer unbekannt bleiben werden. Es wäre vermessen, über diese Fahrzeuge ein umfassendes Urteil abzugeben, außer: sie haben bis zum letzten Kriegstage ihre Pflicht erfüllt.

Aus den vielen für militärische Zwecke umgebauten Handelsschiffen und Fischereifahrzeugen fallen zwei Gruppen insofern heraus, als ihre Artillerie zum Angriff bestimmt war: die Artillerieträger und die Hilfskreuzer.

Bei den *Artillerieträgern* waren zwei Grundtypen zu unterscheiden: die aus bereits fertigen oder im Bau befindlichen Marine-Fährprähmen (MFP) gebauten Artilleriefähren (AF) und die aus umgebauten Küstenmotorschiffen entstandenen leichten und schweren Artillerieträger (LAT bzw. SAT). Es wurden knapp 120 AF gebaut, von denen ein Teil dank des geringen Gewichtes auf Tiefladern an die Donau transportiert und bei der Eroberung und der Räumung der Krim eingesetzt wurden. Der Seekrieg im flachen Asowschem Meer war fast ausschließlich ihre Sache. Mit zwei 10,5 cm und vielen kleinen Flak armiert spielten sie trotz der geringen Geschwindigkeit eine achtunggebietende, oft entscheidende Rolle, soweit ihre Geschütze trugen. Auf dem Peipus-See, in den Gewässern der Niederlande, in Norwegens Fjorden und in der östlichen Ostsee waren sie oft für ihre Kameraden vom Heer die unermüdlichen, opferbereiten Helfer und Retter in höchster Not. Hier sei nur an die 17 AF der 7. Artillerieträgerflottille mit ihrem

Einsatz bei der Räumung der Halbinsel Sworbe erinnert, bei der trotz ständiger Angriffe durch sowjetische Eliteverbände aus der Luft nur ein Fahrzeug sank und zwei leicht beschädigt wurden.

20 Küstenmotorschiffe wurden zu schweren bzw. 26 zu leichten Artillerieträgern umgebaut. Nur je 4 gingen verloren, was weniger bedeutet, daß die Boote nicht eingesetzt und angegriffen wurden, als daß sie sich — wohlbewaffnet — ihrer Haut zu wehren verstanden. Die schweren Träger hatten eine 15-cm-, die leichten eine 8,8-cm-Kanone und dazu neben leichter Flak Raketenabschußgestelle (RAG) an Bord. Bei Tiefangriffen warfen sie mit den Raketen dem Angreifer lange Stahlseile entgegen, um die er im großen Bogen herumflog, womit der gleichzeitig und konzentrisch geplante Angriff zunächst abgewehrt war. Zumeist in der 13. und 21. Landungsflottille zusammengefaßt hefteten sie bei der Verteidigung von Königsberg und Pillau, vor allem aber von Danzig, Gotenhafen und Hela unvergeßlichen Lorbeer an ihre Flaggen. Der Höhepunkt ihres Einsatzes war — im Verein mit MFP und KFK (Kriegsfischkuttern) — wie sie selbst auch von der 9. Sicherungsdivision — die Rettung von mehr als 70 000 Flüchtlingen und der Reste von drei Divisionen des VII. Panzerkorps bis zum letzten Soldaten von der Oxhöfter Kämpe nördlich Gotenhafen, trotz Beschusses mit Feldgeschützen und Stalinorgeln. — Es mutet einen im Jahre 1967 seltsam an, wenn man unvermutet in Kiel-Holtenau das holländische Küstenmotorschiff „Bishorst" liegen sieht, einst Gruppenführerboot in der 24. Landungsflottille, nach dem Waffenstillstand seinem Eigner zurückgegeben und heute vielleicht der letzte noch schwimmende Teilnehmer an diesen blutigen, aber doch besonders erfolgreichen Kämpfen zur Rettung deutscher Menschen vor bitteren Schicksalen.

Die zehn ausgerüsteten Hilfskreuzer waren artilleristisch nicht sehr unterschiedlich bewaffnet, wenn man das Hauptkaliber von 15 cm betrachtet. Sie hatten davon 6 Geschütze an Bord, anfangs nur die alten Modelle C/13 und C/16 („Orion", „Atlantis", „Widder", „Thor", „Pinguin", „Komet" und „Kormoran"), weil neuere noch nicht verfügbar waren. „Thor" und „Komet" erhielten zu ihren zweiten Unternehmungen und „Coronel" von Anfang an Kanonen C/36, „Michel" jedoch die auf „Widder" ausgebauten Geschütze. Zum Anhalten von Schiffen stand ein 7,5- oder ein 6-cm-Geschütz (letzteres das Landungs- und Bootsgeschütz aus der Kaiserlichen Marine!) auf der Back. Einige 3,7-cm-S.K. (2 oder 4 Stück) und 2-cm-Flak (4 bis 8 Stück) dienten der Luftabwehr und bewährten sich vor allem beim Niederhalten feindlicher Geschützbedienungen. Es ist häufig bedauert worden, daß die Hilfskreuzer nicht sofort mit modernen Geschützen bewaffnet worden sind, da die Geschütze beim Handelskrieg nach Prisenordnung eine größere Rolle als die Torpedowaffe bis zum Aufbringen der Handelsschiffe gespielt haben. Geht man die Berichte über die Unternehmungen durch,

kommt man zu dem Ergebnis, daß moderne Geschütze das Verhalten der Kommandanten ebenso wenig wie das Ergebnis geändert haben würden. In den Gefechten mit britischen Hilfskreuzern waren auch die älteren, z. T. nicht mehr voll leistungsfähigen Geschütze den Gegnern gewachsen. Die 3 Gefechte des „Thor", des zweitkleinsten Hilfskreuzers, mit den weitaus größeren Gegnern („Alcantara" 22 309 BRT, 18 Knoten; „Carnarvon Castle" 20 122 BRT, 18 Knoten; „Voltaire" 13 245 BRT, 15 Knoten), die alle mit Geschützen bis zu 15-cm-Kaliber bewaffnet waren, und die mit dem Abdrehen der beiden ersten und dem Untergang des dritten endeten, dürften diese Behauptung als berechtigt erscheinen lassen. Gegen die 20,3-cm-Geschütze der „Devonshire" (Untergang „Atlantis") und der „Cornwall" (Vernichtung „Pinguin") hätten auch weiter reichende 15-cm-Geschütze nichts ausrichten können, zumindest nicht das Schicksal abwenden („Pinguin" hatte — den Gegner überraschend angreifend — Treffer erzielt, worauf der Gegner aus der Geschützreichweite lief). — Man muß den Gefechtsbericht von „Kormoran" am besten selbst lesen, um die ganze Dramatik dieses einzig dastehenden Erfolges eines Hilfskreuzers im Gefecht mit einem Leichten Kreuzer nachempfinden zu können. Man wird sich dann die Zielverteilung für die Torpedowaffe und die einzelnen Geschütze vorstellen können, ebenso die grenzenlose Überraschung auf der „Sidney", von der kein Mann gerettet werden konnte. Von den Kormoran-Männern gelangte der weitaus größere Teil in mühe- und qualvoller Seefahrt in Booten und Flößen an die australische Küste, nachdem die Maschinenanlage des Hilfskreuzers so stark zerstört war, daß das Schiff aufgegeben werden mußte. — „Komet" sank im Kanal, von 2 Torpedos eines britischen Schnellbootes trotz Sicherung durch 4 Torpedoboote getroffen. Die ganze Besatzung fiel (14. 10. 1942). Ein halbes Jahr früher waren beim Geleit des „Stier" durch den Kanal die Torpedoboote „Iltis" und „Seeadler" durch Schnellboote versenkt worden (13. 5. 1942), während ihr Schutzobjekt „Stier" endgültig am 21. 5. aus der Gironde auslaufen konnte. Er hielt am 27. 9. den amerikanischen Dampfer „Stephen Hopkins" an, der sich tapfer wehrte und auf „Stier" 30 Treffer erzielte. Da die Angaben der früheren Feinde über die Bewaffnung des Schiffes unterschiedlich sind und stark im Gegensatz zu den Beobachtungen stehen, die von „Stier" aus gemacht werden konnten, ist ein Urteil über die Artillerie auf „Stier" sicher verfrüht. Die Gefechtsschäden — u. a. nicht mehr zu reparierende Beschädigung des einen Hauptmotors — zwangen zum Abbruch des Handelskrieges. „Stier" wurde von der Besatzung gesprengt und folgte seinem Bezwinger in die Tiefe. Das Gefecht hatte 4 Tote und 33 Verwundete auf „Stier" gekostet. Die Besatzung war 5 Wochen später daheim.
Der Vollständigkeit halber seien hier auch die zu schwimmenden Fla-Batterien umgebauten alten deutschen Kreuzer „Arcona" und „Medusa",

die ihre Namen behielten, die ehemals norwegischen Küstenpanzerschiffe („*Tordenskold*" in „*Nymphe*", „*Harald Haarfagre*" in „*Thetis*" umbenannt) und die niederländischen Schiffe (Küstenpanzerschiffe „*Jacob van Heemskerk*" in „*Undine*", „*Hertog Hendrik*" in „*Ariadne*", Kreuzer „*Gelderland*" in „*Niobe*") erwähnt. Je nach Platz und Gewichtsverhältnissen wurden sie mit Geschützen, Leitgeräten einschließlich Funkmeßgeräten und Scheinwerfern ausgerüstet. Da sie verankert oder landfest verwendet werden sollten, erhielten sie Waffen und Gerät, wie sie die Marineartillerie in den Küstenflakabteilungen gebrauchte. Ernsthaften Bombenangriffen hätten die veralteten Schiffe trotz der Flakkonzentration nicht widerstanden.

Die einzigen *Kanonenboote*, die die Kriegsmarine besessen hat, waren auch ausländischen Ursprungs. „*K 1*" bis „*K 3*" waren für den Dienst in Niederländisch-Indien, „*K 4*" für die belgische Fischereiaufsicht bestimmt gewesen. 1 200 bzw. 1 640 ts groß und mit vier 12-cm-Geschützen in Doppellafetten bzw. mit drei 10,5-cm-Flak und mit leichter Flak bewaffnet, waren sie als Geleitfahrzeuge eingesetzt.

Eine Seezielartillerie im engeren Sinne des Wortes erhielten nur etwa 200 *U-Boote:* je eine 10,5-cm-S.K. C/32 in Ubts.L. C/36 die Boote der Typen IA, IX und XB, je eine 8,8-cm-S.K. C/35 in Ubts.L. C/35 die Boote der Typen VIIC und D, alle jeweils nur bis etwa Mai 1942. Dazu kam auf allen Booten zunächst ein 2-cm-M.G. C/30. Gedacht war das Geschütz zum Anhalten von Handelsschiffen zur Untersuchung. Das M.G. sollte bei überraschenden Tief- und Nahangriffen das Boot verteidigen. Im übrigen sollten die Boote sich durch Tauchen den Angriffen entziehen. Wie anders als gedacht ist dann aber der U-Bootskrieg verlaufen. Zwar kamen mehr und mehr Geschütze an Bord, aber nur leichte und mittlere Flak: 2 cm, 3,7 cm in U-Bootslafetten, dann die 4-cm-Flak, teils in Doppel- und Vierlingslafetten, auf der Achterseite des Turmes teils über-, teils nebeneinander angeordnet und mit einer Reling aus Rohren versehen, damit die Männer nicht über Bord gewaschen wurden. In friedlicheren Zeiten als einziger Aufenthaltsort für einzelne wachfreie Männer an frischer Luft erlaubt und als einziger „Raum" mit Raucherlaubnis hatte die Geschützplattform den Namen „Wintergarten" erhalten. Der erste Schuß aus einem U-Bootsgeschütz galt dem britischen Dampfer „*Royal Sceptre*" am 2. Kriegstage, von „*U 48*" gefeuert. Obwohl der Dampfer den Angriff mit Funk meldete, wurde er nicht weiter beschossen und erst mit einem Torpedo versenkt, als seine Besatzung in die Boote gegangen war. Wenig später wurde der Dampfer „*Browning*" mit einem Schuß gestoppt. „*U 48*" ging an sein Rettungsboot mit dem Kapitän heran und befahl diesem, den verlassenen Dampfer wieder zu besetzen, um die Schiffbrüchigen der „*Royal Sceptre*" zu bergen. Wie anders sah der Krieg zur See 5 Jahre später aus, als die letzten Geschütze schon seit 3 Jahren von Bord gegeben und durch Flak ersetzt worden waren, als die Boote durch Wasserbomben zum Auftauchen gezwungen mit Bomben und Bordwaffen vernichtet wurden, häufig gleichzeitig von allen Seiten angegriffen. Da half keine mittlere oder leichte Flak mehr, von den bis zum letzten entschlossenen U-Bootsmännern gerichtet und abgefeuert. Auch RAG änderten nichts mehr daran, daß im Duell U-Boot und Flugzeug das U-Boot auf die Dauer gesehen unterliegen mußte. – Ab 1942 verschwanden die Geschütze wie bereits gesagt. Als Typ hatten sie alle Anforderungen erfüllt, ihre Einrichtungen einschließlich der Munitionsversorgung waren wie im 1. Weltkriege ohne wesentliche Änderung. Das U-Boot als Artillerie- bzw. Flakträger mußte unterliegen, weil der Einsatz an der Meeresoberfläche seiner Natur widersprach. Folgerichtig wurden die neuen Typen zu reinem Unterwassereinsatz entwickelt, unter fast völligem Verzicht auf die Artillerie. Zuletzt war die Artillerie nur noch auf Typ XXI mit vier 2-cm-Flak in Doppellafetten, die in der Turmvor- und -achterkante eingebaut waren, vertreten.

So, wie die Marine mit der „Schleswig-Holstein" den 2. Weltkrieg eröffnete, so beendete sie auch den Krieg: Der alte Bäderdampfer „Rugard", als Minenleger und Führerschiff der 9. Sicherungsdivision eingesetzt, wurde am 9. Mai 1945 westlich von Bornholm von drei sowjetischen Schnellbooten aufgebracht und nach Osten geschickt: Kriegsgefangenschaft für die Besatzung und 1 300 Soldaten!!! „Rugard" schien sich zunächst in ihr Schicksal ergeben zu haben, bis sie in einer günstigen Position mit ihrem einzigen 8,8-cm-Geschütz – und vermutlich nicht des neuesten Typs! – die drei Sowjets überfiel, den sowjetischen Torpedos hart kurvend auswich und die Boote in die Flucht schlug. – Doch dieses Schießen war nicht das letzte Artillerieschießen der Kriegsmarine, zwar das letzte gegen einen Gegner. Das letzte gegen eine Scheibe fand am 2. Februar 1946 statt, gedacht als Sensation für 50 auf „Prinz Eugen" eingeschiffte Reporter auf der Fahrt von Boston nach Philadelphia. Mit viel Mühe gelang es, aus der stark verringerten und hauptsächlich aus Maschinenpersonal bestehenden Besatzung Bedienungen für die beiden vorderen Türme zusammenzukratzen. Auf 180 hm wurde eine winzige Scheibe mit wenigen Salven Gefechtsmunition so zusammengeschossen, daß der Kreuzer „Houston" das Schießen abbrechen ließ, weil er die Scheibe nicht mehr ausmachen konnte, obwohl er in ihrer Nähe stand. Das Backbord I. 10,5-cm-Geschütz vernichtete den Rest der etwa 10 m langen Scheibe. Ein Fla-Schießen zeigte, daß die Amerikaner in der Zieldarstellung und der Organisation eines Übungsabschnittes nicht weiter waren als wir.

Nun könnte ein Nachruf auf die Artillerie der Reichs- und Kriegsmarine und damit mittelbar auch auf die Leistungen der Kaiserlichen Marine, ohne die der 2. Weltkrieg nicht mit seinen artillerietaktischen und -technischen Höhepunkten zu denken ist, folgen. Viele amtliche, halbamtliche und private Veröffentlichungen aus der Nachkriegszeit haben die Leistungen bei Freund und Feind untersucht, verglichen und beurteilt. Der Gegner von einst hat nicht mit Anerkennung gespart. Anstelle vieler Aussprüche mit vielleicht ermüdenden Wiederholungen seien nur zwei Urteile gebracht, über „*Scharnhorst*":

„. . . ‚Scharnhorst' hatte, wie ‚Bismarck' vorher, tapfer bis zum Ende gegen weit überlegene Kräfte gekämpft, und wieder wie bei ‚Bismarck' war die Menge der Schläge, die sie hinnehmen mußte, ohne in die Luft zu fliegen, beachtlich. Sie erhielt mindestens 13 schwere Treffer durch ‚*Duke of York*' und vielleicht ein Dutzend von anderen Gegnern; und vermutlich haben 11 von den gegen sie gefeuerten 55 Torpedos getroffen. Wieder einmal hatte sich die Fähigkeit der Deutschen, furchterweckend starke Schiffe zu bauen, erwiesen."

Und „*Bismarck*":

„Die Deutschen hatten dieselbe artilleristische Überlegenheit im vorhergehenden Kriege bewiesen. Was eine Marine kann, kann die andere auch. Aber aus gewissen Gründen war die britische Schiffsartillerie in den Jahren zwischen den Kriegen hinter der deutschen zurückgeblieben."

Kaliberschlüssel für glatte Schiffsgeschütze

I. Kanonen

Kaliber-stufe cm	Deutsche Benennung	Italienische Benennung	Französische Benennung	Englische Benennung	Pfünder-bezeichnung Franz. Engl.	Engl. Zoll Engl.
50	(Holland, Däne-	(Artilleriepfund	(Pfund = Livre =	(Pfund = pound	1000*	20
38	mark u. Spanien	= 301 g)	490 g	= 454 g)	450*	15
28	haben Bennun-				175*	11
26	gen ähnlich den				125*	10
24	deutschen				90*	9
21					60	68	8
19	Ganze Kartaune		Canon double	—	48	56	7,7
17	³/₄ Kartaune	Cann. di. 60	Canon de 36 Livres	Canon	36	42	7
16	—	—	Canon de France	¹/₂ Canon	30	32	6,4
15	¹/₂ Kartaune	Corsiere di 35	Demi canon d'Esp.	Canon of 24	24	24	5,8
13,5	Notschlange	Columbrine di 25	Grande Couleuvrine	Culverin	18	18	5,2
12	Ganze Schlange	Columbrine di 18	Canon de 12 Livres	Canon of 12	12	12	4,5
10,5	—	—	Couleuvrine bâtard	¹/₂ Culverin	8	8	4,2
9	Halbe Schlange	Sagro, Aspic	Sacre	Saker	6	6	3,6
8 (7,5)		Moiana	Moyenne	Minion	4	4	3,2
6	Viertelschlange	Falchone	Faucon	Falcon	3	3	2,3
5	Falkonet	Falchonetto	Fauconneau	Falconet	—	—	2
4 (3,7)	Scharpentine	Petriero	Serpentine	Serpentine	—	—	1,5
2,5	Basse	Petriero	Babinet	Robinet, Swiffel	—	—	1

* Nur in USA 18 64/80

II. Bombenkanonen

Kal.-stufe	Preußen	Benennung in Dänemark	Frankreich	England
28 cm	50 Pfdr (= 28,4 cm) Armee	168 Pfdr = 28,8 cm	150 Liv. = 27,4 cm	130 pds. = 25,4 cm
23 cm	25 Pfdr (= 22,7 cm) Armee	84 Pfdr = 23 cm	80 Liv. = 22 cm	—
21 cm	68 Pfdr (= 20,3 cm) Marine	60 Pfdr = 20,1 cm	—	68 pds. = 20,3 cm

III. Mörser

Benennung nach dem Gewicht des Steines oder der wirklichen Bombe

Kaliberstufe	Stein/Bombe
36 cm	100/200
33 cm	75/150
28 cm	50/100
21 cm	18/36

Die hauptsächlichsten Bestimmungen des Friedensvertrages von Versailles betreffend die deutsche Seemacht

Artikel 168
Die Anfertigung von Waffen, Munition, und Kriegsgeräten aller Art darf nur in Werkstätten und Fabriken stattfinden, deren Lage den Regierungen der alliierten und assoziierten Hauptmächte zur Kenntnisnahme mitgeteilt und von ihnen genehmigt worden ist. Diese Regierungen behalten sich vor, die Zahl der Werkstätten und Fabriken zu beschränken.

Artikel 173
Die allgemeine Wehrpflicht wird in Deutschland abgeschafft. — Das deutsche Heer darf nur im Wege freiwilliger Verpflichtung aufgestellt und ergänzt werden.

Artikel 174
Unteroffiziere und Gemeine verpflichten sich für eine ununterbrochene Dauer von zwölf Jahren.

Artikel 181
Zwei Monate nach Inkrafttreten des gegenwärtigen Vertrages dürfen die Kräfte der Deutschen Kriegsmarine nicht mehr betragen als:
- 6 Panzerschiffe von Typ „Deutschland" oder „Lothringen"
- 6 Leichte Kreuzer
- 12 Zerstörer
- 12 Torpedoboote

oder eine gleiche Zahl von gemäß Artikel 190 konstruierten Ersatzbauten. Unterseeboote sind nicht zugelassen.
Alle anderen Kriegsschiffe müssen, soweit der gegenwärtige Vertrag nichts anderes bestimmt, in die Reserve überführt oder zu Handelszwecken benutzt werden.

Artikel 183
Zwei Monate nach Inkrafttreten des gegenwärtigen Vertrages darf das Personal der Deutschen Kriegsmarine — einschließlich Bemannung der Schiffe, Küstenverteidigung, Signalwesen, Verwaltung und andere Land-Dienststellen — 15 000 Mann nicht übersteigen. In dieser Zahl sind Offiziere und Mannschaften aller Grade und Waffen einbegriffen.
Die Gesamtzahl der Offiziere und Deckoffiziere darf 1 500 nicht übersteigen.
Innerhalb zweier Monate nach Inkrafttreten des gegenwärtigen Vertrages muß das gesamte die vorerwähnte Zahl überschreitende Personal demobilisiert sein.
Keine militärische oder Marine-Formation und keine Reserve-Formation darf in Deutschland für die Zwecke der Marine gebildet werden, soweit ihr Personalbestand nicht in der obenerwähnten Kopfstärke einbegriffen ist.

Artikel 184
Mit dem Beginn des Inkrafttretens des gegenwärtigen Vertrags hören alle deutschen Überwasserkriegsschiffe, die sich nicht in deutschen Häfen befinden, auf, deutsches Eigentum zu sein. Deutschland gibt alle Rechte auf dieselben auf.

Die Schiffe, die in Ausführung der Bestimmungen des Waffenstillstandes vom 11. November 1918 gegenwärtig in den Häfen der alliierten und assoziierten Mächte interniert sind, werden als endgültig abgeliefert erklärt.

Die Schiffe, die gegenwärtig in neutralen Häfen interniert sind, werden dort den Regierungen der hauptsächlichsten alliierten und assoziierten Mächte abgeliefert. Die deutsche Regierung muß bei Inkrafttreten des gegenwärtigen Vertrags den neutralen Mächten eine entsprechende Mitteilung zukommen lassen.

Artikel 185

Innerhalb zweier Monate nach Inkrafttreten des gegenwärtigen Vertrages müssen die hierunter aufgeführten Überwasserkriegsschiffe den hauptsächlichsten alliierten und assoziierten Mächten in von ihnen zu bezeichnenden alliierten Häfen übergeben werden.

Diese Kriegsschiffe müssen nach den Vorschriften des Art. XXIII des Waffenstillstandes vom 11. November entwaffnet sein.

Die gesamte Bestückung muß sich jedoch an Bord befinden.

Panzerschiffe

Oldenburg	Ostfriesland	Posen	Rheinland
Thüringen	Helgoland	Westfalen	Nassau

Leichte Kreuzer

Stettin	München	Stralsund	Kolberg
Danzig	Lübeck	Augsburg	Stuttgart

ferner 42 moderne Zerstörer und 50 moderne Torpedoboote, die seitens der Regierungen der hauptsächlichsten alliierten und assoziierten Mächte ausgesucht werden.

Artikel 186

Mit dem Beginn des Inkrafttretens des gegenwärtigen Vertrages muß die deutsche Regierung unter der Kontrolle der Regierungen der hauptsächlichsten alliierten und assoziierten Mächte den Abbruch aller jetzt im Bau befindlichen deutschen Überwasserkriegsschiffe in Angriff nehmen lassen.

Artikel 188

Ein Monat nach Inkrafttreten des gegenwärtigen Vertrages müssen alle deutschen Unterseeboote, Unterseeboots-Hebeschiffe, Unterseeboots-Docks — einschließlich des Röhrendocks — den hauptsächlichsten alliierten und assoziierten Mächten ausgeliefert sein.

Diejenigen Unterseeboote, Fahrzeuge und Docks, die nach Ansicht der genannten Regierungen mit eigener Kraft oder im Schlepp fahren können, sollen durch die deutsche Regierung nach denjenigen Häfen der verbündeten Länder geschafft werden, die hierfür angegeben worden sind.

Die anderen Unterseeboote, ebenso wie die im Bau befindlichen, werden durch die deutsche Regierung unter Aufsicht der genannten Regierungen vollständig abgebrochen. Dieser Abbruch muß spätestens 3 Monate nach Inkrafttreten des gegenwärtigen Vertrages vollendet sein.

Artikel 189

Alle Gegenstände, Maschinen und Material irgendwelcher Art, welches aus dem Abbruch irgendwelcher deutscher Kriegsschiffe — Überwasserkriegsschiffe sowohl wie Unterseeboote — herrührt, dürfen nur zu ausschließlich industriellen oder Handelszwecken verwendet werden.

Sie können nach fremden Staaten weder verkauft noch abgetreten werden.

Artikel 190

Es ist Deutschland verboten, irgend ein Kriegsschiff zu erbauen oder zu erwerben außer solchen die zum Einsatz der gemäß Artikel 181 des gegenwärtigen Vertrages als im Dienst befindlich vorgesehen bestimmt sind.

Die vorerwähnten Ersatzbauten dürfen keine höhere Wasserverdrängung haben, als
10 000 t für die Panzerschiffe
6 000 t für die leichten Kreuzer
800 t für die Zerstörer
200 t für die Torpedoboote.

Mit Ausnahme des Falles eines Verlustes dürfen die verschiedenen Schiffsklassen erst ersetzt werden nach Ablauf von
20 Jahren für die Panzerschiffe und Kreuzer,
15 Jahren für die Zerstörer und Torpedoboote
vom Datum des Stapellaufs ab gerechnet.

Artikel 191

Der Bau und Erwerb von irgendwelchen Unterseebooten, auch für Handelszwecke, bleibt für Deutschland verboten.

Artikel 192

Die im Dienst befindlichen Kriegsschiffe der deutschen Flotte dürfen an Bord oder in Reserve nur diejenigen Mengen von Waffen, Munition und Kriegsmaterial haben, die durch die hauptsächlichsten alliierten und assoziierten Mächte festgesetzt sind.

Innerhalb eines Monats nach Festsetzung der in vorstehendem Absatz vorgesehenen Mengen müssen die Waffen, Munition und Kriegsmaterial aller Art einschließlich Minen und Torpedos, die sich gegenwärtig in Händen der deutschen Regierung befinden und über die festgesetzten Mengen hinausgehen, den Regierungen der genannten Mächte an den von ihnen festzusetzenden Orten ausgeliefert werden.

Diese Waffen, Munition und Kriegsmaterial werden zerstört oder unbrauchbar gemacht.

Alle anderen Lager, Depots oder Reserven an Waffen, Munition und Kriegsmaterial irgendwelcher Art sind verboten.

Die Fabrikation der genannten Artikel auf deutschem Gebiet und deren Ausfuhr nach fremden Ländern sind verboten.

Artikel 194

Das Personal der deutschen Marine wird ausschließlich durch freiwillige Verpflichtungen rekrutiert, welche für Offiziere und Deckoffiziere auf eine Zeit-

dauer von mindestens 25 fortlaufenden Jahren, für Unteroffiziere und Mannschaften von mindestens 12 Jahren sich erstrecken müssen.

Die Zahl derjenigen Einstellungen, die dazu bestimmt sind, das Personal zu
ersetzen, welches aus irgend einem Grunde vor Ablauf seiner Verpflichtungen
den Dienst verläßt, darf jährlich 5 % der in Artikel 183 vorgesehenen Gesamt-
stärke nicht überschreiten.

Das Personal, welches aus dem Dienste der Kriegsmarine ausgeschieden ist, darf
keine militärische Ausbildung irgend welcher Art erhalten, noch weiter in der
Marine oder im Heer Dienst tun.

Offiziere, welche der deutschen Kriegsmarine angehören und die nicht demobilisiert werden, müssen sich verpflichten, bis zu ihrem 45. Lebensjahr zu dienen,
ausgenommen den Fall, daß sie aus stichhaltigen Gründen den Dienst früher
aufgeben.

Kein Offizier oder Mann, welcher der deutschen Handelsmarine angehört, soll
irgendwelche militärische Ausbildung erhalten.

Artikel 195

Um allen Nationen freien Zugang zur Ostsee zu sichern, soll Deutschland in dem
Gebiet zwischen 55^0 27' und 54^0 00' nördlicher Breite und 9^0 00' und 16^0 00'
östlicher Länge von Greenwich keine Befestigungen errichten und keine Geschütze aufstellen dürfen, durch welche die Seewege zwischen der Nordsee und
der Ostsee beherrscht würden. Die z. Z. in diesem Gebiet vorhandenen Befestigungen sollen abgebrochen und die Geschütze weggeschafft werden. Dies hat
unter Aufsicht der verbündeten Mächte und in den von ihnen festgesetzten
Zeiträumen zu geschehen.

Die Deutsche Regierung muß alle hydrographischen Angaben bezüglich der
Verbindungswege zwischen Ost- und Nordsee, soweit dieselben sich z. Z. in
ihrem Besitz befinden, zur Verfügung der Regierungen der hauptsächlichsten
alliierten und assoziierten Nationen stellen.

Artikel 196

Alle befestigten Werke, Befestigungen und Seefestungen, außer den in Sektion
XIII (Helgoland) des Teils III (Europäische politische Bestimmungen) und im
Artikel 195 erwähnten, und zwar soweit sie sich innerhalb 50 Kilometer von
der deutschen Küste oder auf den deutschen Inseln der Küste befinden, werden
als defensiven Charakters angesehen und können in ihrer derzeitigen Verfas-
sung verbleiben.

Keine neue Befestigung darf in diesem Gebiet errichtet werden. Die Bestückung
dieser Werke darf niemals weder in Zahl oder Kaliber der Geschütze über die
im Zeitpunkt des Inkrafttretens des gegenwärtigen Vertrages vorhandene Bestückung hinausgehen. Die Deutsche Regierung wird sofort deren Einzelheiten
allen europäischen Regierungen mitteilen.

Innerhalb eines Zeitraumes von 2 Monaten nach Inkrafttreten des gegenwärtigen Vertrags wird der Munitionsvorrat für diese Geschütze gleichmäßig zurückgeführt sein auf eine Höchstziffer von 1 500 Schuß pro Geschütz für Kaliber von
10,5 und darunter sowie 500 Schuß pro Geschütz für höhere Kaliber. Der Munitionsvorrat darf künftig diese Ziffern nicht überschreiten.

Der Chef der Admiralität

Nr. M 3130   Berlin, den 21. Juni 1920

Gedanken zur Begründung der Notwendigkeit der Marine in dem durch den Friedensvertrag vorgesehenen Umfang.

I. Notwendigkeit einer Marine für jeden ans Meer grenzenden Staat

Es ist ein Irrglaube, der sich in der Geschichte allerorts und immer wieder als verhängnisvoll erwiesen hat, daß ein an das Meer grenzender Staat ohne eine der Ausdehnung seiner Küsten und seiner wirtschaftlichen Bedeutung entsprechende Seewehr auskommen kann.

Unsere eigene Geschichte zeigt, wie der in unserem Volke vorherrschenden Kontinentalen Auffassung unserer geographischen Lage zum Trotz immer wieder sich die zwingende Notwendigkeit ergeben hat, eine Flotte zu bauen. Mag man dabei zurückschauen bis in die Geschichte des Deutschen Ritterordens oder auf den Flottenbau des Großen Kurfürsten, Friedrich des Großen, auf die Deutsche Bundesmarine, die Marine des Norddeutschen Bundes nach 1866 und schließlich die Kaiserliche Marine seit 1870. Immer wieder hat die Entwicklung zwangsläufig ansetzen müssen, auch wenn es eine Zeit lang den Anschein hatte, als könne der Deutsche auch ohne Kriegsflotte, gestützt allein auf ein brauchbares Heer, in Ruhe weiterleben. Angesichts dieser durchaus einheitlichen und eindeutigen historischen Erfahrung wäre eine freiwillige Verschleuderung der aus unserer letzten großen Marineentwicklung noch vorhandenen Marinewerte (Schiffe, Anlagen, Personal, Erfahrungen) und ein Abreißenlassen jeder Tradition nicht zu verantworten.

Es würde mit Sicherheit dazu führen, daß wir früher oder später durch eiserne Notwendigkeit gezwungen wären, alles wieder neu zusammenzubringen, neu zu kaufen für einen verhältnismäßig höheren Preis, als jetzt die Erhaltung des Vorhandenen kostet.

II. Aufgabe der Reichsmarine

Es ist auch nicht richtig, wenn behauptet wird, für die 15 000-Mann-Marine liegen unter unseren jetzigen Verhältnissen keine wichtigen Aufgaben vor. Natürlich kann, wie die Dinge liegen, kein vernünftiger Mensch daran denken, Differenzen mit einer der großen Seemächte auf See mit der Waffe ausfechten zu wollen.

Zunächst ist noch die sehr umfangreiche und zeitraubende Arbeit des Minenräumens zu Ende zu führen. Besondere Minensucher sind nur bis 10. September 1920 bewilligt. Dann muß die 15 000-Mann-Marine die weiteren Minenarbeiten übernehmen, deren Beendigung bei der großen Ausdehnung der uns zugewiesenen Gebiete mindestens noch 1 Jahr störungsloser Arbeit in Anspruch nehmen wird. Daneben bleiben die folgenden Aufgaben dauernd zu erfüllen·

1. Sicherung der staatlichen Ruhe und Ordnung im Küstengebiet

Unser im Verhältnis zur Größe des ganzen Landes sehr beschränktes Heer kann die für das Küstengebiet erforderlichen Kräfte nicht abgeben.

Dazu kommt, daß Aufrührer im Küstengebiet mit Vorliebe das Wasser ausnutzen als Basis und Zufluchtsstätte, sich auf dem Wasserwege mit Zuzug von Menschen, Waffen, Geld, Proviant versorgen. Dort sind sie von Landtruppen weder zu fassen noch abzuschneiden. Erst Kriegsfahrzeuge von der Wasserseite kommend, können in solchen Fällen den Widerstand brechen. Häufig hat ihr bloßes Erscheinen zur Aufgabe des Widerstandes oder der Absichten geführt, vgl. Emden, Bremen, Hamburg im Jahre 1919, Stettin mit der Odermündung im Frühjahr 1920. Würde aber ein Aufstand an der Küste größere Dimensionen annehmen, würden erhebliche Teile der Küste oder wichtige Zufuhrhäfen mehr als ganz vorübergehend in die Hand der Aufständischen geraten, so würde die Wirkung für das Wirtschaftsleben der übrigen Teile des Reiches keinesfalls weniger katastrophal werden, wie die Wirkung von Aufständen in einem unserer Hauptindustriegebiete.

Wiederholte Nachrichten über eine beabsichtigte Landung russischer Bolschewisten auf Rügen und Benutzung der Insel als Basis für Ausbreitung der „Weltrevolution" über Deutschland deuten darauf hin, daß ein derartiger Plan zum mindesten in Erörterung ist. Der Übergang zur Tat wäre nicht schwer, wenn Deutschland keine Marine besäße.

2. Überwachung der längs der Küste liegenden Hoheitsgewässer
bis 3 sm des freien Meeres, außerhalb der Watten, Inseln, Einbuchtungen

Diese Überwachung fällt dem Reiche als Anlieger zu. In jedem Kriege zwischen anderen Staaten werden wir für Neutralitätsverletzungen in unseren Hoheitsgewässern verantwortlich gemacht werden.

Von solchen Neutralitätsverletzungen können wir Kriegsschiffe der kriegführenden Mächte nur abhalten, wenn wir unsere Hoheitsgewässer durch geschulte Marinestellen, eigene Kriegsschiffe und Befestigungen ausreichend überwachen. Können wir das nicht, so müssen wir den Schaden bezahlen, den ein Kriegführender durch neutralitätswidrige Benutzung unserer Gewässer seitens des andern erleidet. Darin kennen die Kriegführenden seit Alters keinen Spaß, die großen Seemächte am wenigsten.

Die Rechnung, die uns ein einzelner kriegführender Kreuzer durch nicht verhinderte Benutzung unserer Gewässer einbringen kann, kann gewaltig werden.

Im Weltkriege haben die kleinen Neutralen in der Nähe des Kriegsschauplatzes ihre Marinen, lediglich zur Überwachung ihrer Hoheitsgewässer, in einem mobilmachungsähnlichen Zustande gehalten, zum Teil nicht unerheblich verstärkt, übrigens mit dem Erfolg, daß ihre Hoheitsgewässer von den großen streitenden Parteien grundsätzlich sorgfältig respektiert wurden.

3. Verhinderung des Aufkommens von Seeräuberwesen vor der eigenen Küste

Die Geschichte aller Zeiten zeigt, daß bei Zerfall großer staatlicher Ordnungen, wie wir ihn in Rußland erlebt haben, sehr leicht in den angrenzenden Gewässern sich gewerbsmäßiger Seeraub entwickelte, mitunter bis zur Gründung nicht leicht wieder zu bezwingender fester Seeräubernester.

Würde etwas derartiges an einer unserer Inseln oder sonst geeigneter Stelle nicht sofort im Keime erstickt werden können, so würde auch für den hieraus entstehenden Schaden der Weltwirtschaft das Reich verantwortlich und haftbar gemacht werden.

4. *Die Verteidigung unserer Küsten gegen Annektionsgelüste von benachbarten kleineren Staaten*

Man mag sich ein Bild vom Völkerbund machen wie man will, die unmittelbare Verteidigung gegen Überfall wird er immer den Völkern selbst überlassen müssen, schon weil sein Apparat stets zu spät kommen würde, um überraschende Angriffe aufzufangen. Das fait accompli rückgängig zu machen, ist erfahrungsgemäß viel schwieriger als eine Verhinderung durch Vorbeugung. Die Vorgänge, die zum Verlust Posens geführt haben, sollten uns für alle Zeiten warnendes Beispiel bleiben. Der Pole benutzte den Augenblick, wo wir kein Heer hatten. Hätten wir auch nur einen Teil unserer noch militärisch verwendbaren Truppen in der Hand behalten, so wäre der Überfall spielend abgewehrt und die für unsere Ernährung so besonders wichtige Provinz aller Wahrscheinlichkeit nach unser geblieben. Die Verteidigung unserer Küste ist in Zukunft *nicht leichter, sondern schwieriger* als bisher. Die Danziger Bucht, früher einer der Stützpunkte unserer Küstenverteidigung, ist zur Bedrohung der anschließenden deutschen Küste geworden. In der Flensburger Förde liegt jetzt dänisches Land auf Bootsnähe unserer Küste gegenüber, an der westschleswigschen Seite hat der Däne die eine Seite unseres militärisch wichtigsten Seetiefs in Besitz, die Küste Ostpreußens ist von der Landverbindung mit dem Hauptlande abgetrennt. Dazu kommt, daß uns die Waffe des U-Boots genommen, die Mine als Küstenverteidigungsmittel durch die im Kriege gefundenen Schutzmittel der Kriegsschiffe stark entwertet ist.

Für rein artilleristische Verteidigung ist unsere Küste viel zu lang; auch dürfen keine neuen Küstenbefestigungen angelegt werden.

Eine Verteidigung allein durch Landtruppen ist völlig ausgeschlossen. Sie sind dem Angriff von Seestreitkräften gegenüber erfahrungsgemäß hilflos, weil sie deren Gewohnheiten nicht kennen. Dem beweglichen Seeangriff kann nur mit gleichen Waffen gewehrt werden.

Zur Verteidigung unserer Küste selbst gegen die Flotten unserer kleinsten Nachbarn ist eine Marine, wie sie uns der Friedensvertrag läßt, unentbehrlich.

5. *Sicherung der Seewege vor unserer Küste; insbesondere unserer Verbindung mit Ostpreußen*

Ohne Kriegsflotte wäre unsere Ostseeschiffahrt jeder Willkür selbst der kleinsten Ostseestaaten ausgesetzt, Staaten wie Lettland, Estland können heute im Handumdrehen ein paar Handelsschiffe mit Kanonen ausrüsten und auf unsere friedlichen Handelsschiffe loslassen.

Finnland hat sich bereits eine kleine Kriegsflotte organisiert. Polen erhält unter Hilfe der Entente gerade jetzt eine Flotte aus modernen Kreuzern und Torpedobooten, die uns im Friedensvertrag abgenommen sind.

Das bolschewistische Rußland hat in Kronstadt-Petersburg noch moderne Kriegsschiffe aller Größen liegen. Rüstet es auch nur einen Teil davon aus, so ist unser gesamter Schiffsverkehr aufs Ernstlichste gefährdet.

Ostpreußen ist verloren, sowie Russen oder Polen seine Küste besetzen oder eine Seeverbindung mit uns unterbinden. Denn um sich gegen einen Angriff halten zu können, braucht die Provinz sofortige Verstärkung durch Truppen von dem Hauptlande sowie laufende Zufuhren an Brennstoffen, Kriegsgerät, Munition. Die polnische Flotte liegt in Danzig geradezu bereit, diese Transporte unmöglich zu machen, wenn wir sie nicht durch eine ausreichende eigene Flotte in Schach halten können. Das Fehlen einer Ostpreußen schützenden Marine würde geradezu einladen zu einem Eroberungskrieg gegen die Provinz.

6. Sicherung gegen Blockade durch kleine Ostseestaaten

Im Jahre 1864 konnte das kleine Dänemark die gesamte deutsche Schiffahrt und Fischerei durch Blockade lahmlegen. Selbst ohne eigentlichen Kriegszustand kann jede noch so kleine Seemacht das Mittel der Blockade als Druckmittel anwenden, um willkürliche Forderungen durchzusetzen.

Was solche Blockade heutzutage für uns bedeutet, haben wir genügend zu fühlen bekommen.

Mit Landkrieg zu antworten, ist nur bei unmittelbaren Nachbarn möglich, hängt überdies von der jeweiligen politischen Gesamtlage ab.

Die Marine, wie sie uns der Friedensvertrag läßt, schaltet für die in Betracht kommenden Staaten schon den Gedanken an solchen Druck aus, würde den Versuch jederzeit vereiteln.

7. Besuch überseeischer Länder

Der Besuch durch ein Kriegsschiff ist ein altgebräuchliches und geschätztes Mittel, staatliche Beziehungen und Verbindungen zwischen durch das Meer von einander getrennten Völkern anzuknüpfen und zu pflegen. Wer das überseeische Ausland kennt, weiß, was das Erscheinen der Kriegsflagge, selbst auf kleinem Fahrzeug, für die Bewohner wie für die eigenen in der Fremde tätigen Volksgenossen bedeutet. Solche Besuche haben in Zukunft bei dem geringen Umfang der deutschen Marine nichts zu tun mit der „gepanzerten Faust" und werden draußen von niemand so aufgefaßt werden. Aber die sichtbaren Zeichen für die eigenen Volksgenossen, daß sie noch ein Heimatland besitzen, und für die Bewohner des Besuchslandes, daß es noch eine Deutsche Nation gibt, werden zu unschätzbaren Imponderabilien für das Wiedererwachen und die Erhaltung des Interesses, wie wir es gerade nach dem unglücklichen Kriege in besonderem Maße brauchen werden. Dabei kommt es auf den Gefechtswert des betreffenden Kriegsschiffes weniger an. Auch die größte Seemacht hat lange Zeit nur militärisch veraltete Kriegsschiffe von geringem Kampfwert im Auslandsdienst verwandt.

Das ordnungsmäßige Aussehen, die seemännisch gute Führung des Kriegsschiffes, die Haltung seiner Besatzung, die Weltgewandtheit und Bildung seiner Offiziere werden an ferner Küste gewohnheitsmäßig als ein Maßstab für die Wichtigkeit und Haltung der ganzen Nation betrachtet. Das Kriegsschiff gilt einmal in höherem Grade als Vertreter der Nation als das normalerweise verkehrende Handelsschiff derselben Flagge.

8. Kulturaufgaben

Daß die Marine für die Lösung mancher Kulturaufgaben besonders geeignet ist, beweist der bei allen seefahrenden Nationen eingeführte Brauch, die Seevermessung, das Seekartenwesen, Wetter- und Handelsnachrichtendienst, die Fischereibeaufsichtigung und die Kabelpolizei auf hoher See — letztere beiden auf Grund internationaler Verträge — ferner wissenschaftliche Forschungsreisen in den größeren Weltmeeren durch die Marine ausführen zu lassen, ebenso wie diese zur staatlichen Hilfeleistung bei Seeunglücksfällen, bei Eisgefährdung der Schifffahrt in erster Linie herangezogen wird.

III. Notwendige Größe der Reichsmarine

Der zur Erfüllung der erläuterten Aufgaben notwendige Umfang unserer Marine ergibt sich aus der Bedingung, daß sie den kleinen Ostseeflotten gewachsen sein muß.

Wir können deshalb auch auf die Linienschiffe nicht verzichten, die der Friedensvertrag uns gelassen.

Eine Flotte nur aus Kreuzern und Torpedobooten ist jeder Flotte unterlegen, die Linienschiffe, wenn auch nur geringer und mittlerer Größen, besitzt.

Dieses trifft um so mehr zu, als wir U-Boote nicht halten dürfen, ganz abgesehen davon, daß die Frage, ob das U-Boot das Linienschiff entbehrlich machen kann, letzten Endes im Weltkrieg zum mindesten strittig geblieben ist.

Nun haben sowohl die nordischen Flotten als auch das bolschewistische Rußland Linienschiffe, Polen hat Kreuzer und Torpedoboote, die Stück für Stück den unseren an Kampfkraft und Geschwindigkeit überlegen sind. Erst die uns gelassenen Linienschiffe sichern uns das erforderliche Übergewicht über die polnische Flotte.

Das Linienschiff ist nebenbei noch zu Ausbildungszwecken unentbehrlich, da es allein alle Ausbildungsmöglichkeiten in sich vereinigt, die eine seemännische und militärisch auf der Höhe zu haltende Flotte gebraucht.

Es ist klar, daß unsere Gegner den Umfang unserer Marine im Friedensvertrage auf das Minimum begrenzt haben, daß sie selbst für unsere Bedürfnisse als unerläßlich ansehen.

Aber sie haben als erfahrene Seemächte über das Minimum ein richtigeres Urteil als weite Kreise unseres Volkes. Sie würden es gar nicht verstehen, wenn wir aus Kostenersparnis unter dieses Minimum heruntergehen würden.

Es ist auch nicht zutreffend, wenn behauptet wird, mit den Schiffen der Deutschlandklasse oder Ersatzbauten von 10 000 t wäre überhaupt nichts zu machen. Technischer Erfindungsgeist wird auch durch die Größenbeschränkung sich nicht hindern lassen, brauchbare Kriegswerkzeuge zu schaffen. Und wenn wir die alten Schiffe in den Einzelheiten ihrer Ausrüstung und Bewaffnung (Munition, Befehlsapparate, Feuerleitungsvorrichtungen etc.) auf der Höhe der Technik halten, so sind auch aus ihnen im Bedarfsfalle noch Gefechtsleistungen herauszuholen, die den für uns auf absehbare Zeit in Betracht kommenden Aufgaben durchaus gerecht werden können.

Die unerreicht hohe Ausbildung unseres Personals für die große Flotte ist in der Hauptsache auf Schiffen der Deutschlandklasse und noch kleineren Typen durchgeführt und erreicht worden. Der Übergang aufs Großkampfschiff vollzog sich danach spielend. Wenn wir unsere Zukunftsmarine innerhalb der uns auferlegten Grenzen qualitativ auf größtmöglicher Höhe halten, bleibt bei der Intelligenz und den industriellen Fähigkeiten unseres Volkes auch eine Vergrößerung jeder Zeit im Bereich der Möglichkeit, sobald die Umstände solche erfordern und gestatten.

Durch diese Möglichkeit bleiben wir auch bündnisfähig für andere Mächte.

Würden wir die Marine jetzt mehr oder weniger verfallen lassen, unsere langgestreckte Küste, ganze Provinzen schutzlos machen, so würde sich jeder hüten, sich mit einem solchen Bundesgenossen zu belasten. Eine geschulte Marine bleibt, auch wenn sie im Umfang begrenzt ist, immer ein Machtfaktor.

Niemand dürfte endlich die Verantwortung auf sich zu nehmen berechtigt sein, daß unseren Kindern und Kindeskindern die Möglichkeit abgeschnitten wird, sich einmal wieder eine größere Seemacht zu verschaffen, wenn sie dies für erforderlich halten.

Der Name Hannibal F i s c h e r ist noch heute berüchtigt als der eines Verschleuderers nationaler Werte und Potenzen, obwohl die von ihm verkaufte Flotte damals durch England vom Meere verwiesen war.

Der Fluch unserer Nachfolger und Kinder würde uns in höherem und vielleicht berechtigterem Maße treffen, wenn wir jetzt kurzsichtig auch nur etwas preisgäben von dem, was selbst unsere erbittertsten Feinde uns nicht nehmen zu können glaubten.

Mit der Vertretung beauftragt
gez. Michaelis

Kommando
2. Torpedobootshalbflottille   W'haven, den 14. Spt. 20

B. Nr. 2119
U. u. R. Umlauf
St.O. schreibt mit 6783 A.1.

Bitte die beiliegende Druckschrift zur baldigen Kenntnis der Offiziere zu bringen. Es liegt nicht in meiner Absicht, die Denkschrift zu einem Gegenstand des Dienstunterrichts der Mannschaften zu machen, hingegen hätten sich die Offiziere einzelne Gedanken zu eigen zu machen, um sie gelegentlich im Unterricht oder in der Unterhaltung zu verwerten.

Rückgabe an Halbflottille beschleunigen.

gez. Götting

Anmerkungen

1 Erste Fahrtmeßanlage mit ausfahrbarer Düse auf Kreuzer „Karlsruhe" (II) 1917 erprobt.

2 Artillerietelegraph enthielt Kommandos, Befehle und Fragen auf Bändern wie die 1935 eingeführten Betriebs- und Leckwehrtelegraphen.

3 „Blücher": Richtungsweiser eingebaut: 15 cm Batterie Backbord 1913, Steuerbord 1914, schwere Artillerie klar zum Justieren am 23. 1. 1915, unmittelbar vor dem Auslaufen.

4 Treffer auf „Lion" 12 schwere, völlig außer Gefecht, gem. „Grandfleet und Hochseeflotte".

5 Einführung der hydraul. Höhenrichtung in allen schweren Türmen ab „Ostfriesland" bzw. „von der Tann".

6 Artillerietelegraphen nur auf der rechten Seite.

7 Mech. Maat Lange baute auf „Blücher" 1913 ein Modell des Petravic'schen Abfeuergerätes, mit dem die Versuche begonnen wurden.

Die wichtigste benutzte und ergänzende Literatur

A. Bücher

1. Dienstbücher

„*Leitfaden für den Unterricht in der Artillerie an der Marineschule und an Bord des Artillerieschulschiffes. Erster Teil: Das Material.*" Herausgegeben von der Inspektion des Bildungswesens der Marine. Dritte, neu bearbeitete Auflage. Berlin 1906

„*Leitfaden für den Unterricht in der Artillerie auf der Marineschule, Schiffs-artillerie-Schule und an Bord der Schulschiffe. Zweiter Teil: Pulverlehre, theoretische Ballistik, angewandte Ballistik und Schußwirkung.*" Herausgegeben von der Inspektion des Bildungswesens der Marine. Fünfte, neu bearbeitete Auflage. Berlin 1914

„*Leitfaden für den Artillerieunterricht in der Kriegsmarine*";
Teil I: *Ballistik*. Bearbeitet von Reg.-Rat Hortschansky. 1939
Teil VI: *Optisches Kriegsgerät*. Bearbeitet von Dr. Norbert Günther und Kapitänleutnant Heinrich Wittig. 1938

„*Leitfaden für den Artillerieunterricht in der Reichsmarine*"
Teil II: *Geschützmechanik*. Bearbeitet von Konteradmiral a. D. Punt und Korvettenkapitän Tschiersch. 1933
Teil III: *Pulver und Sprengstoffe*. Bearbeitet von Korvettenkapitän Tschiersch und Marineoberingenieur Zurth. 1931

2. Der Öffentlichkeit nicht zugänglich gewesene Literatur

Dienstvorschrift der Kaiserlichen Marine (bearbeitet im Reichs-Marine-Amt, vollendet von der Marineleitung): *Entwicklung unserer Marineartillerie*. Teil I bis 1904, Teil II 1905—07, Teil III 1908—09, Teil IV 1919—12, Teil V 1913—20. — Geheim!

Geheime Dienstvorschrift der Marineleitung: *Die Entwicklung der Schießkunst in der Kaiserlichen Deutschen Marine*. Verfaßt von Admiral a. D. Jacobsen. Berlin 1928

Ausbildungsunterlagen der Schiffsartillerieschule. Waffen-(leit-)anlagen der Kriegsmarine, ca. 1936. Unterrichtstafeln für Geschützkunde: Band I Seeziel, 1942. Band II Flak, 1942. Grundlagen der Rechengetriebe, ca. 1936

Wirkungspläne der Artillerie der Schlachtschiffe „Bismarck" und „Tirpitz", Schwere und Mittelartillerie. 1941

Waffentechnische Nachrichten aus fremden Marinen. Tabellenheft. Stand 1. 3. 1941: England, Frankreich.

Der Chef der Admiralität. Nr. M 3130 v. 21. 6. 1920: Gedanken zur Begründung der Notwendigkeit der Marine in dem durch den Friedensvertrag vorgesehenem Umfange

Baupläne des Schlachtkreuzers „Von der Tann". 1 : 100. ca. 1910

Grundlegende Gedanken und die bisherigen Ergebnisse der A.K.V.-Tätigkeit „Schlesien". ca. 1927

von Maltzahn: *Geschichte unserer taktischen Entwicklung.* Im Auftrage des Admiralstabes der Marine unter Benutzung dienstlicher Quellen. I. Teil: Die Vorgeschichte 1849—1889. Nur für den Dienstgebrauch

Marine-Dienstvorschrift Nr. 601 (G.Kdos) Operation und Taktik: Auswertung wichtiger Ereignisse des Seekrieges, Heft 3. *Die Atlantikunternehmung der Kampfgruppe „Bismarck" — „Prinz Eugen".* Mai 1941. Berlin, Oktober 1942

Entwurf zur vorläufigen Beschreibung der 3,7-cm-Flaklafette M 43 U. Die 10,5-cm-Schnellade-Kanone C/33 in 8,8-cm-Doppellafette C/31. Die 8,8-cm-Schnellade-Kanone C/31 in Doppellafette C/31. Rheinmetall-Borsig AG.: *Geschütze und Maschinenwaffen für die deutsche Kriegsmarine* — Entwicklungsgeschichtliche Zusammenstellung. Heft 1: Konstruktion von 1907 bis 1918. Berlin 1943

Einzelunterlagen über mehrere Geschütze verschiedener Kaliber und Hersteller. Aus dem Nachlaß des Ministerialdirigenten a. D. Dipl.-Ing. Ludwig Cordes: *Krängungsprobleme* der Flak-Feuerleitung auf Schiffen, 1955. *Das Horizontieren. Waffenanlagen für Neubauten,* 1941. *Koordinaten-Wandler* für Seeziel-Feuerleitanlagen, 1941. Die Vereinfachung des Artillerie-*Schußwertrechners.* Das *Kaliber* der schweren Artillerie auf Schlachtschiffen, ca. 1941. Abhandlung über *Seitengruppen* im Artilleriegefecht. Vorschläge für Weiterentwicklung der *Bordflak,* 1932. Mit Stellungnahmen und Ergänzungen bis 1942.

3. Öffentlich erhältliche Bücher

Bekker, Cajus: *Radar — Duell im Dunkel.* Oldenburg/Hamburg 1958

af Chapman, Fredrik Henrik: *Architectura Navalis Mercatoria.* Stockholm 1768. Nachdruck Burg, Bez. Magdeburg. ca. 1960

Evers, Heinrich: *Kriegschiffbau — Ein Lehr- und Hilfsbuch für die Kriegsmarine.* Zweite, verbesserte Auflage. Berlin 1943

Foss, M: *Marine-Kunde.* 7. Auflage, Stuttgart, Berlin, Leipzig. Ca. 1907

Gröner, Erich: *Die deutschen Kriegsschiffe 1815—1936.* München 1937

v. Hase, Georg: *Skagerrak — Die größte Seeschlacht der Weltgeschichte.* Leipzig 1920

Hänert, Ludwig: *Geschütz und Schuß* — Eine Einführung in die Geschützmechanik und Ballistik. Berlin 1928

Heinsius, Paul: *Das Schiff der hansischen Frühzeit.* Weimar 1956

Hunning: *Die Entwicklung der Schiffs- und Küstenartillerie bis zur Gegenwart.* Berlin und Leipzig 1912

von Klas, Gert: *Die drei Ringe — Lebensgeschichte eines Industrieunternehmens.* Tübingen 1955

Kritzinger-Stuhlmann: *Artillerie und Ballistik in Stichworten.* Berlin 1939

v. Kronenfels, J. F.: *Das schwimmende Flottenmaterial der Seemächte.* Wien, Pest, Leipzig 1881 von Mantey, Eberhard: *So war die alte Kriegsmarine.* Berlin 1935

Parkes, Oscar: *British Battleships* — „Warrior" 1860 to „Vanguard" 1950. London

Roscoe, Theodore; Freeman, Fred: *Picture History af the U.S. Navy 1776—1897.* New York, London 1956

Szymanski, Hans: *Brandenburg-Preußen zur See 1605—1815.* Leipzig 1939

Techel, H.: *Der Bau von Unterseebooten auf der Germaniawerft.* Berlin 1922. Nachdruck ca. 1940/41

v. Werner, B.: *Deutsches Kriegsschiffsleben und Seefahrkunst.* Leipzig 1891

Winter, Heinrich: *Das Hanseschiff im ausgehenden 15. Jahrhundert.* Rostock 1961

Winter, Heinrich: *Der holländische Zweidecker von 1660/1670.* Bielefeld und Berlin 1967

Winter, Heinrich; Jorberg, Friedrich; Szymanski, Hans; Hoeckel, Rolf: *Schwere Fregatte „Wappen von Hamburg" (I)* (1669 — *Leichte Fregatte „Berlin"* (1675). Rostock 1961

4. *Seekriegsgeschichtliche Werke*

Meurer, Alexander: *Seekriegsgeschichte in Umrissen* — Seemacht und Seekriege vornehmlich vom 16. Jahrhundert ab. Berlin und Leipzig 1925 und 1941

Marine-Archiv: *Der Krieg zur See 1914—1918.* Berlin und Darmstadt ab 1920. Alle bisher erschienenen Bände einschl. „Die Überwasserstreitkräfte und ihre Technik"

Butler, J. R. M.: *History of the Second World War* — United Kingdom Military Services

Roskill, S. W.: *The War at Sea 1939—1945.* London 1954

Morrison, Samuel Eliot: *History of the United States Naval Operations in World War II.* Vol.: The Battle of the Atlantic Sept. 1939 - May 1943

Richards, Denis: *Royal Air Force 1939—1945.* Vol. I: The Fight at Odds. London 1953

Joubert de la Ferté, Philip: *Birds and Fishes* — The Story of Coastal Command. London 1960

5. *Führer durch Museen*

The Cannon Hall-Guide to the Royal Danish Arsenal Museum, Copenhagen 1948 (mit über 800 Schaustücken ab 1412)

Führer durch die Waffensammlung (des schweizerischen Landesmuseums) — Ein Abriß der schweizerischen Waffenkunde von Dr. E. A. Geßler, Zürich 1928

6. *Nachschlagewerke, Jahrbücher usw.*

Brockhaus Konversations-Lexikon. 14. vollständige, neubearbeitete Auflage. Leipzig 1893

Weyer, Bruno: *Taschenbuch der Deutschen Kriegsflotte.* 1. Jahrgang. München 1900 und Folgebände

Almanach für die k. u. k. Kriegs-Marine. XV. Jahrgang. Pola 1895

Handbuch der neuzeitlichen Wehrwissenschaften. Dritter Band, 1. Teil: Die Kriegsmarine. Herausgeber Hermann Franke. Berlin und Leipzig 1938

Handbuch für Heer und Flotte — Enzyklopädie der Kriegswissenschaften und verwandter Gebiete. Herausgeber Georg von Alten. Berlin, Leipzig, Wien, Stuttgart 1909

Technik/Geschichte. Beiträge zur Geschichte der Technik und Industrie.

Bd. 2: Rudloff, J.: *Die Einführung der Panzerung im Kriegsschiffbau und die Entwicklung der ersten Panzerflotten*

Bd. 13: Ottsen, J.: *Über den derzeitigen Stand unserer Kenntnisse von den Anfängen der Pulverwaffen*

Bd. 16: Dreger, M.: *Hermann Gruson (1831—1895) — Ein Pionier deutscher Ingenieurkunst*

Bd. 18: Rathgen, B.: *Beiträge zur Geschichte des Geschützwesens*
I. *Die Geschichte der Geschützfabrikation*

Bd. 26: Erbach, R.: *Die geschichtliche Entwicklung der Kampfmittel zur See*

Bd. 27: Johannsen, O.: *Deutsche Büchsenmacher als Lehrmeister im Ausland*
Kothe, E.: *Aus der Geschichte der Artillerie*
Ritter, K.: *Die mittelalterliche Steinbüchse aus Schmiedeeisen*
Dörge, F.: *Die Geschichte des Drahtgeschützrohres*
Rolle, R.: *Die Entwicklung der Ballistik seit Anfang des 18. Jahrhunderts, insbesondere durch das Wirken von Carl Cranz*
Schmitt, F.: *Mechanische Zeitzünder*
Mahr, O.: *Zeittafel zur Geschichte des Geschützwesens bis zum Weltkrieg*
Zeittafel zur Geschichte der Waffentechnik Alfred Krupps

Bd. 29: Reinhardt, K.: *Geschichte des Schiffbaues an Modellen sichtbar gemacht*

Bd. 30: Kothe, E.: *Kriegsgerät als Schrittmacher der Fertigungstechnik*

Nauticus — Jahrbuch für Deutschlands Seeinteressen bzw. Jahrbuch für Seefahrt und Weltwirtschaft. Berlin bzw. Darmstadt

1903: *Artillerie und Panzer*

1905: *Artillerie und Panzer in ihren Beziehungen zum Schiffstyp. Fortentwicklung der Artillerie*

1906: *Artillerie und Panzer im ostasiatischen Seekriege*

1923: Ahnhudt: *Linienschiff, U-Boot und Luftwaffe*

1926: Ahnhudt: *Neuzeitige Linienschiffs- und Kreuzertypen*

1936: Kinzel, Walter: *Entwicklungsstand der Schiffsartillerie und der Torpedowaffe*

1938: Wustrau: *Fragen neuzeitlichen Kriegsschiffbaues*

1939: Mahrholtz: *Probleme neuzeitlicher Schiffsartillerie auf Grund der Kriegserfahrungen*

1941: Kinzel, Walter: *Pulver und Sprengstoffe des neuzeitlichen Krieges*

1943: Evers, Heinrich: *Bemerkungen zu neuzeitlichem Kriegsschiffbau*

1944: Witzell, Karl: *Die Bedeutung von Wissenschaft und Forschung für die Entwicklung der Kampfmittel der Kriegsmarinen*

B. Zeitschriften

1. Marine-Rundschau

1905: v. Krosigk, Günther: *Die Kommandotürme an Bord unserer Linienschiffe*
Krell, O.: *Der gegenwärtige Stand der Scheinwerfertechnik*

1908: Arnold: *Die artilleristische Entwicklung der englischen Marine ... der Marine der Vereinigten Staaten von Amerika*
Gercke: *Die Einführung der Offensiv- und Defensivwaffen seit Einführung des Dampfschiffes und ihr Einfluß auf die Entwicklung der Schiffstypen*

1909: „Sch": *Kritik an „Dreadnoughts", their fire control system and comparative strength in the North Sea"*

1910: Bacon: *Das Linienschiff der Zukunft*

1912: *Die ersten Beziehungen der Marine zur Firma Friedrich Krupp*
Zur Jahrhundertfeier der Firma Krupp
Artillerie, Torpedos, Minen und Panzer im letzten Jahr (aus Brassey's Naval Annual)

1913: *Artillerie und Taktik*
The Naval Annual 1913

1922: Rogge, Maximilian: *Englische und deutsche Panzerplatten*
Ahnhudt: *Über Kleine Kreuzer*

1923: Grassmann, Werner: *Monitore*
Bode, G.: *Vom Entfernungsmessen zur See*

1925: Punt, Siegfried: *Die Überlegenheit der deutschen Schiffsartillerie im Weltkriege*

1925: Grassmann, Werner: *Neuzeitliche Kampfschiffe und ihre Trabanten*

1927: Schumacher, Ernst: *Ortungskampf*
Schumacher, Ernst: *Ortungsklippen*
Paschen, Günther: *Artilleristische Bewaffnungsfragen bei fremden Kriegsschiffen*

1928: „—ig": *Kurze Übersicht über die jüngste Entwicklung der Marineartillerie*
Fuhrmann, Reinhard: *Das ferngelenkte Zielschiff der Reichsmarine*

1929: Paschen, Günther: *S.M.S. „Lützow" in der Skagerrakschlacht*

1930: Paul, Oswald: *Kreuzertyp und Kriegserfahrung*
Paul, Oswald: *Überblick über die Entwicklung des Schießens auf See*
Weygoldt, Walter: *Die Artillerie auf Torpedobooten*

1932: Michaelis, William: *Die Schiffsartillerie im Wandel der Zeiten*
Plath, Joachim: *Die erste Salve*
Witschetzky, Fritz: *Zielschiff oder Schießen mit seitlich verlegtem Treffpunkt?*

1935: v. Schoultz: *Nachkriegsgedanken über die Skagerrakschlacht*
Prentzel, Wilhelm: *Aufstellung der Artillerie auf Großkampfschiffen — ein neuartiger italienischer Vorschlag*
Hallmann, Hans: *Keil und Ramme bei Lissa 20. Juli 1886 (ein geschichtliches Mißverständnis)*

1936: Groos, Otto: *Zum 20. Jahrestag der Schlacht vor dem Skagerrak*
1938: Hallmann, Hans: *Vor 30 Jahren. Die Anfänge des Dreadnoughtbaues 1905—1908*
1939: Mohr (F.Kpt. z. V.): *Über das Kaliber der Flakwaffen*
Rentsch (Major): *Schwere Schiffsflak und moderne Bomber*
Nach Untersuchungen Camille Rougerons
Wagner, Heinrich: *Der Fernlenkverband. Seine Entstehung, seine Entwicklung und sein Wert*
1941: Anonym: *Die Bewaffnung der Zerstörer nach „Shipbuilding and Shipping Record" 10. 10. 1940. Die Entwicklung von 1893 bis heute*
1963: Hubatsch, Walther: *Schiffbauplanung, technischer Rüstungsstand und politische Zielsetzung beim Bau der deutschen Marine 1848 bis 1955*
1965: Strohbusch, Erwin: *Die Kleinen Kreuzer der Magdeburg-Klasse*

2. *Jahrbücher der Schiffbautechnischen Gesellschaft*
1902: Brinkmann, G.: *Die Entwicklung der Geschützaufstellung an Bord der Linienschiffe und die dadurch bedingte Einwirkung auf deren Konstruktion und Bauart*
Geyer, W.: *Elektrische Kraftübertragung an Bord*
1908: *Hydraulische Rücklaufbremsen*
1911: Thorbecke, K.: *Der Aufbau schwerer Geschütztürme an Bord von Schiffen*
1914: Krell, O.: *Der gegenwärtige Stand der Scheinwerfertechnik*
1915: *Rollschwingungen*
Anschütz-Kaempfe: *Der Kreisel als Richtungsweiser auf der Erde mit besonderer Berücksichtigung seiner Verwendung auf Schiffen*
1931: Methling, H.: *Bau schwerer Schiffslafetten*

3. *Wehrtechnische Monatshefte — Fachzeitschrift für Wehrtechnik — Wehrwirtschaft — Wehrindustrie*
1936: Hansen, Gottfried: *Zur zwanzigjährigen Wiederkehr des Skagerraktages. Führung und Technik im Spiegel der Schlacht*
1939: *50 Jahre Erfahrung in der Herstellung von Geschützrohren bei Rheinmetall-Borsig — Hochvergütung und Selbstschrumpfung*
1939/40: Kuhlenkampf, A.: *Die Zünder für die Flugabwehr*
1941: *Geschichte der äußeren Ballistik bis zum Ausgang des 19. Jahrhunderts*
Klemm, Friedrich: *Die Entwicklung der Anschauung von der Geschoßbahn*

4. *Militärwissenschaftliche Rundschau*
2. Jahrgang — 1937: Hansen, Gottfried: *Über Seetaktik. Ein Blick über ihre Entwicklung und Zukunft*
3. Jahrgang — 1938: Grassmann, Werner: *Der Kreuzer in der Seekriegführung*

5. *Zeitschrift des V.D.I.*
Bd. 78 — 1934: Kuhlenkamp, A.: *Die Geschichte der Feuerleitgeräte*
VDI-Nachrichten 1968, Nr. 17 ff: Brandt, Leo: *„Geschichte der Radartechnik"*

Stichwortverzeichnis

Die Nr. geben die Seite an, **halbfett** die Seite der Erklärung.
B = Bildnummer, Z = Zeichnungsnummer.

A

Abfeuergerät (A. G.) 83
Abkommpunkt, -schießen 124
Abschluß = Liderung 26
Achterkastell 29
Anfangsgeschwindigkeit **13**, 14, 43, 85
Artillerie-Abteilung, Marine 133
— mannschaft 32, 33, 135
— offiziere (A. O.) 31, 32, **60**, 120, 165
— träger 166
Aufklärungskräfte 20
Aufsatzwert, -winkel 13, **86**
— weiser (AW) 86
Aufschlag, -beobachtung 19, 91
— zünder 27
Auftreffgeschwindigkeit, -wucht 30, 34, 42
Auswanderung 18
— smesser 89, 119

B

Barbette Z 15, 48
Basisgerät s. Entfernungsmeßgerät
Batterie (Kasematte, Zitadelle) Z 7, 30
— schiff 39, 44, 45
Befehlsgeber **123**, 164
Beobachtung d. Aufschläge 18, 137
Bestreichungswinkel Z 7
Bettung 13, 24
Beurteilung des Geschützes 14
Bezeichnungsverfahren 13
Blockade **11**, 97
Bocklafette Z 8, 30
Bodenzünder Z 11, **155**
Bombarde 24
Bombe (als Sprenggeschoß) Z 11, 37
Brandgeschoß Z 11, 27
Breitseite 31

Bronze 23, 30
Brustwehr (Barbette) Z 15, 24
Büchse, -nmeister 23, 27

C

Carronade 34, Z 14

D

Dampfkraft als Schiffsantrieb 35
Deckfeger 27
DeTe-Gerät s. Radar
Differentiation 127
Donnerbüchse 23
Drall **43**, 77
Drehscheibenlafette 27, 67
Drehschieber 18
Dreiachsiges Geschütz 119, Z 39, 148
Dreibeinmast 74, B 4
Drillingsturm 76, 103, 148, Z 40
Dwarslinie 20

E

Einheitsmunition, s. Patrone
Einsatz der Waffen, s. Führung
   im Gefecht
Einschießen 57, **74**
Eisenschiff 39
Enfilieren 31
Enterkampf 27, 31
Entfernung, -smesser 58, 61, 71, 123, **124**, 142
— sunterschied (EU) **18**, 61, 127
E-Uhr, E. A.-Uhr 81
EU/SV-Anzeiger 81, **90**, Z 31
Em-II-Gerät, s. Radar
E-Meß-Schießen 141
E-Mühle **89**
E-Walze (EWA) 133

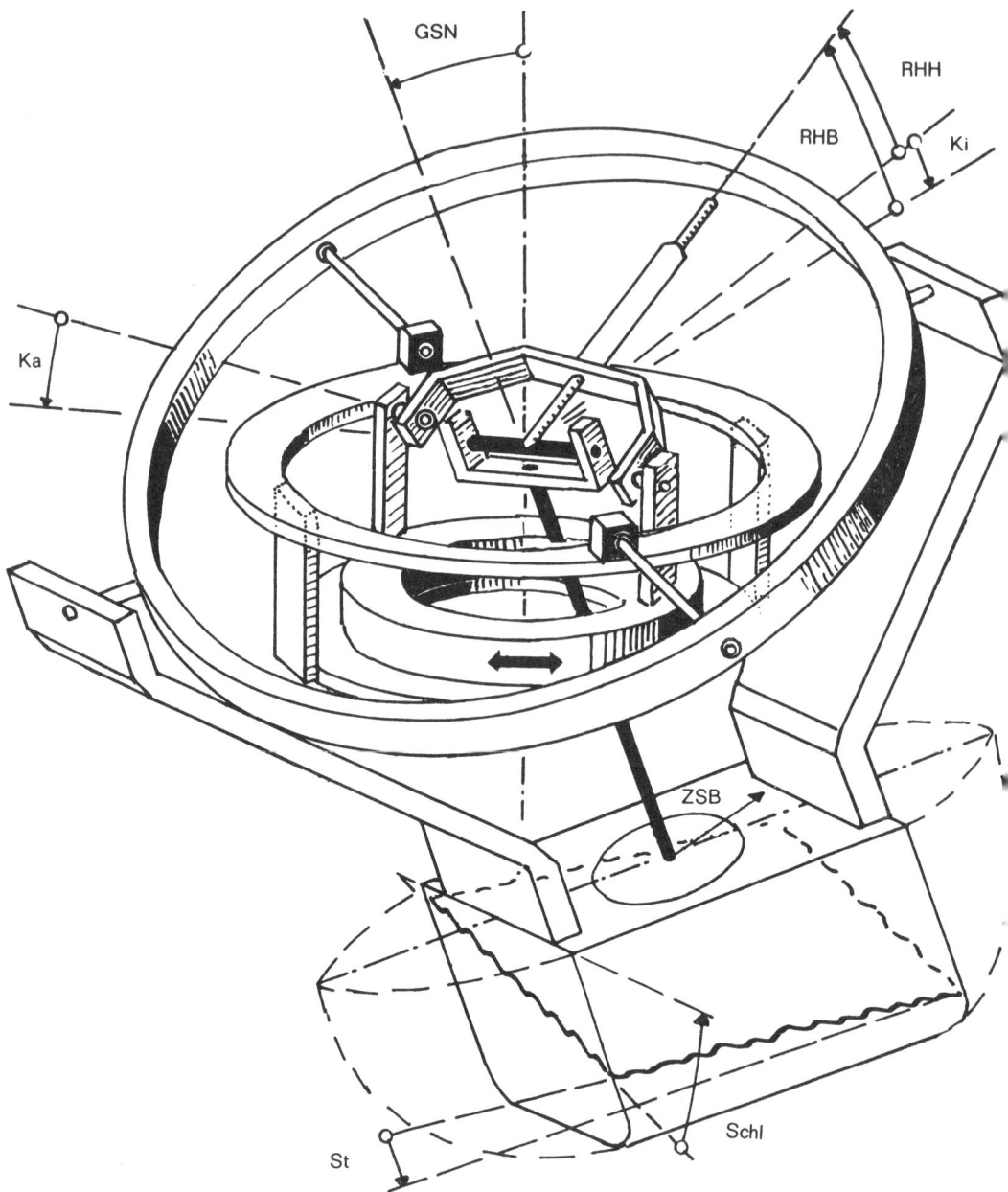

Z 41 Wertewandler

Schwarze Achse schiffs- bzw. bettungsfest, gestrichelte Achse horizontfest

Schl	= Schlingerwinkel	Ki	= Kippwinkel
St	= Stampfwinkel	RHB	= Rohrerhöhung über Bettung
GSN	= Gesamtneigungswinkel	RHH	= Rohrerhöhung über dem Horizont
Ka	= Kantwinkel	ZSB	= Zielseitenrichtung in der Bettung